国家社科基金后期资助项目
出版说明

后期资助项目是国家社科基金设立的一类重要项目，旨在鼓励广大社科研究者潜心治学，支持基础研究多出优秀成果。它是经过严格评审，从接近完成的科研成果中遴选立项的。为扩大后期资助项目的影响，更好地推动学术发展，促进成果转化，全国哲学社会科学工作办公室按照“统一设计、统一标识、统一版式、形成系列”的总体要求，组织出版国家社科基金后期资助项目成果。

全国哲学社会科学工作办公室

国家社科基金
GUOJIA SHEKE JIJIN HOUQI ZIZHU XIANGMU
后期资助项目

伦理自然主义视角下弗洛伊德的精神病本体解译

陈默　著

上海三联书店

序　言

弗里德里希·恩格斯(Friedrich Engels, 1820－1895)在其《自然辩证法》一书中论证了自然界各种不同事物相互作用、相互联系的本质和真相,并指出自然科学家们如果忘记这种作用和联系,就无法看清楚自然界中最简单的事物。此后,各种自然科学和哲学社会科学不断交叉渗透并产生出许多新型学科。20世纪以来,各种新科学新技术得到快速发展和应用,深刻地改变了人类对自然界(外在自然)和自身(内在自然)的认知。在自然科学领域,生物学、物理学、化学、数学和计算机科学的深度交叉不断打破物质与精神的界限;在哲学社会科学领域,哲学、社会学与心理学、历史学、语言学、管理学、经济学、政治学的深度交叉展现出前所未有的繁荣景象。交叉研究不仅逐渐消除着各种学科之间的隔阂,而且推动各学科结成一个日趋完整的科学知识体系。"新科学"与"新哲学"观念日益发展,两者的深度结合不断突破已有的认知水平。

弗洛伊德的精神分析理论正是在以上时代背景和理论背景下得以诞生,反映出一位医学研究者(或临床医生)试图综合自然科学如生物学、生理学、物理学与哲学社会科学如心理学、伦理学的初步尝试。尽管精神分析理论自创立以来就遭到多种多样的批判与反驳,但同时也由此在不同层面得以发展和改造。此后的研究者们研究视角和风格各异,但都在尝试从不同的学科视角完善它,特别是更多地增加精神病研究中人文社科的内容和方法,减少纯粹生理学和生物学的理论假设及其影响。然而,这些改造在一定程度上也反映出对弗洛伊德理论的误读,在本质上脱离了弗氏创立精神分析理论的初衷。

弗洛伊德所论述的那些复杂难懂的概念如无意识、性本能、俄狄浦斯情结等,既深度地激发了后世研究者们的兴趣,又使得来自不同学科领域的研究者们感到困惑,因为很难从某一个学科视角对其理论进行深层次的解读,尤其是哲学意义上的解读。正如诺曼·N·霍兰德所评价的那样,必须在"临床医生的精神分析"与"文人们的精神分析"之间划清界限,因为后者试图把精神分析变成哲学，“深奥难懂，而且非人化”。（参见［美］诺曼·N·霍兰德：《后现代精神分析》，潘国庆译，上海：上海文艺出版社 1995 年版，中译本序，第 10 页）

广西师范大学的陈默教授在中国人民大学获得博士学位后，一直从事伦理学研究，十几年以来，笔耕不辍，已经出版了多部学术专著。她撰写的这本《伦理自然主义视角下弗洛伊德的精神病本体解译》获得 2022 年国家社会科学基金后期资助项目的资助，我感到非常欣慰，也为她所取得的成就感到骄傲。在西方哲学史上，弗洛伊德的精神分析理论是十分特殊的，这也意味着完全从哲学的视角对其理论进行分析并非易事。在十几年的研究过程中，陈默涉猎过多个不同的课题，如早期儒家荀子的道德认识论、弗洛姆的爱的伦理、道德反哺教育等，之后转向生命医学伦理研究，并取得一些较好的成果。此前所撰写的《疾病的伦理认知与实践》一书获得 2019 年国家社会科学基金后期资助项目，为她更深入地进行医学与伦理学的交叉研究奠定了较为扎实的基础。这些都为她研究弗洛伊德的精神分析理论提供前期准备和重要帮助。她选取从“伦理自然主义”视角来解译弗洛伊德的“精神病本体”，崭露出她对弗氏理论的独到理解、对其经典著作的深刻把握，同时也充分地展现了她对医学伦理学作为一门自然科学与人文科学深度交叉的综合性学科的深刻把握。综合来看，本书在以下几个方面展现出独特的研究价值。

首先，本书精准地抓住了弗洛伊德创建精神分析理论的核心要旨——精神病的解释与治疗，并尝试从本体的视角进行解释。弗洛伊德是一名临床医生，他终生致力于研究精神病，目标就是创建一种比生物精神病学更“科学”的理论来治疗“精神病”，而不是诉诸非人道的手术和看似有效的化学药物。无疑，“科学”同哲学一样，也是不停地超前发展和变化的。人类应该拥有何种“科学”理念并将其应用于现实的物质生产和生活实践，需要在实践中不断地总结和深化认知，不断地对其进行批判和反思。只有这样，才能得出真正符合人类社会发展与进步需要的“科学”概念。从这个意义上来说，真正的“科学”概念更应该体现在它不断演进的历史之中，体现在对立统一的矛盾关系之中，而不是将其看作是一个僵死不变的概念。弗洛伊德身处一个自然科学飞速发展的年代，面对各种不断翻新的研究成果与方法，他勇于站在当时占据主流地位的“科学”的对立面进行反思，并尝试创建综合自然科学与社会科学的交叉性科学知识体系，这在当时无疑是一个十分伟大的创举。然而，弗洛伊德之后的一些研究者们恰恰脱离了临床医学的视角和“精神病”这一核心概念对其进行研究，更多地从一般哲学或心理学的视角对他的众多概念进行分析。这使得弗洛伊德的精神分析理论不断地被曲解为研究人的“精神”的理论，而不是研究人的“精神病”的理论。弗洛伊德的宗旨是要分析作为一种疾病存在的“精神病”，而不是一般意义上的人的精神或人格。尽管他后期提出了本我、自我与超我的人格结构，但这不等于说，他创建精神分析理论的初衷是为了解释一般意义上的人格发展。从这个意义上来说，任何脱离“精神病”来进行的弗洛伊德的理论研究都会产生或多或少的偏差。精神病作为一种疾病存在是客观的，现实生活中的所谓“疯子”也不少见。但是，如何对这种疾病现象进行解释在哲学界曾产生过极大的困难。现代生物精神病学试图立足于“人体脑部的退化”来进行解释，以身体的某个部分的病变解释人的精神异常的特征。然而，这样的解释在弗洛伊德看来是很容易被推翻的。事实上，无论是通过药物还是通过手术来解决人类的“精神病”问题，它们也许可以使那些看似不正常的行为症状消失，但同时也可能造成人体脑部的局部损害，使其部分或全部丧失其应有的功能。这种“治标不治本”的方法在现代生物医学领域并不少见，药物和手术刀几乎成为常用手段，广泛地被用来对付（治疗）那些可能被“发现”的疾病。然而，对于精神病的解释和治疗来说，这些手段尤其缺乏可信的理论基础和方法论，因为它在本质上并非使人的精神或行为恢复正常，而是通过摘除大脑内部管理情绪的某个器官，或通过药物麻痹人的某些神经系统来达到目的，也即是以丧失人的某种生理功能为代价来获得病人的“看似正常”效果。从这个角度来说，弗洛伊德的尝试对于精神病学本身的发展来说具有十分重要的意义，因为它是真正地站在“人”的角度来研究精神病的，而不只是立足于“人体”来研究精神病。本书以一种可能的方法诠释了精神分析理论中最核心的部分，以哲学研究中的“本体”概念解释当前医学所无法触及的精神病的“底部”，关乎人作为自然界唯一的精神性动物存在的最本真的内“我”。正如伊伦·埃斯特逊所说：“每个人都不仅仅是一个人，他还是这个特殊的人。他有一个本体，他的本体是在他与构成他的世界的人和非人的联系方式中、并通过这种方式建立起来的。”（参见伊伦·埃斯特逊，《春天的树叶：精神分裂、家庭和牺牲》，英国，企鹅丛书，1970 年版）

其次，本书以一种类似于“道德发生学”的理论诠释了精神病的发生学，机智地将弗洛伊德那些错综复杂的概念纳入“伦理自然主义”的框架来进行阐述，这使得精神分析理论中原本令人费解的概念之间有了相对清楚的逻辑关联，也使得不同学科视角的“自然”概念以及“自然与道德关系”得到了较为合理的解释。在中西方伦理学史上，如何理解“伦理自然主义”是一个重要的问题，甚至可以说贯穿整个人类的伦理文明史。但自近代以来，达尔文的进化论以及发展中的生物学理论不断地影响着它的内涵，甚至出现过以极端的“生物化”理论解释人类社会伦理现象的趋势。本书并未脱离“伦理自然主义”作为一种思维方式存在的整体背景，力图在不损害弗洛伊德原有理论框架的前提下进行独居匠心的重构。这样做，一方面使得本书的“解译”既不像利科所定义的“文化解释学”那样宽泛，另一方面又没有囿于弗洛伊德那些看似有限的临床经验性研究来进行诠释，而是立足于弗氏所处时代的人类整体的知识观念体系进行可能的多重学科视角的解释，在科学、心理学与伦理学交叉的场域而展开。然而，要完全从伦理学视角对弗洛伊德的理论进行分析并不容易。尽管弗氏晚期曾提出过相对完整和严谨的人格理论，相对于早期的“地形学”来说，体现出更多的伦理意味，但这并不能证明他本来就意图展开伦理学研究。另外，弗洛伊德提出的相关概念虽然也事关“过分的道德良知”这样的伦理意涵，但他的目的是对其做出心理学分析，而不是伦理学分析。弗洛伊德自始自终并没有使用伦理学的基础理论和概念，即使他提出的“罪恶感”、“矛盾情感”、“性本能”和“俄狄浦斯情结”中都带有伦理的意味，但它们更多地是一种心理意义上的道德感，而不是基于现实生活中客观伦理关系所发生的道德情感。在这样的前提下，陈默所著的异趣就在于通过深入探索和交叉研究，以“伦理自然主义”为分析框架将弗洛伊德理论中那些似道德而又非道德的概念所内蕴的学术意义挖掘出来。正如麦金太尔对弗洛伊德的“无意识”概念所做的评价那样，如果只是将其当作是一种心理现象而进行直接的描述，它的学术价值并不明显；只有将其当作一种理论假设用以解释个体的童年事件与成年行为之间的关联，它的持久的学术价值方能体现出来。（参见 Alasdair C. MacIntyre：*The Unconcious*：*A Conceptual Analyse*，Routledge，New York and London，1958，p. 1）

再次，本书从跨学科研究的视角对弗氏理论进行了独到的分析。弗洛伊德在那个各种思想激烈碰撞的年代创建了精神分析理论，其背景是各种自然科学与哲学社会科学的理论都在试图对人和人类世界做出新的诠释。人类历史上出现的不同学科视角的伟大理论如达尔文的进化论、哥白尼的日心说、牛顿的力学，以及生物学领域细菌、病毒的发现，都深刻地影响着哲学和其他社会科学的研究。无论在基础理论方面还是在研究程序上，人文社科理论都在尝试靠近自然科学，从而导致各种实证的、实验的研究方法在社会科学领域兴起并发展出各种现代应用学科。它们的共同特点是立足于现实社会实践中产生的各种“问题”，利用已知的科学理论对问题进行研究，尤其是那些由于新兴技术的应用所带来的一系列令人困惑的社会难题。弗洛伊德便是站在他所处时代的前沿去深度思考人类的精神问题，虽然他所选取的对象是人的以“无意识”为核心的精神疾病，而不是正常人的精神或意识。但也正是这样一个人类健康领域中的(身体或心灵)“问题”使得跨学科研究看似可能并得以聚焦。站在现代的视角看待“跨学科研究”，我们无法避免不同学科之间的深厚“壁垒”以及研究方法上的差异，比如自然科学与社会科学不可避免地要遇到如何解释人类物质世界与精神世界的差异性。不同学科之间的“缝隙”是现实存在的，学科之间的交叉不是简单的理论“拼接”就可以实现，比如生物学与伦理学之间实际上存在着难以弥合的隔阂。与此同时，交叉研究也不是研究方法的简单“混用”就可以实现，比如历史分析法和数据分析法就存在本质差别，各自所适用的研究对象也截然不同。正如麦金太尔所形容的，在那个时代，尽管各种实验研究和临床调查如“家常便饭”一样地进行，在不同的层面构建起人类情感和行为之间的大量联系，但是，这一工作在很大程度上只是在一个很粗糙的理论背景下产生的。(同上，p. 43)弗洛伊德作为一个生物医学出身的临床医生最终试图以跨学科研究超越生物精神病学，在某种程度上体现了他对所处时代的所谓“科学”范式的反叛，以及不断创新“科学真理”的探索精神，集中地体现为他试图整合自然科学与社会科学、科学与哲学研究的大胆尝试。尽管如此，我们仍然不能说弗洛伊德确实树立起了一个跨学科研究的良好范式，因为在他的研究中，虽然可以看到生理学、生物学、物理学和心理学、伦理学等的交叉，以及实证法与解释法的融合，但弗氏本人并没有诉诸这些基础学科中的任何理论进行建构，也没有根据社会调查或实验数据来解决问题。他早期完全立足于临床个案来进行观察和分析，他所构建理论的素材既有他个人的临床经验，如少女杜拉的故事，也别具匠心地选取历史上出现的某位经典人物，如列昂纳多·达·芬奇的成长经历。然而，正如弗氏所反复强调的那样，他既不赞同从纯粹的概念分析和逻辑推理出发对人的精神病进行研究，也不赞同生物精神病学完全立足于人体的脑部病变进行研究，而是要立足于活生生的、有血有肉的现实的人及其独特的生活史进行研究。在这个意义上，个体的“梦的解析”对个体的人的存在来说意义重大。尽管梦在很多人看来是碎片化的、模糊的和毫无意义的，如同人体上的毛发或动物身上的羽毛无关痛痒，但梦又真实地存在着。梦是活生生的人生活中隐秘难知的某个重要部分，人的理性所无法掌控，却深刻地影响着人的行为和理性。现代心理学已经可以使用一定的方法来测量人的睡眠和梦境。然而，基于如此测量数据的解释与弗洛伊德基于“无意识”的梦的解析相去甚远。正如该书中所提到的，“弗洛伊德是在临床实践中真正地不将自然科学(以事实解释为核心）与人文科学（以意义解释为核心）严格地区分开来的一位学者”，他使用独特的“精神分析法”试图消除自然科学与精神科学研究方法论之间的“鸿沟”。（参见本书第一章第四节）

弗洛伊德作为精神分析学派的创始人，他的目光是非常长远和独到的，自始至终都在致力于解决临床上比较棘手的“精神病”问题。尽管在理论基础、方法论和实践应用方面仍然存在诸多难题，但他所做的跨学科研究的大胆尝试是值得肯定的。许多后世学者看到了精神分析理论的独特之处，但难以理解和包容它与各种不同的基础性学科之间的“格格不入”。正如本书作者提出的，如果单从某一个学科角度对弗洛伊德提出的任一概念进行分析，都会发现它看似可以“无限理解”的难以理解之处。造成这一局面的真正原因就在于研究者们并没有从跨学科的视角对弗洛伊德提出的概念和整体的理论体系进行相对客观的分析。这一点恰好被本书的作者敏锐地把握到，并独具匠心地尝试以“本体”概念对其进行整合性诠释。站在现代医学发展的角度来审视弗洛伊德的精神分析理论，医学本身就是一门综合性的学科，其基本理论与哲学有着密不可分的联系。然而，在现代生物医学及其医疗技术极速发展进程中，医学已经日益演化为某种脱离人的“意义世界”的科学。即使是那些立足于计算机技术的“疾病本体”探索，也只是将人体的某种信息当作是解释疾病的原始密码，忽略了人作为社会性存在所拥有的“关系”和在此基础上产生的千变万化的“意义世界”。

本书为读者提供了一个深刻理解弗洛伊德理论的良好路径，不仅对于精神分析理论的学术研究进行了更为深入的探索，而且为现代医学的发展提供了一种本体论诠释的新视角。对于那些可能受到“精神问题”折磨的普通读者来说，本书也可以为他们更深刻地理解“自我”并恢复身心健康提供有益的帮助。

姚新中

2024 年 11 月 1 日于北京

目　　录

第一章　导论

身处21世纪的现代人可以毫不惊奇地发现：各种自然科学在统领人类认识和改造世界的过程中被放置于更重要的位置，人们迫切地希望通过科学创造更美好的未来，尤其迫切地希望通过生物医学技术改造人的生命历程，使其更加丰富和完整。疾病被坚定地认为是“只具有负面价值的东西”，在各种自然科学的催化下成为应该彻底被征服的对象。相反，疾病治疗却成为极具正面价值的行为，人们正孜孜不倦地探索各种可能的治疗方法。这样的理念已然从身体治疗延伸到精神治疗，各种越来越高端的手术、药物方法层出不穷，现代人甚至试图通过改变生理状况来治疗精神疾病。无疑，各种自然科学使得现代精神病学朝着越来越极端的方向发展，人们在盲目信赖“百忧解”（一种治疗精神病的药物）可以消除各种精神烦恼中迷失。然而各种化学药物带给人身体或精神上的“短暂控制”是否意味着科学的进步？无可否认的是，现代精神病学仍如一个多世纪前奥地利精神病学家西格蒙德·弗洛伊德（Sigmund Freud，1856—1939）所断定的，它在理论上远远地落后于身体疾病治疗的病理学和诊断学，它在实践中更是缺乏令人信服的、成熟的诊疗技术。

鉴于以上认识，本书拟寻回弗洛伊德探索有利于现代精神病学发展的理论资源。尽管将近一个多世纪以来，它被后世研究者从各个角度加以改造和发展，产生出很多新精神分析理论及治疗方法。但是，因为弗洛伊德本人对“性本能”概念的执着，导致他的理论在某些特殊时期或国度遭受不同层面的抨击，被认为是“过分强调人动物式本能的”。然而，时至今日，尽管不同文化背景的人们仍不能像谈论吃饭一样公开地谈论“性”，但是，无论是西方资本主义世界的人们，还是那些发展中国家的、思想正在日益开放的人们；无论是社会中的高级知识分子、富人阶级，还是那些平民老百姓，对于“性”带来的各种身体或精神的困扰都已不是完全不可触碰的“隐私地带”。换句话说，人们对于“性”所抱有的隐晦心理正日渐地被各种新科学思维打破，但这不等于说他们就完全了解了关于“性”的科学知识及其对个体精神健康与人格发展的重要意义。正因为如此，需要客观地对待弗洛伊德建立在“性本能”基础上的精神病理论，本书正是基于这样的目的来进行可能的探索。

一、研究背景

自人类产生以来便在不停地创造着属于人的历史，形成各种不同的世界观、人生观和价值观。在各种观念形成的过程中，起决定作用的是人对“自然”的认知与把握，以及在此基础上形成的“人与自然的关系”。各种社会的道德、政治、经济和管理的理念正是在对这一关系的正确把握中日渐形成与优化。无疑，在人类进入到所谓的“新科学”（相对于亚里士多德时代的科学理念来说的）时代以前，宗教世界观统领着人类社会。新科学（近代以蒸汽机的发明为标志的科学）理念的诞生为推翻上帝的主宰作用、凸显人自身的主体性提供必不可少的前提，科学正积极地彰显着人在“自然”面前的能动性与创造性。各种物质主义、科学主义的价值观正以不可复辟的趋势控制着人类思维，在实践领域却造成两种无法调和的结果：一种是人类世界物质生活的不断丰富和繁荣；另一种是人类精神的日渐分裂与失调。人类创造的一切物质文化正以一种看不见的力量操纵着人的精神，一方面带来人心灵上无比的快感；另一方面又使得人在这些快感中产生更多的失望，造成人精神上的各种困扰和迷惑，甚至是痛苦和各种精神性疾病。

科学的巨变不仅催生了“新哲学”理念的诞生，在医学领域也发生了前所未有的革新。生物医学及各种新型医疗技术如洪水猛兽般地主导着人类对自身生命健康和疾病的认知方式，同时也带来了人类在众多病象面前的更加无能为力。近两个世纪以来，医学领域的科学革命彻底地颠覆了人们原有的生命观和医学观。从古希腊时期建立在机械唯物主义基础上的体液说，到近代以生物学、生理学、进化论等为基础的细菌学、营养学、解剖学、免疫学等，再到现代以分子生物学为基础的遗传学、基因组学以及人工智能医疗的发展等，无不彰显着人类利用自然科学来探索生命奥秘的主体性和创造力。但与此同时，人的生命、疾病及其治疗也因各种科学手段的应用而体现出显著的现代性、后现代性特征，引发了人们对自身生命与存在的更为深层次的哲学反思。

归根到底，在现代社会，人类的生命、生存和生活已经发生了翻天覆地的变化，各种最好的和最坏的、最丑的和最恶的东西交织在一起，促使人们不得不在新的科学条件下更积极地反思人的生存或生命哲学，这意味着哲学与医学领域的双重“革命”。正如德国哲学家路德维希·安德列斯·费尔巴哈(Ludwig Andreas Feuerbach, 1804—1872)在《未来哲学原理》中所讲的:"未来哲学应有的任务,就是将哲学从'僵死的精神'境界从新引导到有血有肉的,活生生的精神境界,使它从美满的神圣的虚幻的精神乐园下降到多灾多难的现实人间。"[①]费尔巴哈对哲学革命的认知同时应该体现在医学领域,不得不说,各种侵袭和困扰人这幅"血肉之躯"的疾病正以更浓缩和直接的方式指引人们对"自身"(身体的和心灵的)进行哲学与科学的探索。

无可否认,人类对疾病史的书写离不开人自身发展的历史,可以说,一部疾病史就是一部人类文化史。更确切一点说,一部疾病史在本质上是一部关于人的生命与"自然"关系的历史。因为人类战胜大自然(自然界或物质世界)的同时,需要克服自己身体内部的各种生命危机,生理的或心理的。可以说,疾病从一个特殊的视角反映了人身体内部的真正"自然",可以将其称之为"小自然"。然而,在"大自然"与"小自然"之间有无明确的界限?费尔巴哈在反对基督教哲学的超自然主义时提出"外在自然"和"内在自然"的区分。他的"外在自然"即物质世界,他的"内在自然"即人的理性。那么,二者到底存在何种关系?费尔巴哈批判的是黑格尔纯粹思辨哲学的"自然"概念,他强调的是唯物的自然主义思想,他说:"一切科学必须以自然为基础。一种学说在没有它的自然基础之前,只是一种假说。这一点特别对于自由的学说有意义。只有新哲学才能将直到如今仍然是一种反自然主义、超自然主义的假设的自由自然主义化。"[②]费尔巴哈认为只能在物质中找到自然的基础,他宣布:"物质乃是理性的一个主要对象,如果没有物质,理性就不能刺激思维,就不给思维以材料,就没有内容。如果不排除理性,就不能排除物质,如果不承认理性,就不能承认物质。唯物主义者乃是理性论者。"[③]可见,费尔巴哈哲学已经认识到了"内在自然"与"外在自然"的紧密联系。卡尔・海因里希・马克思(Karl Heinrich Marx, 1818—1883)在费尔巴哈的基础上继续深化了对"人与自然关系"的认识,他说:"自然界就它本身不是人的身体而言,是人的无机的身体。……所谓人的肉体生活和精神生活同自然界相联系,也就等于说自然界同自身相联系,因为人是自然的一部分。"[④]在马克思看来,人正是通过实践完成了从"外在自然"向"内在自然"

---

① 〔德〕路德维希・费尔巴哈:《未来哲学原理》,洪谦译,北京:生活・读书・新知三联书店,1955年版,引言,第1页。

② 〔德〕路德维希・费尔巴哈:《费尔巴哈哲学著作选集》,北京:商务印书馆,1984年版,第172页。

③ 〔德〕路德维希・费尔巴哈:《费尔巴哈哲学著作选集》,北京:商务印书馆,1984年版,第198页。

④ 〔德〕马克思:《1844年经济学哲学手稿》,中共中央马克思恩格斯列宁斯大林著作编译局,北京:人民出版社,2018年版,第52页。

的转化，无论是以自然界为对象的物质生产实践，还是以人的身体为对象的生命实践，最终都以身体内部的自然转化完成从自然到人的飞跃。自然界和人是不可分的，人因依赖自然来延续生命而成为它的一部分。自然是人的一部分，人也是自然的一部分，两者是不可分割的整体。

马克思主义哲学中的“自然”概念也遭到过严厉批判，如法兰克福学派的代表人物阿尔弗雷德·施密特（Alfred Schmidt，1931— ）认为，马克思提出的“自然的人化同时也是人的自然化的梦想”是最大的乌托邦，他甚至将马克思称为“哲学史上最大的乌托邦主义者”①。尽管这种批判并未得到普遍认同，但他们提出“马克思并未能够解决人与自然关系的悖论”这样的观点是比较尖锐的。西方马克思主义学派的另一位代表人物弗洛姆也提出，人与自然关系中的悖论决定了人的真正本性，是人自身所无法解决的矛盾。并且，人之所以成为人的根本就在于他一方面是自然的一部分；另一方面他又必须逃离自然，完成自然的人化。在这一过程中，人同时作为主体与客体的身份是无法统一的，因为他一方面在征服自然的过程中实现了自身的主体性和自由；另一方面又因为这一主体性而变得孤独和不自由，想要逃避原先因征服自然而获得的“自由”。无疑，这些见解同马克思主义哲学一起为人类提供了关于“人与自然关系”的深层次思考。马克思主义哲学的突出特点是立足于物质主义与人类发展的历史解释“身内自然”，用它解释作为“类”存在的人是比较客观的，但不足以用来解释个体的身体机能及其发展规律。可以说，现代社会急需一门融合生理学、心理学和伦理学于一体的医学，用以解释人的“身内自然”。

临床医学的发展是以个体的人为研究对象的，更确切一点说，是以个体的“身内自然”为研究对象的。自然科学的进步为人类认识和改造“身外自然”提供了强有力的支持，但“身内自然”研究却屡屡受挫。因为人拥有的不只是一具“躯体”，还有与它紧密相连的灵魂。从人作为一具“躯体”的角度来看，将动物实验研究的结果应用到人体仍存在各种缺陷，因为人的身体虽然在各种成分和机能上与动物存在类似，但它毕竟不同于动物的躯体，人的身体拥有它独特的发展规律与属性。然而，当前的医学研究难以依靠人体实验来推进，因为在人的活体上进行实验存在极大的风险，常常给人带来致命的伤害，甚至牺牲掉人的性命，因而只能依靠动物实验来获得可能的结果，然后将其应用到人体以检验它的效果。从这个意义上来说，医学研究人

① 〔德〕A. 施密特：《马克思的自然概念》，欧力同、吴仲昉译，赵鑫珊校，北京：商务印书馆，1988 年版，中译本序，第 4 页。

的“身内自然”仍十分有限。并且，人作为唯一的精神性动物，它内在的灵魂、意识发展的规律及可能出现的“病症”仍十分棘手。现代医学领域出现的各种脑科学、神经科学、心灵科学等，虽为解释人的精神性疾病提供科学知识，但仍然不足以解释全部。人内在的灵魂、意识又是人成其为人的根本，也是几千年来哲学致力于研究的东西。

精神病学的复杂性和研究的难度恰恰来自于人对自身“内在自然”把握的不易，人的意识或理性从哪里来？人的心灵与躯体如何发生联接？人的“无意识”是否真的存在？这些问题一直困扰和启发着众多的哲学家和科学家们。在近现代出现的各种不同的科学研究中，无不是围绕“人”这一主题来进行的，人类已经充分地意识到了“内在自然”相较于“外在自然”的重要地位。在中西方各种哲学中，人性论始终是亘古不变的主题。然而，有关人的本性、情感、欲望的研究又无法脱离“外在自然”，“内在自然”研究必然是以人与“外在自然”的关系来达成的。在某种意义上来说，“内在自然”既是“外在自然”所决定的，也是“外在自然”的一种映射。反过来，如果没有“内在自然”本身的能动性，“外在自然”也就无法起作用。斯宾诺莎曾经将人的意志、欲望等定义为“被动的自然”，相反，“能动的自然”是属于神的永恒的自然。在人的主体性被提升之后，人的“能动的自然力”被放置于更高位置。马克思主义哲学是从人认识和改造世界的能动性视角来谈这一“自然力”的。弗洛伊德的精神分析理论则将它视为“心理的能动力”。正是这样的“自然力”和“能动力”推动着人的理性发展，在人与自然的关系中，人一方面通过认识和改造“自然”来为自己的生存服务；另一方面又通过对“人与自然关系”的把握来调适自己的“内在自然”。

哲学或心理学立足于人的理性、情感和欲望等研究，前提是将人看作是一般意义上的健康人。人身体的病症使得这些研究解释力不足，医学为解释人的“疾病”提供一个特殊的视角，它从产生开始都是立足于对身体的经验性认识展开的。一个不争的事实是：身体是人“内在自然”的载体，它必然包含了人的生理、心理和伦理的全部。从某种意义上来说，正是各种不同的疾病将身体内部的“自然”放大，人不得不通过疾病去重新反思和调整自身的“内在自然”。现代生物医学立足于人的身体开展疾病的本体研究，它以传统的物理学、生物学、生理学等为基础展开人体疾病研究，其主要方法是通过对人体的物质成分、结构和功能等的分析来完成对疾病的解释。生物医学自产生以来，以各种科学思维统领着人类对疾病的认知，在细菌学、解剖学、营养学、免疫学、分子生物学、药理学等基础学科的支撑下，现代生物医学已经拥有了很强的解释力和临床实践效用。

近一个多世纪以来，生物医学以各种优势独领风骚，逐渐地为全世界人们普遍接受，成为占据主导地位的医学。但生物医学纯粹的自然主义思维导致了对疾病认知的局限，在临床实践中，也因它的“身-心”分离的特点与过分的技术主义而备受批判。与此同时，它在精神病解释方面的不足使得现代精神病学发展缓慢，精神病治疗陷入一种“生物学无法取得与伦理学和解”的尴尬状态。精神病以身体上出现痉挛、抽搐、癫痫、麻痹等病理性症状、生理上却无法通过一般检查获得异常指标为特点，这意味着，这些病症的出现并非生理功能的不协调，只能假定它是心理紊乱所导致。正因为“生理的无异常”和“行为的异常”的矛盾性，现代医学假定它是“心理的异常”导致的，并且，假定这一异常恰恰能够说明身心之间的紧密关系和相互作用，因而精神病研究实质上可以成为现代病因学研究的核心。生物医学的悖论主要体现在它身-心分离的病因学解释模式上，以消除身体的病症为目标的方法可以暂时获得认可，在某些种类疾病的治疗中效果甚好，但隐含在其中的矛盾也日益激烈。

精神病学自 18 世纪产生以来经历了从生物精神病学—精神分析—生物精神病学的发展历程。生物精神病学一度在西方国家获得高度认可，但其治疗方法却局限于水疗、电疗等物理学方法，收效甚微。并且，因为它将精神病解释为人体的“脑部退化”并认定此病的遗传性，使得它遭到人们的拒绝与唾弃。在科学研究领域，生物精神病学中的众多做法被定义为“非人道主义的”。福柯、阿甘本、萨兹等人曾经从生命政治的角度激烈地批判过生物精神病学，他们一致认为精神病不过是被社会和政治阴谋家所构建的“文化性疾病”，所谓的“精神病患者”常常与妓女、流浪汉等归为同类群体，“收容院”和精神病学的研究并不是为了维护这一群体的权利，而是为了更好地实施社会管制。

弗洛伊德在此时代背景下构建精神分析理论，他的主要目标是反对生物精神病学不完善的病因学理论。他的理由很简单：脑部的病变不足以解释精神上的病态，因为很多患者并非智力低下或障碍，相反，他们具有高于常人的智力和道德水平。因而他的初衷是寻找更完善的病因学理论，拒绝完全生物学意义上的解释，试图综合生理、心理和伦理的理论对精神病学进行重构。然而，精神分析理论自问世以来，不停地受到来自科学、哲学和心理学界的批判。并且，因为它的临床治疗效果并不能在短时间内显现，使它得不到普遍认可。世人对它的态度犹如它本身一样矛盾，一方面，精神分析中的“无意识”、“性本能”理论等散发着无穷魅力，既贴近生活又深奥难懂；另一方面，它似乎又远离一般意义上的知性和理性，需要一种似是而非的逻辑去理解和把握。无论如何，精神分析似乎昙花一现却又意义深远，它启发着后世的哲学、心理学和医学研究等，深入地渗透到社会管理、临床治疗、经济发展等各个领域。

在精神病研究史上，精神分析理论虽然引起了巨大的社会反响，却并未取得长足的发展地位。在对精神分析方法实际效用的强烈批判声中，生物精神病学实现了迅速的回归。人们急需更实用的方法以应对精神性疾病并"乐在其中"，其结果是：精神病临床治疗一方面彻底地向"患者满意"靠拢，各种治疗精神病的神奇药物产生；另一方面积极地发展认知科学、脑科学等以建构更具生理主义特点的病因学。生物精神病学以人体脑部病变为诊断和治疗的生物学基础，以精神药理学为主要的治疗学，这些精神病解释与治疗的基础理论和方法暂时获得认可。但蕴含在其中的物质主义、生物主义无法取得与伦理主义的和解，精神病诊疗中的生物学与伦理学的悖论明显，其理论的矛盾性不断加深。在临床实践领域，各种器质性疾病的治疗方法不断完善，新型的生理—心理—社会的医学模式出现，其核心在于凸显疾病治疗中的心理学和社会学方法。尽管如此，身心关系的发生学研究一直悬而未决，生物医学难以解答"身心一致"或"身心不一致"的问题。现代心理学中的自我发展理论提出心理和疾病的具身性，较好地解释了身心关系及对疾病解释的重要意义，但仍未能触及根本，只描述了它包含的各种现象，并未揭示出身心关系的本质。正因为如此，现代医学需要实现伦理学的回归，从生理学、心理学和伦理学的综合视角展开精神(心)与"病"(身)关系的发生学研究。一句话，现代精神病学首先须解决的本源性问题是：精神何以成"病"的？

二、相关概念

(一) 伦理自然主义

在中西方哲学史上，伦理自然主义一直存在，但都是基于不同的"自然"概念提出来的。道家哲学就以它的自然主义特点而显著。老子的"自然"体现为一种本始存在，它从一开始就拥有形而上学的特征，不仅指不以人的意志为转移的、作为自然物存在的"大自然"，而且指不以人的意志为转移的、隐藏在大自然背后的规律。这些不以人的意志而改变的东西就是本然的存在，它自然而然，非人力可以改变的。有人统计出，《道德经》中"自然"概念出现过五处，都在反复论证"道德"的具体形态[①]。这意味着，老子的"自然"

① 王巧玲、孔令宏：《道法自然 道生自然 道即自然——〈道德经〉生态社会伦理研究》，《兰州学刊》2015 年第 8 期。

和“道”存在着密不可分的关系。王巧玲认为，从后世学者的译注来看，“道”与“自然”并非两个概念，或者说，并不是在“道”之上还存在一个“自然”概念。“‘自然’只是一个形容词，‘自然’是道的本性，故道与自然是有着某种解释论和工具论意义的，老子将这个‘自然’抽象出来，上升到抽象的人类思想体系就是道德哲学。”①这本质上是将两个概念等同起来，“道”是形而上学的存在，“自然”只是它的属性。普遍认为，老子的“自然”指向的并非自然界，而呈现出“主体对他人、对社会、对物质世界的一种态度和一种境界”，属于集伦理、认识论及审美于一体的综合判断，它表现出“一种关系的集合”②。老子的“自然”即伦理的自然，他的思想即一种伦理自然主义的哲学，但与西方哲学中的伦理自然主义存在明显差别。要深刻地理解这种差异性，关键在于如何解释“自然”概念以及“人与自然的关系”。向玉乔总结了中国传统伦理思想的自然主义特征，他认为，西方的“自然主义”否定超自然的实体，从自然世界直接获得价值原则，最终形成马克思和恩格斯的唯物论思想。中国哲学中的“自然主义”不排除超自然主义的“道”，并且它与自然、人密切不分，三者融合成一个整体。因此，“中国哲学中的人性是圆满的，通过自然回归超越的真实、永恒、至善的道”③。

在西方哲学中，与“自然”对应的词是“nature”，常常被译成“自然界”或“自然本性”。关于“自然”概念的解释，西方哲学界存在很多的独到见解，在这里就不一一赘述。随着科学的发展，人类对“自然”的认识不断地深入。在新科学思维的影响下，“自然”的哲学含义被弱化，其科学含义却被不断强化，逐渐地形成了科学自然主义思维。可以说，传统哲学中的自然主义在某种程度上被现代科学中的物质主义、生物主义等取代，它本质上指一切自然性的存在，无论是属人的，还是非人的。

在现代哲学界，对新科学思维进行反思成为主要任务。众多的反自然主义哲学家们提出，过分地强调人或其他存在物的自然性，实际上是将人自然化。在这一思维模式中，自然成为主体，人成为被改造的客体，并进而导致人性的异化。当人被异化为自然物之后，便彻底地破坏了人与自然应有的关系。无疑，无论是哲学思维还是科学思维，都源自人对自然的认知与思考，以“人与自然的关系”为核心。可以说，人类社会的一切物质的、伦理的

① 王巧玲、孔令宏：《道法自然 道生自然 道即自然——〈道德经〉生态社会伦理研究》，《兰州学刊》2015年第8期。

② 叶树勋：《道家“自然”概念的意义及对当代生态文明的启示》，《长白学刊》2011年第6期。

③ 向玉乔、周琳：《中国传统伦理思想的自然主义特征》，《湖南大学学报（社会科学版）》2020年第2期。

文化都源自对“自然”的把握,“身外自然”或“身内自然”的。科学自然主义的极端形式便是将人彻底地“物化”,人成为与自然界其他的“物”完全没有差别的存在,这本质上否定了人应有的本质属性。在哲学史上,伦理自然主义思维方式一直都存在。现代科学自然主义思维方式试图以现代自然科学理论解释一切伦理道德问题;现代的伦理自然主义不过是人类对科学自然主义思考的伦理回归,它旨在将对自然、对人与自然的关系的思考拉回属于人的伦理世界。前者是一种自然决定道德的科学思维;后者是一种自然与道德协调发展的伦理思维。

伦理自然主义可以简单地被概括为基于自然主义的伦理学,它主张道德陈述的是有关自然世界的事实,在此前提下,伦理学的发展绝非独立的,而是与其他学科连续在一起的,“它承认一种可能性:自然科学和社会科学能纠正和扩展我们的伦理知识”①。西方哲学中的伦理自然主义,无论哪种类型,都需要面对两个棘手的难题:英国哲学家乔治·E.摩尔(George Edward Moore, 1873—1958)提出的“自然主义谬误”和大卫·休谟(David Hume, 1711—1776)提出的“休谟法则”。

摩尔在《伦理学原理》中提出“自然主义谬误”,他说:“太多哲学家认为,当他们在命名其他属性时,他们实际上在定义善;事实上,这些属性完全不是‘其他的’,而是绝对完全等同于善。我建议把该看法称为‘自然主义谬误’”。② 在摩尔看来,伦理学中的“善”是一种非自然属性,它与颜色诸如黄色、红色和味道诸如甜、辣等自然属性是不一样的,它是伦理的基本实体,是不可拆分的,因此不能用任何其他自然的或非自然的属性来界定。因为不管使用哪种属性来形容“善”,都无法描述“善”本身,例如使用快乐来定义“善”,快乐可以被视为心灵的一种自然状态(自然事实),但是很显然,快乐不等于“善”。因而把“善”等同于快乐、痛苦等自然状态的做法是错误的。

伦理自然主义的建构还要面临另一个更大的理论难题——休谟法则。休谟说:“在我所遇到的每一个道德体系中,我一向注意到,作者在一个时期中是照平常的推理方式进行的,确定了上帝的存在,或是对人事做了一番议论。可是突然之间,我大吃一惊地发现,我所遇到的不再是命题中通常的‘是’与‘不是’等联系词,而是没有一个命题不是由一个‘应该’或一个‘不应

---

① Philip S. Gorski. *Beyond the fact/value distinction: ethical naturalism and the social science*. Sociology. 2013(50). p.557.

② George Edward Moore. *Principia Ethical*. Cambridge: Cambridge University Press, 1903. p.10.

该'联系起来的。"[①]休谟难题可以被概括为"事实-价值"的分离难题,即单纯的事实陈述是无法推出价值判断的。或者说,任何自然主义的描述只是基于一定的事实陈述而非价值判断,这与蕴含价值判断的道德规范之间必然存在着无法逾越的鸿沟,例如:

前提 1:你不想被枪决(态度事实描述)
前提 2:杀人会被枪决(境况事实描述)
结论 3:你不应该杀人(价值性规范结论)

以上前提 1、2 表达的都是自然事实,从它们只能推出"你不想杀人"的自然事实,而不是"你不应该杀人"的价值判断。因而自然事实只能推断出自然事实,它无法推断出价值判断。无论是摩尔提出的"自然主义谬误",还是休谟提出的"事实—价值"分离的法则,都引起许多哲学家们的兴趣并设法破解,他们试图证明以上两位大师对"自然主义"的批判理由并不充分。自然主义理论要论证的是:"尽管规范结论可能无法从事实前提中演绎出来,但实践判断(包含伦理判断)能参考事实证据而得到某种客观的处理。"[②]

社会生物学的出现为伦理自然主义注入了新鲜的理论活力,它主要立足于生物学对道德的解释力来论证进化论与伦理学的关系。关于进化论与伦理学的关系,目前存在着四种主要观点:第一种认为伦理学是一门独立的、自主的学科,使用生物学的理论来解释道德问题既无必要,也不可能;第二种认为道德价值和伦理原则等无法使用生物学的理论来解释,但道德能力和道德行为却是能用基因的利益得到进化来获得解释;第三种认为进化论完全能够为道德价值提供解释,并且在实践上能够为之辩护;第四种与第一种恰好相反,认为客观的伦理学没有存在的必要,完全可以使用生物学的理论解释一切道德问题,因为道德也体现为一种生物性的适应。

第一种观点的主要代表人物是欧内斯特·内格尔(Ernest Nagel, 1901—1985),他基本上继承了康德客观主义伦理学的衣钵,其基本的理论观点是:道德价值是客观的,它独立于具体的动机结构,尽管后者可以影响到行为的道德价值,但并不能改变道德价值本身,也无法为实践提供道德辩护。在此基调下,内格尔完全排除生物学对伦理学的影响,他说:"如果伦理学是一门理论学科,运用理性方法进行探究,具有内在的辩护和批判标准,

---

① 〔英〕大卫·休谟:《人性论》,关文运译,北京:商务印书馆,1980 年版,第 509 - 510 页。
② 李涤非:《基于进化论的伦理自然主义》,《伦理学研究》2019 年第 2 期。

那么从外围进行生物学的理解就没什么价值。”[①]内格尔认为，伦理学的任务并不是如实地反映自然事实，而是要对自然事实进行反思和再反思，伦理学的意义在于对那些未经审思的道德动机进行检验、质疑和批判。用康德的话来说，伦理学的意义在于实践理性，这种理性思考的能力可能有其生物学基础，例如智力，但运用这样的能力来批判或修正自身的道德动机却并不属于生物学的内容，因而“寻找对伦理学的生物进化论的解释，如同为物理学的发展寻找这样的解释一样愚蠢”[②]。内格尔在其本质上使用康德的实践理性割断了生物学基础与道德价值之间的关联，在此前提下，生物学仅仅用来探讨实践理性本身是如何产生的，实践理性与道德价值的关系则属于伦理学研究的内容。问题的关键在于，道德价值及其规范的合理性往往需要立足于人的现实需求来探寻它的根源，因而被最终选择的价值、原则以及对它们所做的道德辩护可能正是基于人本能的需求，这意味着，“不仅实践理性需要生物学的解释，而且理性批判也需要诉诸我们作为生物个体的自然欲求”[③]。在中西方哲学史上，存在着很多对人的自然欲望做出探讨的哲学理论，但它们往往局限于将人的自然欲望当作一种个体的生活经验，而非从更科学的角度来揭示人欲望之中的奥秘及其分级。从这一点来看，内格尔的理论实际上仍然未能超出传统哲学的思维，它离现代科学还有一定的距离。

与内格尔形成对立的是迈克尔·鲁斯（Michael Ruse, 1940— ）的观点，他主张完全以生物学的理论取代伦理学，因为道德现象完全可以用生物学予以充分的说明，他说：“按照进化论的说法，道德既不多——我认为当然也不少——完全就是一种适应，与牙齿、眼睛和鼻子等东西的地位别无二致。”[④]传统道德必须提出伦理概念并在这些概念的基础上构建道德价值体系，同时需要规避价值规范内部的冲突，伦理学的主要任务是对这些道德价值和规范体系进行辩护。鲁斯则认为，道德价值根本就不需要对其做什么辩护，它本身是极其不确定的，在本质上是一种随着情境改变的现象而已。世界上根本就不存在什么客观的伦理道德，人们对道德责任的客观性感受不过是在适应环境的过程中产生的一种错觉，因为“竞争和选择显然驱使人们迈向自私……然而，有时候生物利他行为显然是好的策略，因此我们需要一种额外的驱动力……除非我们相信道德是客观的，否则道德就没有用了。如果每个人都认识到道德的虚幻本质……那么人们很快就会欺骗，整个社

① Thomas Nagel. *Mortal questions*. Cambridge: Cambridge University Press, 1979, p.142.
② Thomas Nagel. *Mortal questions*. Cambridge: Cambridge University Press, 1979, p.145.
③ 李涤非:《基于进化论的伦理自然主义》,《伦理学研究》2019 年第 2 期。
④ Thomas Nagel. *Mortal questions*. Cambridge: Cambridge University Press, 1979, p.238.

会体系就是坍塌”[①]。鲁斯认为，生物学可以解释任何道德现象，包括人的道德直觉，根本就不需要预设客观道德价值的存在，传统意义上的道德哲学根本就没有存在的必要，生物学就可以解释全部。简单一点说，如果从自然事实推出道德价值被认为是“自然主义谬误”，鲁斯规避这一谬误的做法是将后者完全否定。既然道德意识产生于适应和进化，那么表面上的那些道德价值和规范的约束力也就被消解了，即使社会为了一定的目的设置这样的客观的道德规范，但它对人并不造成真正的影响，在其本质上形同虚设。鲁斯的这一策略带来的主要问题就是导致社会道德责任体系的完全崩塌，缺乏道德责任的约束力，人的生活可能产生另一种障碍。在实践中，当主体面临道德冲突时，如果进行道德选择的能力是进化的产物，那么如何解释那些在紧要关头放弃自己利益的个体？显然，鲁斯的观点不足以解释道德选择中的自我牺牲主义，也就是无法解释到底是什么决定了人在尊严和利益之间做出选择。

无疑，以上两种极端对立的观点无法在自然主义与传统的伦理客观主义之间取得调和，相反，它们夸大了自然事实与道德价值之间的对立，走进了一种“非此即彼”的理论状态。无疑，这不是各种伦理自然主义哲学家们追求的目标，他们主要为了消除二者的对立。如菲利帕·福特(Philippa Foot，1920—2010)就曾经试图为道德哲学寻找一个全新的开端，她设法将伦理学从主观主义、表达主义和规定主义等非认知主义的“泥潭”中解救出来，她坚信，道德上善与恶的判断仍是基于物种的自然事实。因而她致力于寻找一种道德的客观主义，这种客观主义将实践的合理性建立在人类生命的事实基础上，而不将其与个体的态度、意向和心灵状态等主观的东西联系在一起。同时，这样的客观主义体现为一种认知主义，这种认知是基于事实和概念得出的结论，而不是基于某些先验的态度、情感或目标。福特认为，“活物能够通过对自然规范的制定和应用评价为善的或恶的，而这些自然规范源自于这些活物的物种发展、自我保存和繁衍的生命周期(life cycle)。”[②]因此，繁荣对于人来说具有非凡的意义，她的一整套理论便是建立在以人类自身的繁荣为核心的自然目的论基础之上，她说：“由于人类生命的多样性，仅当从人类贫乏(deprivation)的否定观念出发，我们才可能提供对人类必然性的某种更一般的解释，即关于人类善一般需要什么的解释。

① Michalel Ruse. *Evolution ethics and the search for predecessors: Kant, Hume and all the way back to Aristotle? Social Philosophy and Policy*, 1990(8). pp. 65 - 66.

② Philippa Foot. *Natural Goodness*. Oxford: Oxford University Press, 2001, pp. 33 - 34.

由此,我们马上看到人类善依赖于许多动物和植物所不需要的特性和能力…… 没有这些东西,人类可以繁衍生息,但它们是有所缺乏的(deprived)。”[①]在福特看来,德性是人类的生命发展中所必需的一种倾向,正是这一倾向帮助人刻画属于他们自己的善,这种善与植物善、动物善等存在本质区别,在人作为物种的繁荣过程中起着关键作用。

福特的观点符合正统的生物学,将有机体的目的规定为“促进基因复制”。约瑟芬·米伦(Joseph Millum)试图立足于功能概念对福特的观点进行攻击,他和迈克尔·汤普森(Michael Thompson)都明确地拒绝使用进化生物学的理论对“功能”概念进行解释,因为它们是非历史的。米伦认为,只有历史性才能为进化论的“功能”概念提供自然—历史的判断以更好地解释。汤普森则试图弄清楚隐含在“活物判断”中的逻辑并将其用之于伦理学,他为此引入了“自然-历史判断”,它的特殊性在于它的普遍性,因为这些判断的对象是“以前称之为最低种(infima species)的表征”,而这些判断“表达了那个物种成员所共享的生命形式的解释和理解”[②]。不过,福特认为汤普森在自然事实与道德规范的界限上过于乐观,她认为,“对一个物种独特的生命形式的事实性描述本身就具有规范性力量,相反,福特认为只有为人类整体引入一个目的论结构,这种自然历史的判断或语句才能够具有规范力量。”[③]然而,福特对此目的论结构的关键环节却未能详细解释。

约翰·麦克道威尔(John Mcdowell, 1942—　)认为福特及其他的一些学者对“自然”概念本身缺乏足够的重视,他们都在不停地强化伦理自然主义的规范性,却未能提供关于“自然”概念的全新的解释框架并妥善地安置这种规范性,这导致自然主义很难自圆其说,他因而提出“第一自然”和“第二自然”的区分以弥补之前哲学家们的不足。他认为,“第一自然”就是现代科学所揭示的那个自然,“第二自然”却是教化的自然,它是人被社会化为能使用语言和进行逻辑推理的文化性动物后获得的,后者才是道德评价的对象。在他看来,福特误解了康德和亚里士多德的“自然”和“实践理性”概念,最好的方式就是反思“第二自然”,他说:“我们不需要把实践理性设想为形式约束的对象,实践理性理所应当地实现本身就是第二自然的获得过

---

① Philippa Foot. *Natural Goodness*. Oxford: Oxford University Press, 2001, p.43.

② Ruth Garret Millikan. *White Queen Psychology and Other Essays for Alice*. Cambridge: MIT Press, 1993:13, p.288.

③ 方红庆:《福特的伦理自然主义及其批判》,《自然辩证法研究》2017年第4期。

程，这个过程包含动机性和评价性倾向的塑造，同时也发生在自然之中。"[①]由此，福特的伦理自然主义因为缺乏对"自然"概念的清晰认识，导致她的观点不但没有能够处理伦理学与自然科学的尖锐冲突，反而导致两者的鸿沟加深。麦克道威尔因而提出更可行的"第二自然"概念，为科学与哲学的和谐共存提供了暂时的解决之道。但是，他的这一概念仍然存在很多疑点，例如，它与"习得性自然"有什么本质区别？

以上对生物进化论中的"伦理自然主义"做了简单分析，但这远远不能表达"伦理自然主义"概念的全部内涵。在本书中，我们没法对此概念做一个思想史的梳理，目的只在于论述它的核心精神，并以它为理论背景分析弗洛伊德的精神病学。总的来说，伦理自然主义的本质在于对"自然主义"做出反思，是相对于"科学自然主义"而言的，它的核心任务是在伦理学与现代自然科学之间寻求和解。从休谟率先提出"自然与规范"的区分之后，伦理自然主义者们致力于寻找一种弥合伦理学与自然科学的理论。但正如麦克威尔所说，他们缺乏对"自然"概念的明确认识，科学的和哲学中的"自然"概念存在明显差别，但人类的认识是模糊的，或因为两者之间存在着不可分割的交集，使得人类对它的认识难度加深。无论如何，我们无意过多地探讨伦理自然主义的历史，只简单地交代它的意涵，并在此基础上展开对弗洛伊德精神病本体的研究。

我们将"伦理自然主义"当作是弗洛伊德精神病学的核心精神，是因为精神分析理论中也存在着自然主义与伦理主义的强烈纠葛，有学者认为它选取的是一种"道德与自然之间的折中路线"[②]，这是参考了黑格尔在《精神现象学》里面提出的道德世界观的"两个公设"得出的结论。黑格尔提出的"第一个公设是道德与客观自然的和谐，这是世界的终极目的；另一个公设是道德与感性意志的和谐，这是自我意识本身的终极目的。因此，第一个公设是自在存在形式下的和谐，另一个公设是自为存在形式下的和谐。把这两个端项亦即两个设想出来的终极目的联结起来的那个中项，则是现实行为的运动本身"[③]。第一个公设是人作为道德主体与外在自然的和谐，第二个公设是人内部的自由意志（内在自然）与道德规范的和谐。将人的内、外在自然统一起来的便是"现实行为的运动本身"，但它只是一个"中项"，在"行为"中天然地包含"自由意志"（内在自然）与"外在自然"之间的密不可分

---

① John Mcdowell. *Two Sorts of Naturalism*.//Hursthouse, R., Lawrence, G. and Quinn, W. (eds). Virtue and Reason. Oxford: Clarendon Press, 1995: 167 - 197, p.185.

② 庞俊来：《道德世界观视野下"精神分析"诠解》，《江海学刊》2019年第1期。

③ 〔德〕黑格尔：《精神现象学》（下卷），贺麟等译，北京：商务印书馆，1979年版，第130页。

的逻辑关系。“行为本身在自我意识(道德主体)内部,存在着一头连着自由意志,一头连着道德规范;在现实世界里,行为本身又存在着一头连着客观自然,一头连着道德主体。‘自然统一道德’还是‘道德统一自然’内在地成为我们解释行为的两种不同的世界观”①。马克思在黑格尔哲学的基础之上提出“实践”概念用以统一人的“内在自然”与“外在自然”,在上文中我们已经提及。在这里,我们无意赘述这一理论,我们的目的在于论述弗洛伊德是如何处理“自然主义”理论中所包含的“自然-道德的分裂”的。

无疑,在近代不同的认识论范式中,对身心关系及其如何统一问题的解释成为核心,从自然(外在自然)出发的科学解释和从道德出发的哲学解释形成两种截然不同的路径。黑格尔论述的两种世界观是完全矛盾的,是自然决定道德,还是道德决定自然,必然是无法调和的。精神分析作为一种心理学理论以心理的事实出发来描述自然-道德之间的中间状态,或者说,两者之间的一种模糊状态。如雅克·拉康(Jacques Lacan, 1901—1981)所说的:“精神分析的关键在于发现一种与这种不可避免的分裂相处的、适宜于每一个的知识。”②在某种意义上,正是人类对身心分裂的认知造就了科学与哲学的不同认识论,但无可否认,无论如何论证,这种分裂是不彻底的。也正是这种分裂的不彻底造成认识论中的模糊状态,自然科学与伦理学的纠葛需要一种中间的力量来化解。心理学作为一种学科出现,从一开始它就体现为一种科学哲学的特征,即它不再简单地使用观察、生命的体悟和语言的思辨等方式去研究人的意识、心灵和行为等,而是立足于科学实验的方法来检验人的意识和行为,试图以一种量化的方式去说明意识或心灵的形态及其形成和发展的规律。

然而,弗洛伊德的伦理自然主义并非使用实验的方法去弥合科学与哲学之间的鸿沟,它从一开始就是临床医学的,以一种临床治疗的思维方式去研究身心关系和神经性疾病。临床研究是经验性的、个案性的,它必须从不同的病案中去推理或总结出隐藏在疾病表征下面的本质。各种疾病所拥有的“症状”成为身心关系状态的真实反应,精神病学的目的就是为人的身心关系构建一门科学的理论,既可以解释“精神病”的本质及其产生的原因,也可以用来描述人的一般心理状态。临床治疗就是通过一定的手段找到隐藏在症状下面的病因并消除它。无疑,精神分析理论从一开始就不是完全生

---

① 庞俊来:《道德世界观视野下“精神分析”诠解》,《江海学刊》2019 年第 1 期。

② 〔法〕纳塔莉·沙鸥:《欲望伦理:拉康思想引论》,郑天喆等译,桂林:漓江出版社,2013 年版,第 31 页。

物学或生理学的，也不是完全哲学和心理学的。它恰恰是融合生物学、生理学等自然科学与哲学、心理学等于一体的临床医学，这种融合不仅是精神病学发展的一种必要，也是弗洛伊德本人一生所拥有的不同学科知识的耦合。

但是，我们要研究的是被界定为“自然-道德”的模糊状态的精神分析，它在身心关系问题上为我们提供了何种理论？此种理论的科学性和哲学性体现在哪里？正如前文中论述的，哲学家们和科学家们所质疑的并非实践理性，也并非实践理性是如何产生的，而是实践理性是如何与这个世界发生关系然后形成各种观念的。然而，正如麦克道威尔所批判的，福特等人缺乏一个明晰的“自然”概念，这构成整个伦理自然主义的难点。弗洛伊德的精神分析理论被认为是自然主义的，大部分原因是他诉诸生理学、生物学等解释精神病的病因。但他是如何诠释“自然”、“自然与道德的关系”的？这一问题较少得到学者们的重视。本研究将立足于弗洛伊德的理论来分析伦理自然主义的两个关键问题：1. 如何解释“自然”概念？ 2. 如何解释“自然和道德的关系”？

（二）疾病本体

哲学中对“本体”的解释争论不断，通常在人与事物的本体、属性和实体的解释中矛盾重重。并且，哲学中的“本体”概念并未被良好地应用到医学。成中英将“本”与“体”分开来解释哲学中的本体。依照他的理论，传统哲学过分地解释本体之“本”，忽略本体之“体”及从“本”到“体”的动态发展关系的解释。医学中对“本体”的解释集中在人的身体，相应地产生疾病解释的“身体本体”，它是一种纯粹的“自然本体”。新型医学模式强调人体与环境的互动关系及对疾病发生的影响，它本质上是一种疾病解释的“关系本体”或“伦理本体”，最终指向包括身体在内的“健康共同体”。相对于“国家共同体”的构建来说，“健康共同体”的独特之处在于它不只是政治的，还是医学的。前者需要在“国家共同体”内外部达成政治认同，后者需要在全人类社会达成“疾病本体”的认同。当前医学为疾病提供“自然本体”的解释，但不足以解释疾病中的“伦理本体”。这导致当前的临床实践伦理过分地偏向个人主义，并且，在群体性的传染病防控中很难达成对“疾病本体”的普遍认同，导致“健康共同体意识”形成的同一性困境。

在哲学研究中，亚里士多德虽极力证明“本体之学”的更优先的学术作用，但不因此否定“实证之学”的存在价值，他说：“每一门学术的业务各依据某些公认通则，考察某些事物的主要属性。所以，有各级类的事物与属性就有各级类的通则与学术。主题属于一类知识，前提也是一类，无论两者可以归一或只能分开；属性也是一类知识，无论它们是由各门学术分别研究或联系各门作综合研究。”[1]在亚氏看来，无论是本体还是属性都可以被分为若干类，马有“马本”、健康有“健康之本”，并且，在本体和属性之间还存在着联结二者的“间体”。“本体”概念被哲学家们不断地质疑，中国哲学中的“道”是否可以成为本体？西方哲学中的“ontology”代表的是一种存在，它与中国哲学的“本体”是否互通？

成中英将“本”与“体”分开解释，他说：“本，乃根源，是一种动态的力量，并在动态的过程得出结果：体。……体，是本发展的结果，可以分为物体（physical object）和身体（人和动物的 body）。……最原始的本体概念就是以本为主体，认为我们应该关注本。但是在我看来，本体不是以本为主，而是以体为主体，以已经实现出来了的体的状态作为本与体的载体。”[2]依照此观点，物体、身体、物自体和共同体等都是“体”的一种形式。以此分析传统生物医学的身体本体，如果身体只是“体”的一种，它只是身体之“本”发展形成的状态，这意味着，身体是不能成为全部本体的。身体是实在的，它与作为身体之“本”的存在或“存在之存在”是不一样的。身体之“本”是一般性的，身体之“体”是它发展的结果，是多样性的、特殊性的。但成中英先生的这一“本体”概念并未能够受到广泛关注，后世学者更未能够将其运用到医学领域进行本体分析。

当前的生物医学还未能发展出完善的“本体”观念，要区分出疾病的本体、属性和实体等，才能理解疾病的本质。尽管以身体为本体解释疾病看似成立，但以它解释精神病是困难的。在“疾病本体”的问题上，现代生物医学未能够完全推翻巫医理论，那些能够作用于人体的技术和药物，改变或消除的只是症状，并未触及本体。人类对疾病的认知需要先解决本体问题，而非认识论问题。现代医学试图以疾病的关联模式弥补疾病身体本体模式的不足，但这只局限于疾病的外因分析，心理的、社会的和自然的、环境的等，它们或可能作用于人体并产生疾病，但内因解释仍然存在很多问题。疾病治疗更是存在悖论，疾病以身体疼痛和不适症状为表征，症状消除同时也意味着身体（本体）的损害或毁灭。使用亚里士多德在《形而上学》一书中的“本体”概念来解释，身体本体只是疾病的“可灭坏的本体”，是否存在“不可灭坏的本体”？如何寻找到这一本体？

疾病的关联模式以“关系本体”解释疾病，强调人与环境（自然的和社会的）的互动关系。这一方面基于对疾病产生的多因素探索，是社会学与实证

---

① 〔古希腊〕亚里士多德：《形而上学》，吴寿彭译，北京：商务印书馆，1997 年版，第 42 页。

② 〔美〕成中英：《论本体诠释学的四个核心范畴及其超融性》，《齐鲁学刊》2013 年第 5 期。

主义的；另一方面基于马克思主义的“关系本体”而产生的，以人的本质来解释疾病的本质，是社会哲学与辩证唯物主义的。无疑，“身体本体”和“关系本体”代表疾病认知的两种不同思维方式，前者是自然主义的，后者是人文主义的；前者是实体性的，后者是价值性的。这种区分正如伽达默尔对“理解”形式的区分：实质性理解和意义理解①。以“实质性理解”为主的自然科学将人体当作一种实体来解释，这是传统生物医学的特点，而以“意义理解”为主的人文社会科学很难进入医学领域。尽管心理学也被广泛地应用到医学，产生医学心理学和“身心疾病”概念等，但“身心关系”是一种什么样的关系？如何发生的？叙事医学试图解决患者的意义世界问题，但将其放在疾病解释中仍存在着明显悖论。

哲学与医学史中对“本体”和“疾病本体”的探索历程复杂。现代生物医学中正式形成的“疾病本体(Disease Ontology)”概念是指试图利用信息技术将疾病的症状信息化之后进行归纳并形成清晰概念的结果，简称“本体”，目前此方法还未成熟定形。NASKAR D. 等人认为，本体是对共享概念体系形式化的规范说明，具有语义准确、语义关系丰富、成果开放等优势，用以促进资源发现和提高信息检索的质量②。赵洁、司莉认为，本体是具体学科中由专业术语及其关系构成的一种复杂知识体系，是对领域知识及其相互关系的规范化描述，意在揭示概念间的语义关系和事物属性。生物医学综合了多种自然科学的研究方法，生物学的、物理学和化学的等，对其关联信息的组织是实现资源有效获取的重要条件。生物医学中的“领域本体”是以解决生物医学术语的通用性和规范性为目的的，其作用是促进信息系统理解生物医学领域的语言③。“疾病本体”是“领域本体”的一种④，尽管尚未成熟，但已经被广泛地应用到肿瘤、肝脏疾病和新冠病毒肺炎(COVID-19)等具体病种的研究，以及神经科学、传染病学、公共卫生学、中医阴阳学等各个领域的研究。当前生物医学中的“本体”作为一种知识描述工具，通过明确的语言和比较事物的相似度，形式化地描述给定概念间的关联以确定事物的属性。“基因本体”(Gene Ontology)可以计算不同分子功能或生物过程

---

① 〔美〕乔治娅·沃恩克：《伽达默尔——诠释学、传统和理性》，洪汉鼎译，北京：商务印书馆，2009 年版，第 12 页。

② NASKAR D, DAS S. *HNS ontology using faceted approach*. Knowledge Organization, 2019, 46(3): 187-198.

③ 赵洁、司莉：《国内外生物医学领域本体研究与实践进展》，《数字图书馆论坛》2020 年第 8 期。

④ 杨春媛、李满生、朱云平：《生物医学本体领域的构建、评估和应用》，《中国科学》2013 年第 3 期。

术语间的相似度以衡量它们的关系,“疾病本体”可以计算不同疾病术语间的相似度以衡量它们的关联度[①]。以上“疾病本体”概念在本质上是描述性的,试图通过生物信息技术更精准地描述疾病之间的联系以形成更科学和规范的疾病分类。这一方面意味着生物医学对疾病本质认识的推进;另一方面恰恰从反面说明了当前生物医学对“疾病”的解释过分地停留在表象与局部,未能形成更系统化、结构化的疾病概念,这种现象在传染病和精神病领域更为凸出。但是,根据成中英先生的“本体”解释,当前生物医学领域中的“本体”只是一个概念体,它要探寻的是疾病概念之“本”,因而它的目的和作用更在于对疾病进行分类,而不是解释疾病的本质。

无疑,把哲学概念“本体”引用到医学领域产生“疾病本体”概念,目的是解释疾病的本质。疾病的本质是什么?米歇尔·福柯(Michel Foucault,1926—1984)指出:“上帝在制造疾病时与在培养其他动植物时遵循同等法则,因而疾病也是一个物种,它如同植物一样有其生长、开花与凋谢的过程。或者说,疾病也是一种生命,尽管它一直被认为是一种紊乱,却没有被意识到是一系列相互依存的、并趋向于特定目标的现象,疾病是病理生命的展现”[②]。福柯把疾病看作是生命的一种病理属性。张玉龙提出,疾病的本质更趋向于一种价值建构,它是独具个体性色彩的,每一个体的疾病都与其生命本身一样具有个性,因而疾病范畴不断地变化。西方医学经历了希波克拉底的“体液说”、达尔文的“生物说”、中世纪医学的“生命完美论”、16—17世纪的“理化指标改变说”、18 世纪莫尔干尼和比夏的“器官组织异常说”、19 世纪魏尔啸的“细胞损伤说”、巴斯德和科赫的“特异性病因说”等,都是纯粹生物自然主义的。在人文主义的影响下,20 世纪出现了坎农“内稳定”思想、塞里的“应激反应”理论和维纳的“控制论”等。随后,现代分子生物学、基因学等不断地拓展人们对疾病本质的认识,在生物学和信息技术、人工智能技术的嵌合下,人类对生命和“疾病本体”的认知越来越科学化。然而,人类对生命“异常现象”的解释虽然离不开实验或经验观察,但其结果并不都具有普遍性,疾病以个体为载体,个体的独特性决定了疾病形式的差异性[③]。实用主义者们认为“疾病在本质上是一个实践的、带有价值判断的观

---

① 荣河江、王亚东:《基于基因本体的相似度计算方法》,《智能计算机与应用》2019 年第 1 期。

② 〔法〕米歇尔·福柯:《临床医学的诞生》,刘北成译,南京:译林出版社,2001 年版,第 171 页。

③ 张玉龙、王景艳:《疾病的本质:本体多样性的呈现》,《医学与哲学》2013 年第 2A 期。

念，它是实践的产物，受实践价值的形塑”①。

无疑，西方医学对“疾病本体”的解释经历从自然主义到人文主义再到技术主义的发展路线，当前的生物信息学就是试图通过计算机技术解释生物领域的本体知识，它在本质上是一种科学自然主义的“疾病本体”。当然，如前文所述，生物医学的发展从“身体本体”衍生出“关系本体”，这种本体性的优化和改变正说明了人类意图从伦理的视角解释疾病的本质，在“关系本体”中，人与自然的、社会的和自我的关系构成它的主轴。将疾病看作是一种价值建构则是一种伦理主义的“疾病本体”，它的极致态度是彻底否定疾病的存在，这种思维尤其体现在精神病领域。米歇尔·福柯、吉奥乔·阿甘本(Giorgio Agamben，1942—　)与D. 库柏(D. Cooper)等人曾对生物医学提出强烈抗议。福柯认为，“疾病的‘实体’与病人的肉体之间的准确叠合不过是一件历史的、暂时的事实。”②托马斯·萨兹(Thomas Szasz，1920—2012)认为精神疾病是一个神话，因而不应按医学观念去治疗它，精神病术语只是一个比喻；A. Stadlen认为心病或思乡病虽存在，却不是医学意义上的，仅是比喻意义上的；萨斯则试图把伦理学纳入对精神疾病的解释和治疗中来③。显然，以价值建构来诠释疾病本质意味着承认疾病的“伦理本体”。然而，它虽否定疾病与身体实体的本质性关联，却未能够明确地提出另一个可以取代身体的“伦理体”。在生理-心理-社会-自然的新型生物医学模式中，显然将人与自然、人与自身、人与社会之间的伦理关系纳入疾病的范畴，这些伦理关系恰是包括身体在内的、人赖以存在的内、外在自然所构成的“共同体”，即与身体相对的疾病的“伦理本体”，它也体现为一种“关系本体”。

那么，应该如何理解疾病的“伦理本体”？从它产生的各种关系来看，它恰是人赖以存在的“健康共同体”。依照亚里士多德的“本体”概念进行区分，须将疾病的本体、属性和实体等分开来理解疾病的本质，“身体本体”实际上是将身体的实体看作是本体，这是备受福柯、阿甘本等人批判的理由所在。依照成中英先生的“本体”概念，传统哲学中的本体更多地倾向于本体之“本”，传统医学中的本体更多地倾向于本体之“体”中的身体，新型生物医学模式中的将“身体本体”衍生到包含它在内的“健康共同体”。目前生物医

---

① 张晓虎、夏军：《对疾病概念的建构论分析》，《医学与哲学(人文社会医学版)》2010年第10期。

② 〔法〕米歇尔·福柯：《临床医学的诞生》，刘北成译，南京：译林出版社，2001年版，第1页。

③ 肖巍：《精神疾病的概念：托马斯·萨斯的观点及其争论》，《清华大学学报(哲学社会科学版)》2018年第3期。

学信息学中探索的“疾病本体”实际上指向疾病之“本”或疾病的信息本体之“本”。无疑，疾病的本体应该包含以上要素在内，同时能够说明疾病之“本”与“体”之间的动态发展关系，以及疾病的本体、属性和实体之间的静态逻辑关系。

总之，“身体”和“健康共同体”都是“疾病本体”之“体”的一种形式，前者是立足于身内自然来讲的狭义上的“体”；后者是立足于身内自然和身外自然这个“统一体”的广义上的“体”。也可以说，生物医学是一种“疾病本体”的科学自然主义模式；新型生物医学模式是一种“疾病本体”的伦理自然主义模式。当然，值得指出的是，中国传统医学在本质上也是“身体本体”的，无论是气本论、血本论，还是两者的统一，都是立足于身体的实体来谈的。它的不同之处是在朴素唯物主义的基础上增加了疾病认知的辩证法，以阴阳、虚实和寒热等来描述疾病的现象。值得提出的是，以上两种本体都是立足于个体来谈的，以个体性的疾病及临床治疗为前提。然而，在现代医学中仍然体现出强烈的分离趋势，产生“疾病本体”认知的现代分化，深刻影响到不同层面“健康共同体意识”的构建。尤其是在以群体性疾病为中心的传染病防控领域，科学自然主义的“疾病本体”仍占据优势地位，伦理自然主义的“疾病本体”观念尚未形成，这些都严重地影响到人类作为一个整体存在的“健康共同体意识”的建立。尽管立足于个体来谈的“疾病本体”也体现出以关系和价值为特征的伦理特点，但它与立足于群体来谈的“疾病本体”中的关系与价值存在明显差别，因而必须将它们分开来进行“伦理本体”的分析。这一点，我们将在结语部分做出进一步分析。

（三）性本能

弗洛伊德提出过很多与“本能”有关的概念，如性本能、自我本能、爱本能、生本能、死本能、营养本能等。正是“本能”概念的生理特性使得弗洛伊德的精神分析理论体现出强烈的自然主义特征。但是，对于弗洛伊德提出的诸多“本能”概念，尤其是“性本能”（libido）概念，目前的各种解释似乎并没有能够道出它的本质。“性本能”所具有的性欲色彩使得它被降低为人的一种低等欲望，这使得弗洛伊德的精神分析理论备受批判。尤其是他所建构的以“杀父娶母”为原型的“俄狄浦斯情结”（Oedipus Complex）更是体现为一种看似毫无伦理色彩（乱伦）的东西，这使得他的理论备受争议并扑朔迷离。说到底，弗洛伊德的“性本能”概念正是诠释他的自然主义的关键。

弗洛伊德曾坦言自己也不太明确哪个词语可以更形象地表达“libido”，生物学中使用“Geschlechtstriebs”（性欲）一词形容人与动物的生理需求，学术界类似的词语是“libido”，指的是人内在的一种原欲，德语中唯一一个可以用来描述它的词语是“lust”，但它兼具欲望和满足的含义，所以更容易产生混淆。他承认它类似于柏拉图的“eros”(爱欲)，他提出“libido”的意图是扩展柏拉图(Plato)的性学观念[①]。但柏拉图将其解释为一种“关系原则”，他认为人们习惯于在“看得见的”和“看不见的”、“好的”和“阴暗的”、“先验的”和“直觉的”之间，尤其是在“有限的”和“无限的”之间做出明显区分，“eros”是一种将人们观念中分裂的世界弥合在一起的力量[②]。卡尔·荣格(Carl Gustav Jung，1875—1961)认为，弗洛伊德的“libido”主要拥有“营养本能”、“性本能”和“宗教本能”三个层面的含义，人正是通过“宗教本能”逃离“性本能”的束缚，这一观点体现出彻底的理性主义和文化主义，从根本上去掉了它的原欲层面的意涵[③]。他曾建议使用术语“horme”代替它，在它的形而上学含义中预设一个意识层面的欲望态度，并认为人的许多冲动和欲望都能进入意识层面，尽管它们通常是未完成的。这个含义更多地倾向于文化主义和理性主义，区别于实用主义与快乐主义的解释[④]。那么，是否可以将其理解为人体里面的一种物质呢？尽管现代生物医学已经发现“性激素”这样的物质决定着人的性欲和生殖能力，但弗洛伊德显然未能提及这一意涵。“libido”的首要含义是身体器官的一种活动能力，身体会因为这样的活动产生相应的能量，它为数众多，“从各种不同的器官发放出来，起初各自独立，只有到达最后的阶段才能成为综合的整体。其中每一种本能所追求的目的都是‘器官快感’，只有当它们成为一个综合的整体时，他们才真正服从于生殖的功能，从而真正转变为众所周知的性本能”[⑤]。著名的精神分析评论家 W. A. White 和 A. A. Brill 认为，“libido”实质上可以被分为两种：自我保存(营养)本能和性(爱或繁殖)本能。Brill 认为，随着社会道德文明的发展，人的“自我保存本能”不停地发展壮大，“性本能”却不停地被压抑，因

---

① 〔奥地利〕西格蒙德·弗洛伊德：《性学三论》，徐胤译，杭州：浙江文艺出版社，2015 年版，第 2 页。

② Raphael Demos. *Eros*. The Journal of Philosophy. Jun. 21, 1934, Vol. 31, No. 13 (Jun. 21, 1934), p. 337.

③ L. L. Bernard. *A Criticism of the Psychoanalysis' Theory of the Libido*. The Monist, April, 1923, Vol. 33, No. 2. p. 251.

④ L. L. Bernard. *A Criticism of the Psychoanalysis' Theory of the Libido*. The Monist, April, 1923, Vol. 33, No. 2. p. 242.

⑤ 〔奥地利〕西格蒙德·弗洛伊德：《弗洛伊德文集 2》，王嘉陵等编译，北京：东方出版社，1997 年版，第 195 页。

而他更多地将后者看作是一个病理学概念①。

无疑，如果仅仅将“本能”理解成性欲或生理的自然需要，它看上去确实拉低了整个精神分析理论的层次，但它确实是自然的、非后天意义上的。不得不承认，在整个中西方哲学史上，对人的性、情、欲的研究占据核心地位。弗洛伊德开启了从科学的视角来研究“本能”的先河，并将其当作是理解人性的核心因素，因而必须撇开传统哲学的方法来理解这一概念。无疑，在牛顿力学的启示下，弗洛伊德所提出的“本能”即使与“性”联系在一起，它也不再具有传统哲学中将其与激情（情）、欲望（欲）等并列放在一起的基础含义，它更多地与作为运动产生的热能、动能等物理学的概念类似。亚里士多德也曾经提出“能”这个概念，它描述的是事物存在的一种实然状态，是具有生命有机体存在的一种基本状态，区别于那些无机存在物。因而大致上可以推断出“能”与“动”是联系在一起的，如热能产生物理运动，人的本能是心理动力或生命有机体运行产生的本因。

如何理解“本能”的自然状态？或者说，到底如何解释“本能”这个概念？张江认为，“本能”是中国古代的“性”之语义的核心点，在众多中国古代典籍中都有相关记述：

> 性，生而然者也。（《论衡·本性》）
>
> 食色，性也。（《孟子·告子上》）
>
> 饮食男女，人之大欲存焉。（《礼记·礼运》）
>
> 彼民有常性，织而衣，耕而食，是谓同德。（《庄子·马蹄》）
>
> 若夫目好色，耳好声，口好味，心好利，骨体肤理好愉佚，是皆生于人之情性者也；感而自然，不待事后生之者也。（《荀子·性恶》）
>
> 所谓性者，本始材朴也。（《荀子·礼论》）
>
> 人之有道也，饱食、暖衣、逸居无教，则近于禽兽。（《孟子·滕文公上》）
>
> 口之于味也，目之于色也，耳之于声也，鼻之于臭也，四肢之于安佚也，性也。有命焉，君子不谓性也。（《孟子·尽心下》）

以“性”来解释“本能”，这里的“性”包括性欲这样的生理本能在内，但不局限于这一项生理需求，它拥有比性欲宽泛得多的含义，几乎包含了所有因

① L. L. Bernard. *A Criticism of the Psychoanalysis' Theory of the Libido*. The Monist, April, 1923, Vol.33, No.2. pp.242－259.

维持生命而产生的感性需求，如吃、喝、听、闻、温暖、四肢的安逸等。这些需求是与生俱来的、不学而能的、与动物无二致的生理性的东西，它是由身体的各类感官直接感知的欲望，如目之好色、耳之好声。以上这些都是纯粹的自然本能，它们是人与动物所共有的。当然，张江提出人区别于动物的另类本能：共通感[①]。首先是五官感觉之共通："口之于味也，有同耆焉；耳之于声也，有同听焉；目之于色也，有同美焉；至于心，独无同焉乎？"(《孟子·告子上》)这些感官所能感觉到的东西是大家所共有的，人因为能够看到同样的颜色、听到同样的声音等而产生共通的感觉。其次，人的共通感的更高级层次——心灵的共通，如孟子说："恻隐之心，人皆有之；羞恶之心，人皆有之；恭敬之心，人皆有之；是非之心，人皆有之。恻隐之心，仁也；羞恶之心，义也；恭敬之心，礼也；是非之心，智也；仁义礼智，非由外铄我也，我固有之也，弗思耳矣。"(《孟子·告子上》)这是一种道德的本能，同样是不需要后天养成，是与生俱来的。这种"本能"与纯粹感官的"本能"相比较，不同之处在于它是人所特有的。在孟子看来，"不忍人之心"即最基本的道德本能，它既非动物的本能，也非用五官感觉出来的本能，而是人所具有的独特的天性，也是人所共通的人情。之所谓"人情不远"，"乃性与本能通也，由此可以后人之意逆前人之志也"[②]。

然而，弗洛伊德的"性本能"的"性"显然与以上中国古代哲学之"性"存在明显差别，在各种著述中，弗洛伊德之"性"都被解释为性欲，它是限于两性之间的一种特殊欲望。尽管在孟子的理论中也提出过"食色"等基本生理欲望，但在中国传统哲学中，"色"作为性欲而言，人们对它是十分避讳的。或者说，在中国传统文化中，"性"是不可以被放在正式场合公开讨论的。在弗洛伊德所处时代的西方社会同样对"性"存在很多避讳，可以说，那仍然是一个禁欲主义时代。在这样的时代背景下，弗洛伊德提出的"性本能"概念及其在此基础上建构的理论很容易遭到批判和质疑。但是，反过来，他的独特的理论一方面遭到人们的否定；另一方面却又激起了世人对它的猎奇心理。在那些看似荒诞不经的理论中，人们一方面感觉到它的深奥难懂；另一方面又不得不承认，它似乎随时都可以戳到每一个人内心那不可轻易触碰的"底部"。这是弗洛伊德的理论曾经风靡全球的原因，普通民众都能够随口说出"无意识"、"潜意识"、"本我"和"自我"这样的专业术语。然而，可以肯定的是，弗洛伊德使用"性本能"概念并非为了更多地吸引眼球，他的理由

① 张江：《"理""性"辨》，《中国社会科学》2018年第9期。
② 张江：《"理""性"辨》，《中国社会科学》2018年第9期。

很简单,"性"是人类繁衍后代的根本动力,所以相对于其他的生理需求和本能,性欲和"性本能"具有更根本的意义。尽管从维持个体的生命来看,"食"具有比"色"更先在的意义,因为如果缺乏食物,人就没有办法活下去。但弗洛伊德为何没有选取"食"这一同样不可或缺的生理性需求来做文章,而是选取"性"来进行论述,其中一个很重要的原因就是他将人作为类存在来讨论的。或者说,他是基于群体性的人来研究的,尽管在他的精神病学建构中,他是诉诸临床个案进行经验性总结的,但在基础的病因学解释中,他是从人类出发来谈的。

另外,从人类繁衍来谈的"性本能"概念,它不局限于作为人的生理性需求的内涵,它更根本的意义指人所拥有的伦理关系的发端,即亲子关系和两性关系。俄狄浦斯情结中的"杀父娶母"的心理倾向,即一种以"性本能退化"为基础的错乱的伦理关系,人与自己异性父母之间的"乱伦"既是神经症病因学建构的基础,也是个体道德人格发展进程中的关键环节,它是人这一生所无法摆脱的原始本性。尽管"俄狄浦斯情结"本身出自古希腊的一部悲剧,它的科学性是值得怀疑的。但弗洛伊德的宗旨在于通过"俄狄浦斯情结"来说明"性本能"概念对于解释人性的作用。无疑,"性本能"作为人性发展的原始动力,它与其他生理欲求的明显的区别是:其他的生理欲求是个体可以独立完成的,以性为基始的欲求却是关系性的。因而实质上,在精神分析理论中,以人的关系性欲求——"性本能"来研究神经症与个体的道德人格发展,恰恰说明它是集生理性和伦理性于一体的概念。除此之外,如何理解亲子关系和两性关系中的"乱伦"比较关键。

从以上分析来看,要理解"性本能"的确切含义,我们需要将人的欲求分为"个体性欲求"和"关系性欲求"两种不同类型。在孟子所提出的"食色,性也"的经典理论中,"食"是人最基础的个体性欲求,它是不需要任何关系的支撑就能独自发生、进行与完成的欲求。或者说,"食"中所包含的人性是完全主体意义上的,它所面临的客体是可以满足身体欲求的食物,也是纯粹自然性的和生理性的。并且,一切与"食"相近的个体性欲求都具有这些特点,它们是从人自身感官的感受性出发来衡量的欲求,也是纯粹的需要性欲求。但是,"色"所包含的欲求却是关系性的,它是无法通过主体自身来独立完成的,它所面临的是与他人建立起关系来完成的,因而它既是生理性的,又是伦理性的。并且,关系性欲求是无法只通过自我感官的感受性来获得和衡量的,它必须通过获得他人同等的欲求并与其他人发生关系,并在此关系中获得认可才能完成。关系性欲求既是需要性欲求,又是被需要性欲求。弗洛伊德将"性本能"当作是神经症病因学与个体道德人格建构的基础,即承认它不同于纯粹的生理性和需要性欲求的突出特点:关系性、伦理性和双向需要性。

然而,"关系性欲求"仍然不足以解释"俄狄浦斯情结"中"杀父娶母"为何是人的"性本能"所致? 或者说,以"杀父娶母"为特征的乱伦情结为何成为人性发展中的"本能"? 并且是一种无意识的"本能"。实际上,在这一看似乱伦的关系中,实质上包含两种基本的伦理关系:亲子关系与夫妻关系。亲子关系是自然的、血缘性关系,夫妻关系是通过关系性欲求获得的关系,它是亲子关系的开端。如《周易》中所说:"有天地然后万物生焉。……有天地然后有万物,有万物然后有男女,有男女然后有夫妇,有夫妇然后有父子,有父子然后有君臣,有君臣然后有上下,有上下然后礼仪有所错。"从这里来看,夫妻关系是先于父子关系的,这意味着,两性结合在人作为类存在方面是至关重要的,两性关系于人的存在来说具有基始性的意义。这一点与《圣经》中上帝的"创世纪说"是一致的,上帝先创造了男人,然后从男人的身上取下一块肋骨创造了女人,足以说明两性结合对于人本身的重要意义。尽管夫妻关系相对于亲子关系具有先在性,但亲子关系相对于夫妻关系来说却更为重要。夫妻关系除了两性结合的意义,更重要的是它能生出亲子关系,如果没有生出亲子关系,这样的夫妻关系就失去了它最重要的价值。良好的亲子关系是人作为类存在的最重要的价值,人类社会的构建、稳定、繁荣都与亲子关系相关。可以说,整个社会的伦理都需要以这两种关系为基础来进行建构。

"杀父娶母"所隐喻的是这两种最主要伦理关系的错乱,"杀父"意味着犯上,是对父权的违背;"娶母"意味着两性关系的乱伦。站在一个正常人或现代人的角度,这两种错乱的关系几乎是不可理喻的。但弗洛伊德反复强调,"性本能"作为人格发展的原始动力,它对人来说具有元始性,是无法从一个理智健全的、现代的成年人的角度去判断的,这一点在神经症病因学解释中也具有同样的特点。在《图腾与禁忌》这本著作中,弗洛伊德试图从人类学的角度解释宗教道德的起源,并将其与神经症的病因学联系在一起。他认为,"图腾"和"禁忌"对原始社会的人来说所具有的特殊意义无法从现代人的角度去理解,这一点在精神性疾病的研究中也是一样,正常人是永远无法真正地走进精神病人的世界的,如果研究者或神经症医生无法跳出自己的理性思维,就完全无从理解和解释。"杀父娶母"暗含了人在关系性欲求中的本能无意识,尽管相对于以"食"为主的纯粹的生理性、自然性欲求来说,关系性欲求体现了人更高级的需求。但人在以"食"为主要特点的欲求上不会轻易犯错,也因此不需要太多的道德规范加以限制。人们在"性"方面的欲求却由于它从一开始就是关系性的，这使得“性”必须是符合伦理道德的，符合健康的父子关系与夫妻关系发展的。从弗洛伊德考察的宗教道德的起源来看，“图腾”和“禁忌”的真正作用是作为一种道德规范限制人们去做不应该做的事情，并在共同体中达成共识。但是，无可否认，“原始民族残酷地防范着‘乱伦的性关系’，整个社会结构都是因此而设立。”[①]这意味着，人们将乱伦的性关系当作是人本能的发展倾向，是很难控制的。也就是说，“一件被强烈禁止的事情，必定也是一件人人想做的事情。”[②]这是隐藏在人性中的“本能无意识”。现代人已经通过社会的进化有效地将这种“本能无意识”掩盖起来，但在原始社会的禁忌和神经症的病因学中，这种“本能无意识”却是理解和解释它们的关键点。

弗洛伊德是通过“性本能”和“无意识”这两个概念来建构他的精神分析理论的，但实际上，“性本能”即体现为一种“无意识”，它的突出特征便是不自知。现代心理学基本上对“精神病”的特点达成以下共识：患者出现一些症状性行为而不自知，“病人在生病期间对他精神上的异常很少认识或完全不能认识，对他自己的一些病态想法、情感和行为没有一点自知之明”[③]。“不自知”可以被认为是一种自我认知的异常状态，但目前的哲学和医学理论却难以解释它。亚里士多德将人的“不自知”状态称为“非自愿行为”，即“被迫的或出于无知而发生的行为”[④]。他后来认为这一解释不够准确，因为那些“出于激情与欲望的行为显然也同样是人的行为，把它们看作是非自愿的是没有道理的”[⑤]。因为没有充足的理由认为这些行为是完全非自愿的，尽管这些行为的发生常常伴随着主体一定程度的“不自知”。亚里士多德因而提出“不能自制”来形容这一状态，但他仍然无法自圆其说。后来拉康指出问题的根本不在知识层面，而在“那潜伏在普遍命题之下的欲望”[⑥]。他的欲望并非指对某一物的欲望，而是“无意识欲望”，它由需要（need）、需求（demand）和欲望（desire）三个部分组成。拉康认为：“欲望既非需要满足的

---

① 〔奥地利〕西格蒙德·弗洛伊德：《图腾与禁忌》，文良文化译，北京：中央编译出版社，2015年版，第3页。

② 〔奥地利〕西格蒙德·弗洛伊德：《图腾与禁忌》，文良文化译，北京：中央编译出版社，2015年版，第112页。

③ 钟友彬：《中国心理分析——认识领悟心理疗法》，沈阳：辽宁人民出版社，1988年版，第36页。

④ 〔古希腊〕亚里士多德：《尼各马可伦理学》，廖申白译注，北京：商务印书馆，2009年版，第62页。

⑤ 〔古希腊〕亚里士多德：《尼各马可伦理学》，廖申白译注，北京：商务印书馆，2009年版，第67-68页。

⑥ Jacques Lacan. *Évolution Psychiatrique et in Écrits*. Paris, Seuil, 1966, p.39.

胃口，也非爱的需求，而是来自于从后者减去前者以后的差异。”[①]对这句话的可能解释是：“欲望是伴随需要和要求产生的一种永远无法满足的无意识需求。”[②]欲望并不是去欲望他者，而是欲望他者的欲望[③]。精神分析中的抵抗、变态不是对于自身欲望的抵制或拒绝，而是对他者欲望的反叛。这正表现为自我自由意志（内在自我）与外在道德规范（外在客观实在）之间的分裂[④]。

无疑，拉康对“欲望”层次所做的区分十分关键，但他仍然没有道出自然欲望与道德规范之间的重要关系。也就是说，哪些自然欲望是需要道德规范加以限制的，哪些自然欲望是不需要的。实际上，他所谓的需要、需求即我们前文中所指的个体性欲求，它是完全以满足自我为目的的，用以满足我的对象成为彻底的客体。但他定义的“欲望”的内涵并非对物的欲望，而体现为一种对他人和他人的欲望的欲望，即我们所说的“关系性欲求”，它是一种“永远无法满足的无意识需求”。即在对物的自然欲望中，是不需要太多的道德规范去限制，恰恰是在与其他人之间产生的关系性欲望中，需要使用合理的道德规范加以限制的。依照拉康的观点，神经症患者病症中的抵抗、压抑等所发挥的作用并非针对自身的欲望，而是针对他人的欲望的欲望，这在本质上是一种关系性欲求的失调。

相对于个体性欲求来说，关系性欲求的一个主要特点是它必须是自然性和伦理性双重意义上的。弗洛伊德的“性本能”实质上包含这两个特点及其冲突在内，但一直以来，学者们只是将它当做人的生理本能欲求，却未能注意到它作为关系性欲求的含义。并且，这两种特点时常会产生自我内在的伦理冲突，也可以将它定义为自我“内在自然”的冲突。在众多的研究中，学者们都看到了弗洛伊德将神经症的病因归于“性本能”与“自我本能”发展的不协调，这一不协调中包含了“自然与道德关系”的激烈对冲，但他们并没有能够明确地分析出弗洛伊德的众多概念中哪些属于“自然”范畴，哪些属于“道德”范畴，哪些属于“自然”与“道德”的双重范畴。“性本能”实质上就是一个具有双重属性的概念，作为人本性中的“无意识需求”，它时常引发自我内部自然的和伦理的冲突。对这一概念的双重属性的理解不仅对解释神经症来

---

① Jacques Lacan. *écrits: A Selection.* Trans. Alan Sheridan. New York: Norton, 1977, p. 287.

② 顾明栋：《“离形去知，同于大通”的宇宙无意识——禅宗及禅悟的本质新解》，《文史哲》2016年第3期。

③ 〔法〕弗朗索瓦·多斯：《从结构到解构：法国20世纪思想主潮》（上卷），季广茂译，北京：中央编译出版社，2005年版，第127页。

④ 庞俊来：《道德世界观视野下“精神分析”诠释》，《江海学刊》2019年第1期。

说具有关键作用,对于解释个体一般的道德人格发展也具有十分重要的价值。

(四)罪恶感

“罪恶感”这一概念主要来自宗教,如基督教神学伦理学中的“原罪”,它主要指主体因为做错事情而感到负疚,因而它与人的道德和良心紧密相关。弗洛伊德的专著中多次提到宗教中的“罪恶感”对于解释道德良知的起源和神经症病因的重要意义,他说:“我们在强迫性神经症中发现了一个特质:过分的良知(正直)。这也是一种在潜意识里与潜伏的企图斗争所产生的症状。如果它们的疾病日益恶劣时,他们将受到强烈罪恶感的压迫。……如果在强迫性神经症中无法找到罪恶感的根源,那么,我们将永远无法再观察它们。”[①]弗洛伊德把“罪恶感”及其根源当作是强迫性神经症解释的核心,它出自潜意识中“过分的良知”。尽管弗洛伊德多次强调自己所建构的精神分析理论不是情感主义的,也没有对此做出过多的解释,但很明显他所说的“罪恶感”在本质上关涉情感和欲望。他所说的“非情感主义的”应该是指精神分析理论不旨在分析哪一种或哪几种情感在神经症病因学解释当中的作用,例如同情、正义等情感,而应该探寻这些情感产生的根源。比如“罪恶感”对于解释神经症意义并不大,“罪恶感的起因是什么”才是解释神经症的关键。因为“罪恶感”作为一种情感是客观存在的,它不足以说明问题,真正能说明问题的是“罪恶感”产生的原因。因而于弗洛伊德时代的情感主义和理性主义之争来说,他并不意图卷入这场哲学的争论,相反,他寻求对情感本身做出更合理的解释,以此作为神经症病因学解释的基础。

弗洛伊德在解释人的情感之时选择了与传统思辨哲学不同的路线。传统思辨伦理学无论是将理性当作是道德的起源,还是将情感当作是道德的起源,都无法回避情感来做出分析。亚里士多德虽然对情感不排斥,但始终将其放置于次要地位。他将德性界定为理性对情感的适度掌控和把握,而不将德性直接界定为情感。伊曼努尔·康德(Immanuel Kant,1724—1804)则完全拒斥情感在伦理学中的作用,试图建构完全理性意义上的客观伦理学。休谟在其《人性论》和《道德原则研究》等书中力图证明情感才是道德的真正来源,并明确地指出“正义”这样具有道德评价和属性的情感不具备自然基础,因为与自然的德性存在本质差别,应当被看作是“人为的德性”[②]。休谟的情感在本质上都是自然情感,无论它们是否具备直接的道德

---

① 〔奥地利〕西格蒙德·弗洛伊德:《图腾与禁忌》,文良文化译,北京:中央编译出版社,2015年版,第110-111页。

② 〔英〕大卫·休谟:《人性论》,关文运译,北京:商务印书馆,1983年版,第477页。

意蕴，都可以被认为是与人为相对的东西。这些自然的东西是科学研究的对象，包括物理的和心理的现象。而当休谟将情感定义为一种印象时，“它同时兼容了自然的这两种意义”[①]。换句话说，休谟的“情感”是我们“由于自然的心理-物理构造而自然禀有之物，同时也是经验可以观察到的现象，即经验科学研究的对象。所以，虽然休谟并不排除我们的情感得到陶冶教化的可能性，但认为作为一种自然（经验）现象，它必须符合联接经验的联想法则，故对象之（时空的）远近及其与主体关系之亲疏，都必然直接地影响到我们情感的强度及其形态。这也适用于具有道德意蕴的情感，例如在休谟的伦理学中扮演了重要角色的同情（sympathy）”[②]。休谟道出了“情感”的关系性及其遵从联想法则的特点，例如“同情”，在其本质上是一种“存在于人的本性中的接受他人的心理倾向、情感以及情绪的能力，这种能力基于人与人之间所存在的类似关系、接近关系和因果关系”[③]。可见，休谟之“情感”并非自生的，“情感”的状态决定于主体与外在存在的关系。然而休谟并未立足于关系对“情感”做出进一步的探讨，仍试图立足于“情感”本身来证明它是否可以成为道德的基础。情感主义的目的在于对“情感”做出分析，并尝试证明如何从“情感”中推出道德的来源，例如，“同情”或“正义”的情感是否可以成为道德的来源？显然，情感主义的理论目的在于：要么能够证明“情感”本身具有德性；要么能够证明“情感”具有德性的功能，但无论如何证明，都无法弥合自然情感和道德规范的鸿沟。因为“情感”无法排除它的偏私性，因而完全无法成为具有普遍性的道德。因而在休谟看来，“情感”总是自私的，它最终都只会导致“自私之情”。

康德拒绝将“情感”当做道德的基础，主要因为“情感”的偏私性和特殊性，使其无法成为具有普遍道德效力的法则，因而他不得不引入“敬重法则的情感”来解释。根据他的观点，这种“敬重（A chtung）”是一种先天的道德情感，它与自然情感存在差别，因为它完全出自纯粹理性本身。尽管如此，“敬重法则的情感”仍然是情感，不是理性，并且，它是以人的感性为基础的。这就是说，如果人不具有感性的情感感受性，纯粹理性也没有办法从人身上激发出“敬重法则的情感”出来。无疑，康德所强调的自然情感与道德情感的区分并非一成不变的，他更强调自然情感转化为道德情感的可能性。这一点在休谟的正义论中也谈到了这一转化的可能性，“没有一种情感能控制

---

① 〔英〕大卫·休谟：《人性论》，关文运译，北京：商务印书馆，1983年版，第309－310页。

② 〔英〕大卫·休谟：《人性论》，关文运译，北京：商务印书馆，1983年版，第354页。

③ 〔英〕大卫·休谟：《人性论》，关文运译，北京：商务印书馆，1983年版，第352页。

利己的感情，只有那种情感自身，接着改变它的方向，才能加以控制”[1]。无疑，承认自然情感的可转化性具有非凡的理论意义，它实际上承认了在人的自然天性中存在着一种自我转化或超越的最低限度的可能。基督教所倡导的“无限的爱”和“无差等的仁慈”等是人所无法企及的，作为有限存在的人只能禀有偏私的爱与仁慈。

我们无意将情感主义中有关“自然情感和道德情感”关系的理论全部陈述清楚，只论述弗洛伊德思想中的“罪恶感”是一种什么样的情感，弗洛伊德自己对情感主义抱有何种态度，他在何种程度上发展出更科学和更具解释力的情感主义。正如在前文中所说的，弗洛伊德并不关心“情感”的哲学分析，他更关心“情感”的发生学。也就是说，人的情感是怎么来的？更确切一点说，人的“罪恶感”是怎么来的？他将这一问题当作是神经症病因学解释的核心。那么，应该如何分析他的“罪恶感”？可以确定的是，“罪恶感”并非一种单纯的情感，它表现为一种“矛盾情感”。弗洛伊德在《图腾与禁忌》中非常详细地分析了原始人对禁忌的矛盾情感态度：一方面他们对禁忌抱有十分崇敬和恐惧的心理；另一方面他们又无法控制想要触犯它的自然欲望。正是这种“矛盾情感”构成宗教禁忌和神经症病因学解释的核心，它深深地植根于人性之中。弗洛伊德把它当作是人与生俱来的“劣根性”，他使用“性本能”解释人的关系性欲求，他使用“俄狄浦斯情结”解释人在这一关系性欲求中所无法克服的矛盾情感。“杀父娶母”作为人在幼年时期基于关系性欲求产生的矛盾情感的雏形，终生影响着个体的精神状态和道德人格发展。

休谟发现了“情感”中的关系性和联想法则，他和康德都发现了自然情感向道德情感转化的可能性。即便如此，他们仍然无法为道德感的产生提供更合理的论证。在自然情感和道德情感的强烈纠葛中，它们的关系仍显得非常复杂而难以在概念内部自圆其说。弗洛伊德的“矛盾情感”恰恰说明人内在的自然情感和道德情感的不可区分。他将人的道德感定义为“良知”并提出，从语言学的角度来分析，它是和一个人的“最确实的自觉”有关，因而很难把“良知”和“自觉”这两个词在某些语言中区分开来[2]。这实际上说明了情感的自然性和道德性的不可区分，它们几乎是同时产生并交织在一起的，弗洛伊德说：

---

① 〔英〕大卫·休谟：《人性论》，关文运译，北京：商务印书馆，1983 年版，第 532－533 页。

② 〔奥地利〕西格蒙德·弗洛伊德：《图腾与禁忌》，文良文化译，北京：中央编译出版社，2015 年版，第 108 页。

> 良知，是我们对某些特殊欲望由排斥而产生的一种内在知觉。这种排斥不必寻找任何理由。最明显的例子是罪恶意识，即对我们某些行为（满足某一特殊欲望）的内在厌恶。任何具有良知的人，在他内心深处必然有着对这种厌恶的判断，和对他的行为夹带着自责。这些因素都可在原始民族对禁忌的态度中发现。[①]

良知起源于对某些“特殊欲望”的自然排斥，这是人的一种内在自觉能力。因为这样，弗洛伊德实际上将人的道德感的产生与自然情感有效地联系在一起。在这些特殊的欲望之中包含人的某些自然情感，对这些自然情感的本能的、潜意识的反感即人的道德感，两者本来就是难以区分并夹带着产生的。良知，即人的道德感，它实际上就来自某些特殊的自然情感，但这种关系不是转化意义上的，而是相伴而生的。从这个意义上来说，弗洛伊德完全颠覆了休谟和康德等人提出的自然情感与道德情感关系说。并且，他从对原始民族的禁忌与图腾崇拜的历史考察中发现，这些用以规范人的行为的东西连同现代律法的制定实质上与人内在的罪恶意识紧密相关。因为这样，弗洛伊德的“罪恶感”就自然地从个体意义上的道德感转化成人作为类存在的道德认知的起源，它在本质上即人类的道德起源。尽管无法对它的历史做出比较全面的考证，但仍然可以从人们对禁忌和图腾的情感态度中推断出来。

然而，弗洛伊德的目的不在于说明人类道德的起源，而是建构他的伦理自然主义的精神病学。他从对“罪恶感”的分析中发现道德感与神经症本始性的类似。罪恶感的真正根源在于人内在的自然情感和道德情感的对冲，这种对冲可以发生在任何两种矛盾的情感之中，只要它们构成矛盾关系，就可以体现出既对立又统一的状态。从这一点来看，弗洛伊德所谓的“矛盾情感”恰恰与马克思的辩证法是一致的，这一点我们将在后文中论述。但他本人却将这一类似称为“悖论逻辑”，即禅宗的“般若即非逻辑”。这是人的情感中存在的“既是又不是”的矛盾状态，它与亚里士多德的以“三段论”为特点的形式逻辑存在本质差别。这一逻辑在中国的老庄哲学中也有相关描述，弗洛姆则将其运用到人生存状态的矛盾性描述中。弗洛伊德自始至终都只为解释精神疾病产生的病因学，因而除了将因不同情感的对冲而产生的矛盾状态作为精神分析理论建构的基础，他还需要立足于“性本能”来解

---

① 〔奥地利〕西格蒙德·弗洛伊德：《图腾与禁忌》，文良文化译，北京：中央编译出版社，2015年版，第108－109页。

释症状。只有这样,他才能够综合生理、心理与伦理的学说来解释人的身心如何统一的问题。

尽管弗洛伊德不区分自然情感和道德情感,并将两者的矛盾状态当作是神经症解释的核心,但这种矛盾性仍不是最根本的原因,隐藏在矛盾情感背后的错乱伦理关系才是关键。须指出的是,弗洛伊德的“乱伦”中的伦理关系并非康德理论中的客观伦理关系,而是一种基于性本能(或关系性欲求)产生的潜意识的矛盾心理状态,他说:

> 一个精神病患者总表现着相当程度的精神幼稚性。他既不能解除童年时期充盈于心里的性心理情况,又不能回到这种状态中去。这两种可能性中概括为发展的抑制和退行。因此,原欲被定置于乱伦阶段,发挥(或开始发挥)其对潜意识生活的影响力。我们已经充分证明,小孩与其父母的关系,尤其是乱伦的欲望,乃是神经症的核心情结。①

乱伦的心理状态不源自实质性的乱伦关系,而是心理上的乱伦情结。这种心理状态既是矛盾的,也是十分幼稚的。所以必须从精神病患者的精神幼稚性出发来理解,而不是从理性人角度来理解,否则,就会自然而然地陷入到理论的荒谬状态。弗洛伊德实际上将“乱伦”当作是一种植根于潜意识的矛盾情结,它源自以“性本能”为核心的关系性欲求。这种关系性欲求在人的童年时期就开始形成,体现为人的一种原欲。它既是个体道德人格发展的原动力,也会因为与生俱来的矛盾性而使得个体人格陷入发展的停止阶段。总之,它要么促进个体发展出健康的道德人格;要么产生心理状态的抑制和退行,可能形成神经症。因而“性本能”无论是作为一种身体里面的物质,还是作为一种心理倾向,它存在两种趋势:发展和退化。它发展之后的结果是促使人与“他者”建立起关系,在“他者”之中处在第一位的是性伙伴及其产生的性关系,然后在此基础上发展出与他人的伦理关系。它退化之后的结果不一定产生神经症,但产生神经症的可能性最大。弗洛伊德在解释这个问题的时候使用了“退化”,但它又完全不同于退化论的“退化”概念,其中包含了较为复杂的论证,这一点我们将在后文中分析。

以上是我们对弗洛伊德精神分析理论中的“罪恶感”所做的简短分析,在导言中,我们不再对这一概念做过多的铺垫。在后文中,我们仍然会立足

---

① 〔奥地利〕西格蒙德·弗洛伊德:《图腾与禁忌》,文良文化译,北京:中央编译出版社,2015年版,第26页。

于以上三个概念及蕴含在其中的核心要素对弗洛伊德的精神病本体进行深入研究。

（五）解译

本书使用了“解译”一词，可以将它理解为“解释”和“翻译”的综合。它在词义上与“解释”、“诠释”、“分析”和“研究”等概念是接近的，但本书没有选择使用这些词代替，这是基于对弗洛伊德精神分析理论的独特性思考后做出的选择。本书特意使用了“解译”一词，一方面是不想使本书的撰写落入俗套，凸显它的不一般性，否则，也可以使用“分析”“研究”等词语代替。另一方面是考虑到本书作为单纯的文本解读，首先需要面对弗洛伊德的众多原著翻译不够完善的问题。当前国内的相关书籍的翻译不得不面对从德文到英文、再从英文到中文的多种语言的转译局面，其中难免存在严重的理解错误。其次，还要面对众多弗洛伊德之后的诠释者的各种晦涩难懂的解释，例如，关于他的“俄狄浦斯情结”、“性本能”、“杀父娶母”等概念，就很容易因为它的文学性而遭到各种脱离哲学和心理学的非学术性的解读。除此之外，弗洛伊德理论中的核心概念“无意识”更容易引起误解。在众多的哲学与心理学研究中，这一概念虽然不停地被解释，但似乎从来没有能够触及它的本质，更多的时候将其与生活中广泛使用的“下意识的”、“不经意的”和“不自觉的”等概念混淆在一起。但实际上，这些概念远不能道尽弗洛伊德使用“无意识”概念的本意。

无论如何，不能只使用一般的解释方法去解读弗洛伊德的精神分析理论，如雅斯贝尔斯的心理学“解释”方法、伽达默尔的诠释学、利科的文化解释学等，都无法彻底地展现精神分析理论的全貌。从某种意义上来说，它更应该是一种翻译，需要将其放在不同的学科视角进行互译或转译。例如，针对同一个概念，哲学与心理学之间应该如何互译？如“无意识”概念在哲学与心理学中就有着完全不同的意涵。哲学中的“情感”与心理学中的“情结”概念如何比较？弗洛伊德将其放置于临床医学中又有何特殊含义？科学与哲学之间又应该如何互译？如弗洛伊德的“libido”概念，它应该是一个科学概念？或更应该是一个哲学概念？另外，同一个概念的意涵也必须面对不同时代、不同文化的转译。如“罪恶感”就是一个颇具历史感的概念，它在中世纪哲学和弗洛伊德的精神分析理论中分别拥有完全不同的意涵。又比如“灵魂”应该是一个什么概念？它和“梦”有什么关系？弗洛伊德的“释梦”是何种意义上的解释？当然，我们在这里所说的转译和互译并不是以某一种或几种概念或理论为背景去解释精神分析理论，而是指在解释的过程中需要参照不同学科、理论和年代中的相近概念和理论。尽管在本研究中我们设定了“伦理自然主义”这一理论背景，但这一概念涉及对“自然”概念的深层次解读，它仍然是很难统一的。尤其是生物学、心理学和伦理学中的“自然”概念是截然不同的。这意味着，在解释的时候很可能滑入一种多元性或多视角的混乱，但也正是这一综合性特点符合精神分析理论本身。弗洛伊德试图开创的也是一种完全不同于传统哲学、心理学的研究方法，这种方法并不完全诉诸文字与推理，也不使用任何实验和观察，而使用临床实践中的个案经验归纳与行为观察。在弗洛伊德的梦的解析中，在梦中出现的以图案、模糊印象为主的具象的东西，需要使用特殊的方法将其翻译成能够使用文字表达意义的抽象的东西。这种翻译是极具主观意味的，甚至可能体现出极为荒谬的特征，但在弗洛伊德看来，这也是理解人的精神内部最关键的可行方法。

与此同时，本研究的宗旨是将精神分析理论放在医学的视角进行解读，但又不是传统医学视角，更不是生物医学视角。弗洛伊德创建精神分析理论的宗旨便是推翻生物精神病学。他虽然在早年研究生理学、解剖学，但他不认为这样的方法可以使用到精神病研究，因而他终生致力于开创一种不同于生物精神病学，但又适用于临床治疗的精神分析学。与生物医学的相同之处在于：弗洛伊德仍然是立足于患者的各种症状来研究的，身体的、语言的或行为的，但他不借助于手术刀与药物来消除症状，而借助于患者的语言和行为来分析。对这些语言和行为“症状”的翻译便是他的主要方法，尽管这种翻译常常是靠不住的，但它的好处在于可以不停地翻新。这种方法相较于手术刀和药物的好处在于：它不会造成患者身体上的不可弥补的严重损伤，但它的效果也是缓慢的，难以在短时间内看到明显成效。不得不承认，在患者主体与医生主体的世界里，无法共通的主体间差异就像不同语言系统和文字的差异一样，只能通过一定的“翻译”手段使得它们互通。尤其是精神病患者那些毫无逻辑的语言和不同寻常的、不自知的行为“症状”，更需要使用一种独特的方法进行“翻译”。因而在本研究中所使用的“解译”一词，最终也是为了尊重弗洛伊德的研究方法本有的独特性。

医学应该是一个自然科学与人文科学综合形成的交叉学科，目前已经发展出了比较系统的医学科学研究方法，却没有发展出专门的医学人文研究方法。当前的医学心理学、医学伦理学、医学社会学、医学哲学等都是立足于一般的人文科学方法来研究的，它们并未真正地深入到疾病领域或患者的世界。尤其是在精神病学领域，如果患者并不体现出明显的身体意义上的病症，而只体现出语言和行为意义上的症状，那么，对语言和行为症状的“翻译”就如对身体的解剖一样重要。然而，目前并未在此领域形成专门的学科，例如，人类是否应该发明专门的患者语言学或患者行为学？尽管现代叙事医学试图以医患之间的叙事来解读患者的意义世界，但这种方法仍然诉诸正常人的语言和意义逻辑来解读。尽管日常生活中的普通人都可以观察到精神病患者语言和行为的异常，但在学术研究中，却很难发展出以患者为中心的专业学科或技术来解读这些东西。这一点，在精神病领域尤为重要。弗洛伊德建立精神分析理论想要达到的正是这个目的，因而首先需要对他的研究方法和理论进行解释和翻译。

三、研究目的和意义

（一）研究目的

在现代医学领域，精神病学研究因为“身心关系”的难以解释而尤为复杂，哲学、生物学、生理学和心理学等都试图从不同角度来揭示隐藏在其中的秘密。但是，到目前为止，精神病学中的病因学建构仍然十分艰难，其中存在着尖锐的科学与哲学的对立与冲突。弗洛伊德的精神分析理论体现为一种十分特殊的理论。首先，弗洛伊德是反传统形而上学的，他坚决拒绝立足概念和逻辑分析来研究人的精神或心灵，试图开拓出一种全新的理论以解释人的精神及其病理。其次，弗洛伊德并不接受生物精神病学中所谓的“科学性”，因为将精神病解释为“脑部的退化”很容易被推翻，有些精神病患者表现出较高的智商和道德。以上两点使得弗洛伊德的理论既与传统哲学存在差别，也不被现代科学界所接受。在科学与哲学认识论形成无法调和的两大阵营时，精神分析理论独树一帜地同时成为科学与哲学界的批判对象，甚至也不被心理学界所接受。但是，有一点可以肯定，弗洛伊德从一开始就是从临床医学的视角来研究精神病的，立足于个体病人的症状进行观察、解释和分析是他的主要方法。因而，虽然弗洛伊德不赞成传统形而上学与生物医学的方法论，但这并不等于说，在他的精神分析理论的建构框架中，他是排斥哲学与科学理论的。相反，弗洛伊德因为他本身独特的学习经历和知识结构的多学科性，造成他的精神分析理论实质上是集医学、科学、哲学、伦理学、生理学与心理学于一体的。从这个意义上来说，弗洛伊德的精神分析理论中确实包含了众多的不同科学视角，但它归根到底是一种独特的精神病学。

精神病学作为医学的一个分支，它的研究对象是以“人的无意识的异常行为”和“非病理性躯体症状”为主要病症的疾病，本身就应该立足于人的意识和行为、生理和心理等来进行研究。因而弗洛伊德的理论恰恰做到了综合科学与哲学的认识论，这使得他的精神病学具有十分重要的研究价值。

尽管精神分析理论也在它自身的内部获得发展，形成新精神分析学派、社会性治疗理论等，但很难说这些理论上的创新与发展真地抓住了弗洛伊德精神病学的精髓。拉康作为弗洛伊德的学生，曾经试图回到弗洛伊德的理论来进行研究，但他并非立足于临床医学的视角分析的。这些研究使得弗洛伊德的理论反复地被分裂，在哲学、精神分析学、心理学等各个领域形成新的理论。它本身综合科学与哲学认识论的突出特点却被忽略，它主要立足于临床医学视角做出的努力被忽略。本研究的目的在于重新回到弗洛伊德为现代精神病学寻找合理的理论资源，重点在于围绕"性本能"和"罪恶感"这两个核心概念来分析，重点分析内隐于精神病的"身心关系"的发生学问题。

德国精神病学家卡尔·雅斯贝尔斯(Karl Jaspers，1883—1969)作为精神病理学的奠基人，他对弗洛伊德的精神分析理论持何种态度呢？徐献军认为，雅斯贝尔斯在《普通精神病理学》这本书的第一版中对精神分析采取相对认可的态度，但在第二版中却采取了截然相反的态度，这与他本人的研究从临床医学向哲学发生转向有关①。雅斯贝尔斯拒绝接受弗洛伊德将"无意识"当作是神经症病因学的建构基础，因为"无意识"的存在是无法验证的。他说："病理发生最终归于无法识别的、'外意识机制'的影响，而这种机制对理解的病理塑形进路提出了不可改变的限制，并使精神分析'无限可理解性的主张'显得荒谬。"②精神分析的缺陷就在于它的无限可理解性，"精神分析想要理解一切"③。雅斯贝尔斯坚持认为"理解"和"解释"是心理学缺一不可的两种方法，但精神分析却表现为一种不受限的可理解性研究，"弗洛伊德想要在无意识层面上揭示不受注意的心灵联系，但实际上做出的是外在于意识的'好像理解'。这就使得理解变得日益简单化了。换言之，无限多样的理解形式，最终简化为作为唯一基本力量的性或无意识"④。用雅斯贝尔斯自己的话说就是："人们总是已经提前知道每个工作中的同一东西。"⑤总之，弗洛伊德使用"无意识"使得理解一切成为可能。对于患者来说，医者的认知是绝对外在于主体意识的，它应该是十分受限的，"不能理解"才是绝对客观存在的。但精神分析理论因为"无意识"而打破了所有限

---

① 徐献军：《雅斯贝尔斯对弗洛伊德精神分析的批判》，《浙江学刊》2019年第4期。

② M. Bormuth. *Life Conduct in Modern Times: Karl Jaspers and Psychoanalysis*. Dordrecht: Springer, 2006, p.16.

③ Karl Jaspers. *Allgemeine Psychopathologie*. Berlin—Göttingen—Heidelberg: Springer Verlag, 1973, S.302.

④ 徐献军：《雅斯贝尔斯对弗洛伊德精神分析的批判》，《浙江学刊》2019年第4期。

⑤ Karl Jaspers. *Allgemeine Psychopathologie*. Berlin—Göttingen—Heidelberg: Springer Verlag, 1973, S.453.

制，所有看似“不可理解”的东西都可以理解。换句话说，意识是有限的，“无意识”却是无限的，它不在意识之中，却也不在意识之外，只要是意识所不能触及的领域，“无意识”便能发挥万能的作用。

毋庸置疑，在弗洛伊德所建构的庞大的精神分析理论框架中，充满了很多复杂难懂的概念，例如“无意识”、“性本能”、“移情”、“罪恶感”等。这些概念在弗洛伊德的理论体系中都拥有独特的含义，它们之间的互译或互为解释很容易造成理论上的混乱不堪。但是，在他的整个思想体系构架中，“无意识”是一个非常核心的概念，处在绝对主干的地位。尽管如此，如果只是针对“无意识”概念对弗洛伊德的理论进行分析是毫无意义的。这是为何众多的哲学家们即使专门研究“意识哲学”或“无意识哲学”（例如胡塞尔、麦金泰尔和哈特曼等人），都很难真正地触及弗洛伊德“无意识”概念的真意。实际上，弗洛伊德提出的“无意识”概念只是他的精神分析研究的一个科学工具而已，它在实质上等于画家用来作画的画布，构成整幅画的基础，但它本身是空白的，没有任何实际含义。在弗洛伊德提出的其他概念中，诸如“性本能”、“俄狄浦斯情结”、“罪恶感”、“移情”等，都是在“无意识”中进行的。因为离开“无意识”这个背景，就没有办法获得正确的理解和解释。雅斯贝尔斯确实道出了弗洛伊德“无意识”概念的特点：无限的可理解性，却没有揭示出这一概念在他理论中的真正作用和用意。

基于以上认识，本研究不力图对弗洛伊德的整个精神分析理论架构和相关概念进行分析，我们只针对他的理论中对“自然”概念的认知，更确切一点说，对“内在自然”的认知及其与道德规范的关系进行分析，以此作为他的伦理自然主义精神病学研究的核心。然后，以蕴含在“罪恶感”中的自然性与道德性的不可区分为前提，并以在此前提下发生的“身心关系”的统一问题为中心进行论证。本研究旨在为解释现代精神病学中的“身心关系”及其发生学提供一种精神分析的思路，并力图为精神病本体理论的完善提供科学与哲学认识论相统一的研究视角。

（二）研究意义

当前弗洛伊德的精神分析理论研究已经朝着各个纵深方向拓展，尤其是从哲学的、心理学的和精神分析学等视角拓展的研究成果比较多。但从医学本体或精神病学视角研究的成果并不多见。哲学界的学者们普遍对“无意识”理论感兴趣，他们仍然试图从意识、理性等出发对精神分析理论中的诸多概念进行哲学认识论视角的探讨。对弗洛伊德精神理论中的“自然”概念及其与道德规范的关系研究较少，对“性本能”、“俄狄浦斯情结”的伦理研究较少。心理学界的学者们则对精神分析理论中的一般心理学理论如人格动力说、人格结构说、人格发展说等感兴趣，他们的目的是从弗洛伊德的理论中吸取有利于当代心理学发展的要素。精神分析内部的拓展研究十分复杂，主要目的在于克服弗洛伊德以“性本能”为核心的自然主义倾向，试图以社会文化的内容完善和丰富这一理论。总之，当前精神分析理论的研究总体上存在支持者、反对者和发展者等不同路线，已经存在不少的优秀研究成果。但是，从临床医学、精神病学视角展开的研究十分有限，对弗洛伊德的精神病病因学、精神病临床治疗的一般方法论和具体方法中的伦理学研究相对较少。综合起来，本书的研究意义体现在以下几个方面：

1. 拓展精神病临床治疗的伦理学研究并促进医学领域科学与哲学认识论的融合

现代生物医学以生物学、解剖学、遗传学、分子生物学、分子遗传学等为基础理论，以身体为本体来建构疾病认识论。目前，在生物医学临床领域存在两种普遍得到认可的病因学解释模式：一种是疾病的本体模式（以身体为本体的疾病解释模式）；另一种是疾病的关联模式（新型的生理-心理-社会-自然的医学模式）。前者是建立在科学基础上的疾病解释模式；后者则是试图结合科学与哲学来完善的疾病解释模式。尽管如此，现代生物医学在解释肝病、肾病等器质性疾病方面确实取得了长足发展，分子生物学和分子遗传学等加速生物医学在疾病解释与治疗方面的进步。基因技术在临床治疗领域的应用为人类认识和控制各种疾病提供了帮助。在精神病学领域，生物精神病学将生物学、遗传学等理论直接应用到精神病的解释中，人体脑部的退化和神经组织的病变成为它解释精神病的理论基础。以生物学、心理学、物理学、化学、计算机技术和各种现代医学的分支学科如解剖学、营养学、免疫学等为基础的精神病学获得较为全面的发展，认知科学、神经科学和心脑科学为解释精神病提供更为完善的基础性理论。但是，生物精神病学对精神病的解释与治疗仍存在无法自圆其说的理论困境。因为精神病实际上是一个涵括范围很广的疾病，器质性和神经性的病变在某些类型的精神病解释中比较合理，但在另一些精神性疾病的如神经症、精神分裂症、躁狂症等的解释中却显得无能为力。与此同时，当前的生物精神病学在临床治疗方面过于依赖精神药理学的短期效用，其实质是通过一些药物控制人的内分泌系统或神经系统，以此干预人的精神或心理状态。这种干预在很大程度上会造成对人体的损害，它并未能够从根源上消除精神病产生的病因。因而实际上，生物精神病学仍然未能真正地建构起符合精神病本质的科学的（非狭义的自然科学的）病因学理论。

无疑，生物精神病学自产生以来不停地受到各种批判。以法国哲学家米歇尔·福柯等为代表的反精神病学派甚至否定有“精神病”的存在。他们认为精神病不过是社会出于政治需要对某些弱势群体如疯子、妓女和流浪汉进行管制的借口，因而它在本质上是一种“文化建构性的疾病”。从哲学视角来分析现代精神病学，仍然存在着难以解释的理论困境。现象学精神分析学派和存在主义哲学家们都试图解释人的精神异常状态。精神分析学派内部也试图以语言哲学、分析哲学来发展精神分析理论。在马克思的辩证唯物主义哲学中，物质通过人的实践作用于人自身并决定意识（精神）的产生，人与自然的关系成为意识的本体性来源，它在本质上体现为一种实践本体或关系本体。但是，以马克思主义哲学来解释人精神上的病仍然难以成立。弗洛姆认为，马克思主义哲学提出物质决定意识，但“物质是通过什么决定意识，并且是如何决定意识的”却难以解释清楚，而弗洛伊德的“无意识”理论恰好对此进行了补充。因而弗洛姆在弗洛伊德的基础上提出“社会无意识”、“社会品格”、“社会自恋”等概念，并试图对马克思主义哲学进行补充。当然，在前文中，我们也已经提到，弗洛姆对比分析了精神分析与禅宗的无意识理论，他的目的是从不同的认识论视角（二元论的和一元论的）揭示人的精神本质。无可否认，以上研究为精神病学发展提供了更完善、深入的哲学、心理学的基础理论，但仍然无法在临床实践中发挥作用。正是在这个意义上，我们试图回到弗洛伊德的精神分析理论，从中挖掘出他有关精神病本体的合理解释，以此作为现代精神病学发展在本体方面的有利补充。

当前临床实践中的精神病诊断与收治尚存在着生物学与伦理学的双重标准，这导致它要么造成对患者正当权利的侵害，要么造成对公共健康权利保护的危害。于治疗本身而言，精神病的病因学目前尚不成熟，过多地陷入到生物自然主义的思维模式中，过分的技术干预使得精神病的治疗越来越体现出哲学与科学认识论的分离。无可否认的是，精神病学并非现代医学研究的独立领域，将它与身体的器质性病变完全分开的做法证据不足。从某种意义上来说，精神病恰恰是人体内部“身心关系”的集中反映，对它的解释和对人体心身疾病、慢性病等的解释存在着许多共通的地方。这意味着，现代医学发展的重要任务实质上仍然需要立足于精神病本身来探究疾病的本体，这不仅是当前精神病学发展的正确方向，也是现代医学整体发展的正确方向。

2. 创新与发展弗洛伊德精神分析理论的研究

弗洛伊德的精神分析理论自产生以来受到来自哲学、心理学和精神病学领域的各种质疑与批判。他提出的“无意识”“性本能”“压抑”和“抵抗”等概念成为哲学与心理学界所热衷讨论的。但是，正如我们在前文中所表达的主要观点，弗洛伊德的精神分析理论本来就是试图综合哲学与科学认识论以形成他所定义的更科学的认识论（或世界观）为目的的，因而他所提出的概念群中的任何一个概念都不足以成为他的理论本身。他的本意是综合生物学、心理学和伦理学的知识以形成一种综合性的医学认识论。或更确切一点说，一种综合性的精神病认识论。精神分析理论并不以研究一般的人性为目的，它以研究精神病的成因与发展机制为目的。当前研究更偏重于从一般哲学和心理学的视角对其某一个或某几个概念进行研究，往往脱离了精神病学与临床的视角对其进行论述，或只从意识结构说、人格结构说和人格动力说等视角去挖掘它对理解人的一般精神状态的重要作用。这种研究在本质上偏离了精神分析理论建构的整体目标，违背了弗洛伊德试图建构完全不同于生物精神病学的精神病理论的本意。

首先，本书集中于精神病的本体来研究，而非任何其他的哲学或心理学的一般研究。正如弗洛伊德早期立下的志向一样，他只研究精神病。实际上离开"精神病"这一论域，弗洛伊德的精神分析理论的独特性（独特的研究视角和方法）就无法被凸显出来。因此，本书试图将弗洛伊德理论中对精神病学与精神病临床治疗而言具有应用价值的东西挖掘出来。其次，本书重点从伦理学视角研究弗洛伊德的精神病本体。众多研究凸显了精神分析理论中的生理学和心理学视角，未能将其与伦理学联系起来分析。即使存在相关论述，也只是从伦理批判的视角对弗洛伊德的理论进行否定。本书的目标是重新确定弗洛伊德精神病本体解释中的伦理学导向，这一点尤其凸显在弗洛伊德对个体道德与神经症在发生学上的一致性的论述中。这一点却较少受到关注，本研究试对弗洛伊德在精神病本体解释中的伦理学内容做比较深入、细致的分析。

同时，本研究将对长期存在于此领域的关于"精神分析疗法的有效性和科学性"的质疑和批判进行重新论证。在弗洛伊德的精神分析理论的整体架构中，他对精神病的本体论证是比较全面的，不仅从生理、心理的角度展开，而且从伦理学、人类学的角度展开，这使得他的理论既看似纷繁复杂，又全面综合。在对"矛盾情感"的描述中，他提出的"既是又不是"的悖论逻辑与禅宗的"般若即非逻辑"、马克思主义哲学中的辩证法存在类似，这使得弗洛伊德的理论实质上是集生理学、心理学、哲学和伦理学于一体的综合性医学认识论。在众多的批判或反对者的声音中，弗洛伊德理论的科学性和哲学性都被否定。即使是经院心理学也十分地排斥精神分析理论，理由是它其中的方法论与实证、实验等都毫无关系。而在精神分析内部各派系的发展中，弗洛伊德的理论被改造成各式各样的理论，完全偏离了精神分析中的自然主义，以纯粹的人文主义和伦理主义为主要导向。这样的改造看似克服了“性本能”、“俄狄浦斯情结”等蕴含的纯粹生理主义的缺陷，但实质上偏离了精神分析理论的主旨精神。

总的来说，当前研究基本上忽略了弗洛伊德理论中的伦理研究。在《图腾与禁忌》一书中，弗洛伊德溯源了人类的宗教禁忌、道德良知的起源，它们与神经症的病因学解释存在极度的类似，即人心灵内部激烈的伦理冲突。实际上，弗洛伊德一方面立足于“人与外在自然的关系”来探讨宗教起源，它源自人对外在自然的敬畏和恐惧；另一方面立足于“人与内在自然（以性本能为核心的关系性欲求）的关系”探讨道德良知与神经症的起源，它源自人内部自然的本能与天生的道德情感的激烈对冲后形成的“矛盾情感”，这一“矛盾情感”产生的深层次根源是伦理冲突。须指出的是，“伦理冲突”并非基于客观现实的伦理关系的冲突，而是人在道德认知过程中形成的主观心理状态。无论如何，当前研究过多地从一般哲学、心理学的视角研究弗洛伊德的“无意识”、“性本能”等概念，缺乏伦理学视角的深入研究。除此之外，弗洛伊德并不局限于个体来探讨道德的发生学与神经症的发病机制，在《文明及其缺憾》这本经典的专著中，他立足于社会伦理或文明的整体建构来分析人的精神状况，并在此基础上分析“社会性精神病”的成因与症状。这些都共同地说明了一个问题：弗洛伊德的精神分析理论在其本质上体现为自然主义与伦理主义相结合的“伦理自然主义”，这是我们分析弗洛伊德理论的核心前提。

3. 拓宽精神病临床治疗实践伦理的研究

在生物医学思维模式下，临床伦理日益演变为一种医疗技术应用中的伦理，相关法律和伦理研究难以调和技术发展与人权保护之间的悖论。以身体为本体的病因学解释使得临床治疗中的自主、有利和尊重等伦理原则难以发挥作用，治疗中的父权主义难以克服。在精神病治疗领域，精神病学经历了一段从生物精神病学到精神分析再回到生物精神病学的发展历程。现代生物精神病学依靠精神药理学作为首要的治疗武器，将脑部病变当做精神病解释的生物学基础，将消除症状当做治疗目标，在现代获得暂时胜利，但它的发病机制却未能像人体中的肾病、肝病一样获得良好解释，其病因学发展相对落后。“精神病学诊断仍然没有与在自然中发现的疾病实体一致。”[①]同时，精神分析理论及其治疗的科学性同样未得到承认及推广，精神病学中的科

① 〔美〕爱德华·肖特：《精神病学史：从收容院到百忧解》，韩建平等译，上海：上海科技教育出版社，2007 年版，中文版序言。

学思维发展艰难，相对落后于医学中其他领域的疾病研究。米歇尔·福柯、吉奥乔·阿甘本、D. 库柏等人曾严厉地批判了生物精神病学的非人道主义，将精神病定义为“社会文化建构性疾病”，进而对临床医学中的疾病本体进行深入思考。精神分析理论因其“性本能”、“诱奸论”等产生众多反对者，之后发展出以荣格、阿德勒、沙利文等为主要代表的新精神分析学派。其中“自体心理学”和“客体关系理论”独具特色，进而发展出一系列新型的社会性治疗方法。当前精神病临床治疗以生物精神病学为主，以心理分析为辅，一直存在着生物学与伦理学的双重标准，在实践中引发众多的疑点和困境。精神病患者的管理在“无法诊断”与“强制收治”之间摇摆，司法公正、社会公共安全和患者权利等成为伦理研究的焦点。

然而，当前研究过分地从哲学和一般心理学的视角来解读精神分析理论中的相关概念，缺乏从临床医学及治疗实践视角解读这些概念的研究。临床治疗是极具个体性特点的领域，它本身与一般的哲学和心理学存在巨大差别，这一点始终未能够得到重视，经验性治疗和个案性治疗等被试图以普遍化治疗取代。在极端生物主义思维模式下，精神分析的科学性被生物医学科学思维所埋没，无法在治疗中获得快速的治疗效果使得它彻底缺乏说服力。精神分析治疗理论的独特价值被忽略，弗洛伊德试图综合生理、心理和伦理的理论目标被曲解。因为精神分析理论中的精神病病因学未能得到良好的解释，导致其临床实践方法流于肤浅，临床治疗方法本身的科学性和伦理性被忽略，治疗中的伦理被“患者的满意度”所取代。精神分析治疗中的自主、最优、尊重等医学伦理原则被忽略，医者与患者的主体性及其相互作用未得到足够重视。

当前精神病临床治疗伦理研究的特点集中体现为：1. 生物精神病学和精神分析理论都因不同程度的自然主义特点遭受批判。现代精神病的诊断和治疗仍然存在生物学与伦理学的双重标准，不仅产生严重的临床实践伦理问题，而且在司法审判和社会公共治理领域也造成严重的伦理困境。精神病学中的自然主义取向无法与伦理主义取得和解。2. 医学心理学已经被普遍地应用到各种慢性病、精神性疾病的解释与诊治中，身心关系成为研究的焦点。但目前的生物医学、哲学研究只确认身心之间的紧密关系及其对疾病解释的重要意义，却未能解释清楚身心之间是如何发生关系的。中国传统医学也不足以解决这一发生学问题。3. 精神病的临床治疗引发医学界对生物医学的严重质疑，以身体为本体的病因学研究遭到批判，医学研究中的心理-社会模式受到重视。4. 精神病的临床治疗缺乏完善的病因学解释，实践中以消除症状为目标，这一理论上的不足在临床治疗的其他领域同样明显。精神病与器质性病变之间的本体性关系论证不足。5.精神病学对于医学发展的元始意义在医学与哲学研究中都未受到足够重视，精神病治疗相较于器质性疾病治疗来说更落后。

另外，在精神病的临床治疗伦理方面，弗洛伊德以"无意识"、"压抑"、"性本能"和"俄狄浦斯情结"等概念为核心构建精神病病因学理论框架，试图通过释梦、催眠、自由联想等具体疗法还原个体的"无意识"(被隐匿的童年心理创伤)，以此实现个体认知从"无意识"到意识的转化，这是精神分析治疗的一般方法论。早期理论以精神病临床治疗为核心展开研究，它解释精神病的文本是"梦"，在本质上是"文化解释学"①。晚期逐渐向一般心理学靠拢。关于"无意识"概念，目前存在两种解释：一种将其界定为实体性存在；另一种将其界定为科学的理论假设②。两者都无法得到充分的理论认同。"性本能"概念尽管闪现着牛顿力学、达尔文进化论等科学思维的火花，但它明显地区别于生物自然主义，同时又与冯特、费希纳等人以实验为主的科学心理学不同。"俄狄浦斯情结"概念的科学性和实践性也备受质疑。另外，立足于儿童对异性父母的性欲所建构的理论并不可靠，因为与"杀父娶母"情形颠倒的"俄狄浦斯错综"也很常见。但"弗洛伊德将这种错综当做全部"无意识"的中心，儿童将来的性格和气质，以及任何时候发生的任何神经病，主要地由他应付这种错综的态度来决定的。这乃是全部精神分析学中最凸出最重要的发现"③。以上所有概念和理论分析框架都需要从临床治疗的视角做出更合理的解释。

四、文献综述和研究方法

当前有关精神分析理论的研究是全方位开展的。从哲学、心理学、解释学、语言学和分析学视角展开的研究纷繁复杂，从精神病本体视角研究的成果并不多见。在现代精神病理学中，精神分析理论通常被放置于一个独特的位置，"无意识"概念常被当作是精神病理学无法回避的一个部分。但当前医学中的病因学和病理学研究较为多见，相较于哲学中的本体解释来说，它们对疾病本质的解释是浅层次的，尤其在方法上更多地偏重于实证和实

---

① 〔法〕保罗·利科：《弗洛伊德与哲学：论解释》，汪堂家、李之喆、姚满林译，杭州：浙江大学出版社，2017年版，第9页。

② Alasdair C. Macintyre. *The Unconcious: A Conceptual Analyse*. Routledge, New York and London, 1958. p.53.

③ 〔英〕奥兹本：《弗洛伊德和马克思》，董秋思译，北京：中国人民大学出版社，2004年版，第38页。

验研究等。精神病研究中的伦理学视角并不多见,其理论研究较为浅显。例如,关于"人格自知力"的解释就极其缺乏深度。总之,我们认为,较少有学者对弗洛伊德的精神病本体展开深入研究,尤其是从伦理学的视角对这一主题展开的研究。基于以上认识,我们将集中于当前以"精神病病因学"为主题的研究成果进行文献综述。

(一)现代生物医学中的精神病病因学研究

现代生物医学中的病因学研究十分复杂,但都是以身体为本体进行探索的,主要立足于身体内部的成分、组织、结构和功能等对疾病进行解释。无可否认,疾病总是以身体的各种疼痛和不适的症状为现象,立足于身体来进行解释是无可厚非的。但精神病的病因学成为现代生物医学的一个"短板",尽管各种神经科学、认知科学和心脑科学在某些精神性疾病治疗中取得显著进展,但也存在难以解决的理论悖论和实践困境。生物精神病学将"脑部病变"(或脑部退化)当做精神病的病因学基础,体现出纯粹的自然主义与物质主义思维方式,但其发病机制却未能像肾病、肝病一样获得良好解释,精神病诊断没有与在自然中发现的疾病实体一致①。精神病学中的科学思维相对落后于医学中其他领域的疾病研究②。福柯、阿甘本与库柏等人曾对生物医学提出强烈抗议,福柯认为疾病的"实体"与肉体之间的叠合不过是一件历史的、暂时的事实③。T. S. Szasz 则认为精神病是一个神话或根本不是病,不应按医学观念去看待和治疗。因而不存在精神病一类的东西,它只是一个比喻。A. Stadlen 持相同的观点,他认为"心病"或"思乡病"虽真实存在,却不是医学意义上的。萨斯则试图把伦理学纳入对精神病的解释和治疗中④。

精神病成为现代生物医学病因学解释的瓶颈。医学心理学将应激心理、情绪等当做疾病本体,但在逻辑上仍然难以证成它可以成为疾病的来源。神经科学、认知心理学、具身心理学等都旨在解决这一问题。心灵哲学提出心脑关系问题,但心物隔阂仍无法解决,心脑联系无法解释。U. T. 普赖斯 1956 年发表的《意识是大脑过程吗》标志着当代"心脑同一论"的诞生,H. 费格尔也肯定了内部状态的实在性,在《"心理的"和"物理的"》以及《心

① 〔美〕爱德华·肖特:《精神病学史:从收容院到百忧解》,韩健平等译,上海:上海科技教育出版社,2007 年版。

② 〔法〕高宣扬:《弗洛伊德及其思想》,上海:上海交通大学出版社,2019 年版。

③ 〔法〕米歇尔·福柯:《临床医学的诞生》,刘北成译,南京:译林出版社,2011 年版,第 1 页。

④ 肖巍:《精神疾病的概念:托马斯·萨斯的观点及其争论》,《清华大学学报(哲学社会科学版)》2018 年第 3 期。

身问题不是一个假问题》中论述了他的“心脑同一论”主张[①]。众多学者质疑“心脑关系”问题的真实存在。中医情志论以“七情六欲”为疾病本体，它仍没有脱离“七情内伤”这一解释框架。道德创伤理论是对病因学关联论模式的支持和新诠释，有力地补充了生物-心理-社会模式的概念范畴，但对“道德自我”的解释仍无法统一。另外，此理论很难应用于临床治疗。

近代新科学思维催生了新哲学的诞生。费尔巴哈否定了弗里德里希·黑格尔(G. W. Friedrich Hegel，1770—1831)纯粹思辨哲学的“自然”概念，他强调“一切科学必须以自然为基础”，进而提出“内在自然”与“外在自然”之分。马克思深化了这一认识，他说：“人的肉体生活和精神生活同自然界相联系，也就等于说自然界同自身相联系，因为人是自然的一部分。”[②]人正是通过实践完成了“外在自然”向“内在自然”的转化，最终以“身内自然”的转化完成从自然到人的质的飞跃。生物医学中的病因学解释产生了严重的物化趋势，以“外在自然”为研究对象的科学主义无法单纯地应用到精神病领域，这急速地促进了科学与哲学认识论的融合。伦理学领域同样出现了自然主义趋势，G. 摩尔提出“自然主义的谬误”这一命题，以严厉地批判进化论伦理学将“进化”的自然过程等同于“优化”的伦理判断。对“自然”概念的认知及“人与自然的关系”成为科学哲学的研究主题。生物学哲学成为与物理学哲学、化学哲学、医学哲学等并存的分支学科，新的哲学智慧或引发人类认识论和方法论上的根本性变革[③]。以上这些科学与哲学领域的变革与融合是十分强烈的，它们都在为现代精神病学提供基础性的理论支撑。

(二) 弗洛伊德的精神病病因学研究

弗洛伊德在其《精神分析导论》一书中详细地分析过神经症产生的病因学，他是以生物学中的“退化”概念为基础，以“无意识”、“性本能”等为核心构建精神病病因学理论的。“性本能的固着”、“退化”和“升华”是他认为的生理学的神经症产生的病因。当前从生理学角度对弗洛伊德的理论展开研究的成果较少，因为生理学的研究须使用到实验方法，而弗洛伊德的生理学理论主要来自他早期对鳗鱼的性腺所做的研究。在他研究人的精神病之时，他并不使用生理学的实验方法。他早期解释精神病的主要方法是释

① 殷筱、苏真子：《心在什么意义上同一于身——当代西方心灵哲学中心身同一论的演进》，《福建论坛·人文社会科学版》2014 年第 2 期。

② 〔德〕马克思：《1844 年经济学哲学手稿》，中共中央马克思恩格斯列宁斯大林著作编译局，北京：人民出版社，2018 年版，第 52 页。

③ 米丹、安维复：《生物哲学何以可能——基于生物哲学三大争论的文献研究》，《科学技术哲学研究》2020 年第 1 期。

“梦”。法国哲学家、解释学家保罗·利科(Paul Ricoeur, 1913—2005)认为梦的解析在本质上是一种“文化解释学”。[①] 现代精神病学创始人卡尔·西奥多·雅斯贝尔斯(Karl Theodor Jaspers, 1883—1969)则认为,“精神病”在本质上是不可理解的,因为主体与主体之间的意义世界是不同的。因而精神病实质上只能用疾病过程(指生物学的疾病)加以说明。精神科医生不可能理解到“精神病症状”的体验和行为跟他的生活经历之间的“有意义的联系”。雅斯贝尔斯对精神分析的态度前后发生过重大的转变。即便如此,他始终拒绝将“无意识”概念当作是神经症病因学的建构基础,因为他认为“病理发生最终归于无法识别的、‘外意识机制’的影响,而这种机制对理解的病理塑形进路提出了不可改变的限制,并使精神分析‘无限可理解性的主张’显得荒谬”[②]。因此,在他看来,精神分析的缺陷就在于它制造出一种无限的可理解性,因为当一个东西是不设限的时候,它就是不存在的。也就是说,这种“无限的可理解性”实际上是一种虚假的可理解性,本质上等于“不可理解”。雅斯贝尔斯认为,弗洛伊德想要在“无意识”层面上揭示不受注意的心灵联系,但实际上做出的是外在于意识的“好像理解”[③]。

无疑,雅斯贝尔斯的意见对精神分析理论的地位有着重要影响,他提出的“理解的无限性”和“意义理解”的不可行性(主体与主体之间的不可通约性)恰恰道出了问题的本质。在近代的很多哲学家们那里,这种有限性似乎是人自身所无法克服并需要勇敢地直面真相的问题。M. 桑德尔(Michael Sandel, 1953—)在其专著《自由主义与正义的界限》和B. 威廉姆在其专著《伦理学与哲学的界限》中都有比较经典的论述。汉斯-格奥尔格·伽达默尔(Hans-Georg Gadamer, 1900—2002)的诠释学是这种流行的“限制说”的基础,他的整个工作就是为了说明两个不同的理解形式的必要性:第一种理解是“真理内容的理解”;第二种理解是“意图的理解”。第一种理解指向实质知识,“理解”意味着观看某物的真理,如把握一些数学方面的原理,这种理解就是对事物本身的理解。第二种理解是包含条件的知识,即对任何事物都需要提出“为什么它是这样?”的问题。或者说,某个人做了某件事情,他做这件事情的真实意图到底是什么?这种理解“包含对某断言或行为后面的心理学的传记性的或历史的条件的理解”。更确切一点说,“这种理

① 〔法〕保罗·利科:《弗洛伊德与哲学:论解释》,汪堂家、李之喆、姚满林译,杭州:浙江大学出版社,2017年版。

② 徐献军:《雅斯贝尔斯对弗洛伊德精神分析的批判》,《浙江学刊》2019年第4期。

③ Karl Jaspers. *Allgemeine Psychopathologie*. Berlin—Göttingen—Heidelberg: Springer Verlag, 1973.

解与关于断言或行动本身的实质理解相对立。理解的东西不是断言的真理内容或行为的要点，而是某人做某断言或进行某行动后面的动机"[①]。按照伽达默尔的看法，对于"理解"本身或可能得出：

> 最严格意义上的理解包含第一种理解形式及对真理的实质性理解，反之，第二种及意图性的理解形式之所以成为必要的，是当对真理进行理解的试图失败了的时候。换句话说，这是当我们不能看到某个他人在说或做什么的要点时，我们才不得不解释这人是在什么条件下说这或做这：这人可能意指什么，他或她是谁，时代状况等。[②]

伽达默尔在其《真理与方法》一书中的本意是对《圣经》做出统一的解释，"文本理解"和"意义理解"是他最初提出的两种不同形式。可以说，诠释学作为一种关于"理解"和"解释"的系统理论是由德国哲学家施莱尔·马赫(F. D. E. Schleiermacher, 1768—1834)和威廉·狄尔泰(Wilhelm Dilthey, 1833—1911)完成的。狄尔泰认为，诠释学应该成为精神科学区别于自然科学的普遍方法论。但是，他们的诠释学并没有超出认识论和方法论的范畴，仍然属于传统和古典的诠释学论域。经典哲学诠释学是从传统的方法论和认识论变为本体论的过程中产生的，这一根本性转向的发动者是马丁·海德格尔(Martin Heidegger, 1889—1976)。作为海德格尔的学生，伽达默尔秉承了他的本体论转变，把诠释学进一步发展为哲学诠释学。按照他的观点，诠释学绝不是一种方法论，而是人的世界经验的组成部分。他在《真理与方法》第2版"序言"中写到：

> 我们一般所探究的不仅是科学及其经验方式的问题，我们所探究的是人的世界经验和生活实践的问题。借用康德的话来说，我们是在探究，理解怎样得以可能？这是一个先于主体性的一切理解行为的问题，也是一个先于理解科学的方法论及其规范和规则的问题。[③]

---

① 〔美〕乔治娅·沃恩克：《伽达默尔——诠释学、传统和理性》，洪汉鼎译，北京：商务印书馆，2009年版，第12页。

② 〔美〕乔治娅·沃恩克：《伽达默尔——诠释学、传统和理性》，洪汉鼎译，北京：商务印书馆，2009年版，第12页。

③ 转引自〔德〕汉斯-格奥尔格·伽达默尔：《诠释学Ⅰ：真理与方法》之"译者序言"，洪汉鼎译，北京：商务印书馆，2007年版，第2-3页。

我们无法使用过多的篇幅来说明“诠释学”本身及其后续发展，尽管对于精神分析理论本身的价值来说，哲学诠释学中提到的“理解”和“意义理解”也可以成为它的基础。成中英认为，在伽达默尔那里，“理解就是本体论的”，他的意思是“理解揭示并表现真实”。“对于胡塞尔来说，理解的意思可以指任何精神活动有其意向性的对象，甚至该对象为不存在的东西。而我把理解看作对一个用以阐明或揭示真实的陈述、观念或思想的体系的需求。这一体系应该被用来确立本体（即导致体系的根本[root]，或以根本为基础的体系）。因此，我们这种理解看作对意义（meaning）的把握，而解惑或解释必定意指说明一个真实的观念体系。”[①]尽管弗洛伊德在其精神分析理论研究和临床应用中使用的各种一般方法和具体方法都不被轻易认可，被批判得最多的就是他所设定的以“无意识”为中心的理论分析框架。可以说，弗洛伊德理论体系中的其他任何概念都需要放置于“无意识”的背景中才能被理解，所以这一概念成为精神分析理论的必不可少的前提，但也正如雅斯贝尔斯提出的，“无意识”概念的无限可理解性正说明了它的“不可理解性”。

在这里，不必去探究精神分析理论是否受到诠释学哲学的影响，尽管从产生的年代来看，弗洛伊德似乎应该受到了一些影响。并且，在很大程度上，他是在临床实践中真正地不将自然科学（以事实解释为核心）与人文科学（以意义解释为核心）严格地区分开来的一位学者，而使用独特的“精神分析法”试图将二者联系起来。或者说，他实际上是在一种“意义理解”的基础上试图消除自然科学与精神科学研究方法论（理解和解释的）之间的“鸿沟”。无论如何，我们只从精神分析理论本身出发来做一个尽可能的“精神病本体”研究。当然，无法回避的事实是，作为一名临床医生，弗洛伊德的研究目的并非解释世界的本原是什么，他所要诠释的“精神病”或可能像存在主义哲学家或现象学哲学家们那样，既需要对“精神”的本体进行诠释，还需要对“疾病”概念做出本体解释。它关乎的核心问题是：疾病作为人在世界中存在的一种人生经验（生活实践性的），对于它应该做出何种本体性的解释？或者说，精神病作为一种特殊的疾病，对于它应该做出何种本体性的解释？或者，可以更啰嗦一点，疾病（或精神病）的本体在本质上是一种“实质性理解”，还是更应该是一种“意义理解”？无疑，这大致上也可以成为我们在本书中的主要研究目的。当然，这里的意思不是说本书研究的方法学一定是诠释学的。我们在这里对哲学诠释学的简单追溯只是为了说明弗洛伊德在其精神分析理论中所使用的“理解”或“意义理解”和“解释”等或可能有

① 〔美〕成中英：《本体诠释学》(一)，北京：中国人民大学出版社，2017年版，第1页。

一种特殊的意义，一种看似远离哲学分析、实质上又是一种独特的哲学分析的临床精神病学。

总结起来，当前专门研究弗洛伊德的精神病病因学的成果较少，以哲学“本体”视角进行研究的成果就更少，较多研究是从心理学、哲学和精神分析学三种不同的路线对其概念进行辨析。以下几个概念是当前研究的核心，但关于它们的解释存在很多的误区，严重地影响对弗洛伊德理论的整体架构的理解。然而本书无法回避这几个重要概念及其相关解释进行论述，因此当前的相关研究仍然可以成为有利参考。

1. 关于“无意识”概念的研究

当前研究中存在着太多模糊不清的解释，可以说，怎么理解和解释“无意识”概念成为弗洛伊德的精神分析理论是否能够成立的前提。阿拉斯代尔·麦金泰尔（Alasdair C. MacIntyre, 1929— ）曾提出两种比较合理的解释：一种将“无意识”界定为一种实体性存在；另一种则将“无意识”界定为一种科学的理论假设①。目前，这两种解释都无法得到充分的理论认同。在所有的研究中，到底什么是无意识？无意识和意识之间的关系如何界定？这两个问题成为研究的焦点。在这里我们不再赘述现有的各种观点，在第三章中将详细地分析这两个问题。

2. 关于“性本能”概念的研究

当前研究将这一概念与性欲、性冲动混淆在一起，这导致精神分析理论整体上陷入一种误区，因为性欲的自然主义极容易与非伦理、非道德性联系在一起的特点，导致“性本能”理论遭受非常多的批判。后世的研究者认为他将人性降低到了动物的层次，在本质上是贬低了人性。也有很多研究者认为弗洛伊德的“性本能”概念尽管闪现着牛顿力学、达尔文进化论科学思维的火花，但明显地区别于生物自然主义，也区别于冯特、费希纳等人以实验为主的科学心理学。因而弗洛伊德以“性本能”及其退化作为精神病研究的生物学基础，其科学性是值得怀疑的。同时，弗洛伊德的“退化”概念与生物学退化论中的“退化”概念存在本质差别，这同样引起研究者们的广泛质疑。我们在后文中将详细地分析这些问题。

3. 关于“俄狄浦斯情结”概念的研究

无疑，这一情结构成弗洛伊德精神病病因学中最神秘难解的部分。有学者批判，立足于儿童对异性父母的性欲所建构的理论不太可靠，因为与

① Alasdair C. Macintyre. *The Unconcious: A Conceptual Analyse*. Routledge, New York and London, 1958, p. 52.

“杀父娶母”情形颠倒的“俄狄浦斯错综”也很常见，但“弗洛伊德将这种错综当做全部无意识的中心”[1]。但实际上，对于这一情结的解释必须以“性本能”和“无意识”为基本的理论前提。换句话说，如果这两个概念的解释存在问题，就完全无法解释弗洛伊德的“俄狄浦斯情结”。当前研究对“情结”和“情感”的关系、“俄狄浦斯情结”中的“杀父娶母”(乱伦)的本质含义，以及它在神经症病因学解释中的核心作用都未能获得统一意见，尤其是这一情结本身所包含的伦理意涵并未能获得良好的解释。在众多解释中，它成为儿童认知中建立在客观伦理关系(和异性父母)基础上的伦理观念，这无疑完全曲解了弗洛伊德的本意，也导致精神分析理论完全无法在弗洛伊德所设定的框架中被解释。

以上几个概念是弗洛伊德理论研究的核心，本书研究将重点分析以上概念，当前研究中的观点和结论都可能成为我们的参考。但无论如何，有关弗洛伊德理论分析的整体框架都需要立足于他的“自然”概念及其与道德的关系来进行解释，同时需要综合生物学、生理学、心理学和伦理学的视角对这些概念进行分析，否则，就只能在有限的解释框架中曲解他的很多核心概念与创建精神分析理论的本意。

综合以上，当前有关精神病病因学的研究体现出以下特点：(1)生物精神病学和精神分析理论都因不同程度的自然主义特点遭受批判，精神病学中的自然主义取向无法与伦理主义取得和解。(2)精神病的临床治疗引发医学界对生物医学理论的严重质疑，完全以身体为本体的病因学研究遭到批判，医学研究中新型的生理-心理-社会模式受到重视，但其中的心理和社会模式仍然在实证科学与价值哲学之间摇摆不定，临床实践困境重重。(3)精神病的临床治疗缺乏完善的病因学解释，精神病与器质性病变之间的本体性关系论证不足。(4)精神病学对于医学发展的元始意义在医学与哲学研究中都未受到足够重视，精神病治疗更为落后和不被重视。在极端生物主义思维模式下，精神分析的科学性被生物医学科学思维所埋没，其独特理论价值被忽略。弗洛伊德试图综合生理、心理和伦理的理论目标被曲解。

同时，正如利科所认为的那样，被其他研究者所批判的精神分析法是一种解释学的，但它又不如利科所说的那样，是一种“文化解释学”的。因为弗洛伊德研究的并非文化本身，也不是哲学研究中以正常人的、一般意义上的“精神”或“意识”为对象，而是以一种特殊疾病现象——精神病为对象。这首先需要解答“精神病”作为一种病是否成立的问题。换句话说，精神何以

---

① 〔英〕奥兹本：《弗洛伊德和马克思》，董秋思译，北京：中国人民大学出版社，2004年版。

成“病”？尽管现代临床医学以各种自然科学（生物的、物理的和化学的）为基础，以各种医疗技术为手段，以人的身体为本体解释疾病。但精神病可以说是生物医学在发展进程中碰到的疾病本体性难题。从某种意义上来说，在“疾病本体”的问题上，现代生物医学并未能够完全地推翻远古时代的巫医思想，那些能够作用于人体的各种医疗技术和药物，改变的只是疾病的症状，并未触及疾病的本体。从这个意义上来说，人类对精神病，甚至是对人体的所有疾病的认知，都需要先解决本体问题，而非认识论或方法论问题。

另外，在现代新型的医学模式中已经试图以疾病的关联模式来弥补疾病的本体（以身体为本体）模式的不足。但这种解释只局限于疾病产生的一些外在因素进行分析，心理的、社会的和自然的、环境的等。这些外在因素或可能作用于人体并产生疾病，但充其量只能算作是疾病产生的外因，而疾病产生的内因解释仍存在很多问题。在疾病治疗方面更是存在无法解决的悖论。因为疾病是以身体上的各种疼痛和不适症状为表征的，症状的消除和控制同时也意味着生命的承载体——身体（本体）本身的损害或毁灭。使用亚里士多德在《形而上学》中的“本体”概念来形容，当前的生物医学只找到了疾病承载的“可灭坏的本体”。而疾病解释中是否存在“不可灭坏的本体”？如何寻找到这一本体？目前还无从所知。从这个意义上来说，正如伽达默尔所做的“理解”形式的区分，以“实质性理解”为特点的自然科学只能将人体当作一种实体来进行解释和研究，这是当前生物医学解释疾病的主要方式。而以“意义理解”为特点的人文社会科学很难真正地进入到医学研究领域。尽管心理学的各种理论也被广泛地应用到医学领域，产生医学心理学学科。人类也正式地提出“身心疾病”并将其当作是一个比较重要的研究领域。但“身心关系”是一种什么样的关系？身心是如何发生关系的？现代叙事医学试图解决患者的意义世界问题，但将“意义理解”放在疾病的解释中，或者说，放在精神病的解释中，仍然存在着无法解决的悖论。

正如雅斯贝尔斯提出的，本来是基于患者主体的“不自知”提出的疾病现象，如何通过他者主体走进患者的“意义世界”？从作为一种人类生活经验的疾病现象来讲，某些疾病确实可以在不同主体间获得类似体验。但精神病患者的基本特点是“不自知的”，这意味着，即使是他者主体有着共同经验，仍然是无法通过交流并达到对这一疾病的深刻认知的。因为患者之间如果能达到经验交流，就说明患者的“不自知”是不存在的。本书以“精神病本体”为研究对象，它与医学中的病因学存在类似。但当前的病因学过分强调疾病产生的外在因素和生理因素，将“身内自然”完全局限在生理自然之中进行解释。本书致力于从弗洛伊德的各种文本中理解他构建精神分析理论的本意,以一种综合性的视角解读他的“精神病本体”。

五、研究思路和框架

从学科的角度来划分,精神分析理论由于其基础理论和方法论都比较特殊,所以常常被单独地列出来,作为一种特别的临床医学理论被对待。但实际上,弗洛伊德的精神分析理论自始至终是围绕“精神病的病因学及其治疗”来开展的,它并非一般意义上的人性或人格理论研究。后世的研究者,即使是精神分析学派内部都未能够继续拓展“精神病的病因学”研究,更多地将它当作是一种心理学理论来研究。在临床实践上,更多地将精神分析理论当作是生物精神病学的一种有利补充。现代精神病理学也试图以弗洛伊德的一些概念来说明精神病的发生机制,但相关论述都较为浅显。尤其是“无意识”、“性本能”和“俄狄浦斯情结”等概念一直存在着很多难以解释的地方。实际上,弗洛伊德论述了比较深入的精神病病因学,同时论述了集自然科学、心理学与伦理学于一体的综合性医学认识论。他不仅在精神病病因学上独树一帜,在精神病临床治疗的一般方法论(使用精神分析法将患者的无意识引入意识之中)和具体方法(释梦、催眠、自由联想等)上也别具一格。可以说,弗洛伊德实质上建构的是一种十分精细、完整的精神病病因学理论。基于以上认识,本书研究的基本框架和思路如下:

第一章交代本书研究的整体背景与主要概念。以“自然”概念、“人与自然关系”的研究转向(从身外自然转向身内自然)、自然与道德的关系等为线索论述弗洛伊德精神分析理论建构的伦理自然主义基础。重点分析“伦理自然主义”“性本能”与“罪恶感”等概念,同时廓清本研究主题中的“疾病本体”一词的意涵,以此作为本书研究的核心问题。同时,交代本书研究的主要目的和价值,并在简单综述当前研究成果的基础上交代本书研究的基本方法与思路。

第二章将交代弗洛伊德精神病本体解释的“伦理自然主义”基础。首先,从生理的、心理的和伦理的视角论述弗洛伊德的“自然”概念,重点论述他伦理学视角的“自然”概念。弗洛伊德在《图腾与禁忌》一书中通过对原始人的宗教禁忌的考察发现,神经症与宗教禁忌有着共同的发生学机制,都源自人内在“过分的道德良知”。自然情感与道德情感的对冲产生的“矛盾情感”是精神病本体解释的重点。其次,论述弗洛伊德“道德”概念的三重属性:作为道德前状的“道德本能”、道德心理和社会的道德文明。最后分析弗洛伊德理论中“自然与道德关系”的三种不同状态。从以上三个层面论述弗洛伊德不同于其他进化论伦理学的伦理自然主义,它是弗洛伊德试图综合生理学、心理学和伦理学的知识与研究方法得出来的。我们将弗洛伊德的精神病本体解释限制在伦理自然主义的框架之中，为精神分析理论中看似可以“无限理解的东西”设定一个边界。“自我本能”和“性本能”发展冲突中产生的“罪恶感”是神经症病因学解释的关键点。从哲学的视角分析“罪恶感”的本质及其对神经症的发生学意义，它是一种自然情感和道德情感相对冲产生的非逻辑的、无意识的“矛盾情感”。俄狄浦斯情结中以“杀父娶母”为原型的罪恶感，在其本质上是自然情感和道德情感对冲产生的“矛盾情感”的一种隐喻，与“性本能”一起构成精神病本体解释的基本框架。“自然与道德关系”的不同解释构成宗教、哲学与科学世界观与认识论的差异，弗洛伊德的“自然”概念在本质上试图综合这三者的核心价值与方法论。心理冲突来自更深层次的伦理冲突，自然与道德情感的冲突通过压抑作用进入到无意识领域。弗洛伊德通过“图腾”与“禁忌”论述了宗教认识论中人如何通过对“自然”的认知建构社会的伦理观念，父权主义既是社会整合与稳定的伦理方法，也是人内在伦理冲突产生的根源。自然科学更好地解释了疾病的自然表征，伦理学更好地解释了疾病的道德根基，精神病的阐释需要有利地综合自然科学与伦理学的理论。无论是个体的精神状况与健康，还是社会道德文明的健全发展，都需要以“自然与道德的协调发展”为基础，这是科学世界观追求的终极目标，也是弗洛伊德建构精神分析理论的旨归。

我们将在第三章集中讨论弗洛伊德的“无意识”概念。弗洛伊德的“无意识”概念的界定及其与意识的关系是当前研究中争论的焦点，也是我们在这一章中需要论证的重点。我们首先分析“疯癫”与哲学中人的“不自知”状态，从古希腊哲学家到中世纪的奥古斯丁、近代的存在主义哲学家们，都在试图解释人的这一“不自知”状态，但他们都无法得出令人满意的结论。人的不自知状态中存在着“行而不知”的逻辑困难，在精神病解释中，本来就不能立足于逻辑来解释“行而不知”。它在本质上是一个整体的状态，“行”并非人基于理性产生的有目的性的客观行为，而是一种人在“不自知”状态中产生的无意识的动作或症状，它并不影响到个体与他人之间的关系，仅仅是出现在人身体上的无意识的或本能的反应。然后，我们将对比分析庄子、禅宗和弗洛伊德的无意识，目的是更好地理解“无意识”在哲学和医学领域的不同内涵及其对解释精神病的重要意义，进而深入分析弗洛伊德的“无意识”于精神病解释的科学性。我们认为，无意识作为精神病本体解释的主要困难在于无法从偶然性的异常行为推断出一般性的病态人格。弗洛伊德早期的理论完全从临床医学的视角进行理论建构，他仅仅着手于解释精神病症状背后的发病原因，并非从中归纳出精神病患者的一般性的发病机理。

我们接着分析弗洛伊德提出“典型症状”的意义及理论价值，但这仍然不代表他旨在建构一种一般化的理论，因为在精神病学领域不存在通用的理论。弗洛伊德在其晚期研究中提出“自我”“本我”和“超我”等，为精神分析理论提供更为坚实的基础，但理论上的完善并不意味着一定会带来更有效的结果。临床生物医学的凸出特点就是不追求理论上的可解释性，更追求治疗中的真实疗效，“无意识”概念本身就存在理论与实践不统一的缺陷。

第四章将继续分析精神分析理论中的“无意识”、“性本能”和“俄狄浦斯情结”。三者的结构性关系并非指它们作为整体的部分与部分的关系，而是精神分析理论体系建构的基础结构。尽管弗洛伊德的“无意识”体现出一种“精神画布”的性质，但他的理论架构不是平面的、静态的，而是结构性的、动态的。首先，分析“性本能”中的自然主义与伦理冲突及其他们的本体性作用，进而分析“性本能的固着”在精神病本体解释中的作用。其次，分析“俄狄浦斯情结”中的自然主义和伦理隐喻，重点分析这一情结中的自然主义及其与情感的关系，分析它所包含的“伦理记忆体”及其临床实践困境：因为这一情结中自我的非道德性是患者主体所不能接纳的，临床治疗中患者所产生的心理抵抗使得无意识成为意识极其困难。最后，对“无意识”、“性本能”与“俄狄浦斯情结”三者的结构性进行分析。关于“无意识”的结构性，它本身包含或包含在一个虚拟的结构之中。它不像物体的结构一样是可以清晰地用线、面等描绘的，也不像概念的结构一样可以根据一定的逻辑被画出层次或种属关系，因为它并不依赖形状或逻辑而存在。“性本能”具有物质和意识的双重结构。弗洛伊德将“性本能”界定为与人体的性组织发展及其机能有关，体现出生理的、物质的一面。但它不是物理、化学等科学手段可以研究的，这潜在地说明了“性本能”拥有的精神属性的另一面。最后将从情结-情感的关系、自体-客体的关系、形象-抽象思维关系的视角分析“俄狄浦斯情结”中可能存在的三种意义结构。

在第五章中，我们将集中探讨“罪恶感”与“俄狄浦斯情结”作为精神病本体的解释性。弗洛伊德的精神分析理论既不同于生物精神病学，也不同于传统形而上学哲学，因而“精神病本体”必然也不同于这两个领域中的“本体”，它是弗洛伊德试图开创的综合性“精神病本体”。本章要凸显精神病本体的伦理自然主义视角，它不同于人类文化历史上出现的任何一种“伦理自然主义”的样态，而体现出一种独特的特征。弗洛伊德并不排斥使用哲学方法，而是试图以一种全新的方法来弥补哲学方法的不足。同时，弗洛伊德并非立足于“本能”和“退化”研究人体发展的一般规律，他只是尝试解释精神病的发生机制。换句话说弗洛伊德立足于精神病的本体和治疗的视角来建构的，如果缺乏这一前提，就会在方法论上陷入哲学和心理学的无穷无尽的纠葛中。在以上认识前提下，本章重点探讨“罪恶感”作为精神病情感本体的解释性，以及“俄狄浦斯情结”作为精神病伦理本体的解释性。

本书的结语部分试集中论述弗洛伊德的“精神病本体”中的辩证思维。尽管在前面章节的内容中，我们也提到一些关于“是又不是”的逻辑悖论，这在佛教里面被称之为“般若即非逻辑”，在老庄道家等人的哲学中也有体现。但在弗洛伊德的精神病本体解释中，他的辩证思维集中体现在“性本能”中“本能的欲求”与“本能的厌恶”、“意识”与“无意识”、“性本能”与“罪恶感”这几对范畴的对立统一关系中。总之，弗洛伊德的精神病本体是一种集生理、心理与伦理于一体的综合性“疾病本体”。与现代生物医学中的“身体本体论”和“疾病的关联模式”相比较，弗洛伊德的理论凸显了疾病解释的“伦理本体”。这对于现代医学的发展与“健康共同体”的建构有着重要的学术价值。在此认识前提下，我们试对“疾病本体”认知的现代分化作出简单论述，并探讨现代社会“健康共同体”意识的构建。最后，试对医学作为一门学科存在的特殊性进行分析。现代医学既可以使用自然科学的方法进行研究，又可以使用人文社会科学的方法进行研究，但无论如何研究，都难以揭示出疾病发展的本质规律。这说明，医学作为一门特殊的学科具有它自身的独立性，它应该拥有自身独立的本体论和认识论。过分地使用自然科学的认识论和方法论对其进行解释，或过分地使用社会科学的认识论和方法论对其进行解释，都是不客观的。

第二章　弗洛伊德建构精神分析理论的伦理自然主义基础

临床治疗需要以一定的病因学为基础，它是从一定的基础理论出发对疾病进行解释构成的。例如，生物医学就是以生物学为基础对疾病进行解释，之后又产生众多的分支学科，用以更精确地解释疾病的病因。尽管疾病产生的原因从来不是单个的，很多疾病都是多因素导致的，但起决定性作用的因素常常只有一个，病因学就是找到疾病发生的那个决定性因素。弗洛伊德在《精神分析导论》中以生物学中的"停滞""退化"等概念、生理学中的"本能""固着"等概念、心理学中的"压抑""移情"等概念和伦理学中的"精神冲突""乱伦"等概念等建构起一种独特的病因学。以上概念十分复杂难懂，如果不能从各自的学科领域出发对其进行解释，就很容易误解弗洛伊德的本意。在以上因素中，起决定性作用的是"性本能"与"自我本能"在发展过程中产生的"精神冲突"。弗洛伊德从一开始就强调，"性本能"绝非心理事件的单独起因，"神经症起源于自我和性欲之间的矛盾，而非性欲本身"[①]。这表明，精神病源自生理和心理发展过程中的冲突，其中生理的因素离不开生物学的解释，心理的因素离不开伦理的解释。正因为这样，精神病的病因学需要综合不同学科的理论才能解释清楚，其中的核心便是"身心关系"及其冲突的发生机制问题。

在《精神分析导论》一书中，弗洛伊德强调精神分析不能混淆了"退化"和"压抑"这两个概念，一个是生物学概念，另一个是心理学概念，前者与性欲有关，后者不必涉及性欲。并且，生物学的概念是实在论的，心理学的概念却可以是一种科学假设。他说："压抑概念不必涉及性欲，我必须请你们特别注意这一点。它只是一个纯粹的心理过程，我们最好把它称作为'地形学'的过程，我们想说的是，它是指我们所假定的心理区域；或者，如果我们

① 〔奥地利〕西格蒙德・弗洛伊德：《弗洛伊德文集 4》之《精神分析导论》，车文博主编，长春：长春出版社，2004 年版，第 205 页。

放弃这些简陋的假设,那么,我们可以再换一个说法,就是指由有关几种相区分的精神系统所形成的一种心理构造。”[①]这意味着,心理本身并非实在的,它只是一个不确定性极高的过程,在任何时候,对它的理解都可能只是一种假设,都必须立足于人真实的精神系统才能对其进行描述。弗洛伊德所谓的“精神系统”更复杂,但始终无法离开两个核心因素:“性本能”和“乱伦情结”。“性本能”是一个生理学概念,“乱伦情结”却包含生理与伦理意义的交集。弗洛伊德对它们的解释包含更抽象的含义,即人的内在“自然与道德的关系”及冲突,这也是自弗洛伊德时代到现代科学哲学研究领域所力图解决的核心问题。

以上弗洛伊德的一些核心概念及其关系,更多地出现在医学领域的病因学解释中。这一章将讨论他哲学意义上的本体,其中“无意识”、“性本能”和“乱伦情结”是我们要讨论的主要概念,“精神冲突”对神经症解释的核心作用是我们要解释的主线。无论如何,无法离开弗洛伊德理论中的自然主义进行解释。弗洛伊德的“自然”概念包含了综合各学科于一体的“自然”思想,有科学的自然、心理的自然、哲学的自然和伦理的自然等,他的高明之处在于使用不同学科中的“自然”概念解释精神病。从临床医学的视角来看,他首先是立足于个体精神病治疗展开的,其认识来源于经验性的知识积累。其次,他从个案中推导出一般方法论,将其作为精神病解释和临床治疗的方法学,主要使用了归纳法。再次,弗洛伊德从哲学的高度将个体疾病认识抽象为普遍的社会精神病学,其研究对象直指人类整体的精神状况。在《图腾与禁忌》《群体心理学和自我的分析》和《文明及其缺憾》等专著中,他详细地分析了人的道德心理、道德认知、道德人格等与内、外在自然的关系。因此,从更宽泛的视角来分析精神病的本体,无法脱离他的各种“自然”概念及其与道德的关系,而不只是立足于一些看似能独立解释却又存在互译关系的概念。我们的任务是要从不同学科视角出发来分析这些概念及其在精神病本体解释中的作用,厘清不同概念中的生理与心理、心理与伦理之间的关系,以及对解释神经症的发生与发展机制的重要学术意义。

弗洛伊德的理论体现出伦理自然主义的特点,但大部分学者只看到“性本能”、“俄狄浦斯情结”中的自然主义并试图对其进行批判。实际上,弗洛伊德的自然主义没有忽略伦理学的内容,相反,在《图腾与禁忌》《文明及其缺憾》等专著中,他十分详细地从“人与自然(内在自然与外在自然)关系”的

① 〔奥地利〕西格蒙德·弗洛伊德:《弗洛伊德文集 4》之《精神分析导论》,车文博主编,长春:长春出版社,2004 年版,第 200 页。

出发点论证宗教禁忌和神经症的相同起源。值得提出的是，弗洛伊德使用到生物学中的“退化”“停滞”和“固着”等概念，但他并不认为这些概念能够解释清楚神经症。他重点强调生物、生理的因素如果缺乏心理的因素，根本无法发挥作用。即便如此，在神经症的成因中，起决定性作用的仍不是生理和心理的因素，而是生理、心理和伦理的因素发挥的综合作用。正因为这样，弗洛伊德的“自然”概念不是从某一个学科角度出发就可以理解的，它本质上是一个复合概念。在这一节中，我们将全面地分析弗洛伊德的“自然”概念。

一、弗洛伊德的“自然”概念

在宗教与道德的起源问题上，弗洛伊德立足于人与“外在自然”的关系追溯宗教图腾和禁忌的意义和发展历史，以及敬畏和恐惧情感在客观伦理关系与社会伦理规范形成中的重要作用。在人与“内在自然”的关系上，弗洛伊德主要通过“性本能”中的关系性欲求来论述。从某种意义上来说，人从自己与“外在自然”的关系中产生的情感属于“自然情感”，人从自己与“内在自然”的关系中产生的情感属于“道德情感”。在第一章中，我们已经有所论述。弗洛伊德并不意图区分“自然情感”与“道德情感”，他的目的在于说明“罪恶感”是两者对冲后产生的“矛盾情感”，这才是理解神经症的关键之处。在这里，我们就弗洛伊德的众多概念来分析他的“自然”思想，以此为基础来理解他的伦理自然主义，以及他在此前提下对精神病的发生学所做的论证。

(一) 弗洛伊德的生理“自然”

弗洛伊德使用“退化”“停滞”和“固着”等概念来形容性本能发展中的不同状态，这种状态即生理的自然。生物精神病学将精神病归因于“脑部的退化”，弗洛伊德不赞同此观点，因为有的精神病患者的智商和道德体现出较高水平。当然，在当时的医疗水平下，弗洛伊德的这一理由仍可能存在谬误。但无论如何，他只是不赞同“脑部的退化”一说，对“退化”一词却并不反对，只是他将精神病归因于“性本能的退化”。在第一章中，我们已经探讨了“性本能”概念。弗洛伊德在原文中多处提到人的性欲，但“性本能”并非成熟两性间的性欲，而是人在幼年时期的原始的“关系性欲求”，即原欲。人与人的关系的发生就是依赖这一原欲。尽管它产生的是伦理的结果，即人与人之间的关系，但它产生的动机却是生理性的，因而可以被归为生理的自然。

弗洛伊德的“性本能”中的生理性特点是显著的，但太容易将其理解为性欲，会使得弗洛伊德的“性本能”解释流于肤浅，实际上，它在更大的程度上代表人性发展中的一种本能趋向。弗洛伊德之后也论述了人的本能欲求，如营养本能、生本能和死本能等。总的来说，“本能”是人的生理发展中的自然趋势。相对于其他本能来说，“性本能”具有更根本性的意义。可以说，它包含的人的“关系性欲求”是造成人与动物根本性区别的关键原因。正是“关系性欲求”使得人与人的关系产生并形成社会，人的伦理道德观念也由此产生。因而在弗洛伊德生理性“自然”概念中，关键的是如何理解作为本能存在的人的“关系性欲求”。

弗洛伊德的宗旨是论证神经症的病因，所以，他从生物学和生理学视角提出的所有概念并非为了论证“性本能”的正向发展，而是它的反向或病态趋势。因而他的理论构建的关键点就在于如何证明这一非发展状态是成立的。无疑，在人的生理性的本能发展趋势中，“发展”与“进化”这些概念已经在生物学领域广泛出现。但“退化”如果发生在人体的脑部无法成立，又如何能证明它发生在“性本能”中就可以成立？这对于理解弗洛伊德的精神病本体来说十分关键。弗洛伊德说：“我想我们同意一般的病理学理论，假定这种发展涉及两种危险——一是停滞（inhibition）；二是退化（regression）。也就是说，根据生物过程的一般变异趋势，并非每一个预备阶段都要经历同样的成功和完全的取代，部分机能可能永远在这些早期阶段被阻止，并且整个的发展就会有某种程度的停滞。”[①]“停滞”也被称为“固着”，它是本能发展中可能出现的第一个危险，即人体机能的发展部分地停留在某个阶段，“各个性的冲动的单独部分都可滞留于发展的早期阶段，尽管其他的部分可以到达他们的最终目标。这里你们会认识到每一个冲动都可看作一条溪流；从生命开始时起，就不断的流动着，并且这个流动可以看作不断地运动。”[②]不难看出，弗洛伊德的所有概念并非只是描述性的，更多的是发展性的、动力性和过程性的。在描述人的“性本能的退化”时，弗洛伊德使用了“本能的固着”这一核心概念，并且，他着重指出有效区分“固着”和“退化”的关系十分重要。可以说，“固着”是“退化”产生的第一个阶段，因为有了本能的“固着”，人体的机能发展才有可能改变并形成“退化”，他说：

这种发展阶段的第二个危险在于那些已经向前进行的部分也可能

① 〔奥地利〕西格蒙德·弗洛伊德：《弗洛伊德文集 4》之《精神分析导论》，车文博主编，长春：长春出版社，2004 年版，第 198 页。

② 〔奥地利〕西格蒙德·弗洛伊德：《弗洛伊德文集 4》之《精神分析导论》，车文博主编，长春：长春出版社，2004 年版，第 198－199 页。

很容易地向后退回到早期的发展阶段——我们把这称为退化。……我们可以认为固着和退化相互依赖。在其发展的道路上固着愈强大，那么其机能也愈容易被外界障碍所征服，并退到那些固着之处；也就是说愈是新近发展的机能，愈难以抵抗发展道路上外界的困难。[1]

弗洛伊德揭示了人体机能发展的阶段性，“固着”意味着发展过程中“部分的停滞”。因为这一“停滞”，人体机能整体的发展就有可能产生“退化”，即退回到发展更早前的阶段。弗洛伊德提出两种形式的退化：一种是退回到力比多发泄的第一个对象，即乱伦情结的产生；另一种是整个性组织退回到更早的阶段。第一种退化形式相对来说是更常见的形式，多发于“移情神经症”中。人体机能退化到更早期阶段的结果要更复杂，多发于“自恋神经症”中。弗洛伊德在其专著《论自恋：一篇导论》中详细地论述过人的自恋产生的病理机制及其对个体人格发展的危害。在这里，我们先不赘述。我们重点说明弗洛伊德的生理“自然”不仅强调了生理机能发展的过程性和必然性，而且强调了它的偶然性和阶段性。相比较而言，后者对于神经症解释更关键。现代退化论者更强调生命发展的偶然性，如约翰·圣弗德（Sanford John）提出生命发展的“基本公理”：“人不过是随机突变和自然选择的产物”。[2] 这意味着，生理的自然不仅意味着发展与进化，还存在着停滞与退化，它们都是自然的过程。只不过退化论者将这一偶然性当作是人作为类存在发展进程中的决定性因素，而弗洛伊德只将它当作是精神病发生的生理基础，在本质上他并不否定人的发展性与进化趋势。

可以说，弗洛伊德提出的是一种疾病发生的生理机制，它立足于生物学中的退化论进行解释，但并不将“退化”当成是人发展的必然结果，而是从中找出神经症产生的可能的决定性因素。“性本能”作为一种生理的自然，它既是发展性、过程性和动力性的，也是阶段性、偶然性和选择性的。在对精神性疾病的描述中，弗洛伊德主要立足于阶段性、偶然性和选择性来完成；在对个体自我发展的描述中，他主要立足于发展性、过程性和动力性来完成。在对神经症的病理机制的阶段性描述中，他是通过“自恋”、“乱伦”和“升华”这三个概念来描述它的状态及可能性的。自恋是神经症病理现象的极端状态，此时主体的生理完全退回到发展的最早阶段。换句话说，此时的

---

① 〔奥地利〕西格蒙德·弗洛伊德：《弗洛伊德文集 4》之《精神分析导论》，车文博主编，长春：长春出版社，2004 年版，第 199 页。

② 〔美〕约翰·圣弗德：《退化论：基因熵与基因组的奥秘》，繁星、流萤译，济南：山东友谊出版社，2010 年版，第 10 页。

主体不但无法发展出与他人建立起关系的能力，甚至连最原初的关系性欲求都丧失了，完全陷入一种自我的封闭状态。须指出的是，“自恋”一词在现代是一个心理学术语，但它最初的含义并非心理学的，而是临床上的一种独特的病理现象。弗洛伊德说：

> 自恋这个词原来是临床术语，由奈克在 1899 年开始采用，指一种人对待自己的身体就像对待有性关系的对象的身体一样。他可以通过注视、抚摸、玩弄自己的身体而体验到一种性的快乐，直至达到完全的满足。自恋发展到这种程度，就具有了倒错的意义，它吸收了主体的全部性生活，因此当我们处理它的时候，可想而知会遇到在研究一切倒错时看到的类似现象。①

自恋作为临床术语，更多地指性生理上的一种病态，主体可以在自己的身体内部完成性爱的全部过程并达到高潮。在弗洛伊德看来，自恋的极端表现就是性倒错，此时主体完全不需要任何客体就能够完成全部的性生活，这是人的“性本能”发展的完全倒退，主体的性欲退化到最初的幼年阶段。可以看出，自恋在临床上仍然指生理上的倒错状态，这种状态是完全自然意义上的。当然，关于自恋，西方哲学史上有过不少的论述，各种观点无法达成一致，它属于人类生理和心理中的一种极其特殊的现象。弗洛姆后来将这一病态的现象扩展到整个社会领域，提出“社会自恋”概念以批判现代人整体的心理病态。它的突出特点就是无法与他人建立起关系，主体体现出极端的自私自利状态。弗洛伊德在《论自恋：一篇导论》中指出过：“自恋并非一种性倒错，而是一种出于自我保存本能（instinct of self-preservation）的利己性（或称为利己主义）的力比多的补充物，一定程度的自恋可以正当地归属于每一个生命体。”②从这里来看，“自恋”超出了生理的自然范畴，而成为一个具有伦理意味的术语。“自我保存的本能”在这里更应该指心理的自然倾向，它是“性本能”的补充物，两者共同成为生命体自然发展中的决定性因素。可见，弗洛伊德的“退化”并非一个具体概念，而是一个一般概念。自恋作为性本能退化中的极端状态，仍然存在着程度之分，极端的自恋才是病态，一般的自恋仍可以是一种生理上正向的、积极的发展趋势。这一趋势不

---

① 〔奥地利〕西格蒙·弗洛伊德：《弗洛伊德说梦境与意识》，高适编译，武汉：华中科技大学出版社，2012 年版，第 145 页。

② 〔英〕约瑟夫·桑德勒等：《弗洛伊德的〈论自恋：一篇导论〉》，陈小燕译，北京：化学工业出版社，2018 年版，第 17－18 页。

仅是对内的，还可以对外影响到亲子关系，这在弗洛伊德看来是最难处理的一个问题。他说："自恋系统最棘手之处，就是自我的永恒，因为被现实无情地压迫着，只有求助孩子才能实现。父母的爱，如此令人动容，本质上却是如此幼稚，其实只不过是父母自恋的重生罢了。当他被转变为客体爱恋时，明明白白地显示出它之前的本质。"[①]父母的自恋可以影响到子女的成长，越是自恋的父母越体现出对子女的极端无私的热爱。但这种爱在本质上并不成熟，相反，是一种极幼稚的爱。因为此时父母只不过将自身内部的自恋倾向毫无保留地转移到子女身上，并未给子女的自我发展以充分的自由。因而看似十分无私的父母之爱，实际上不过是父母自恋的极端状态的复活或重生。父母的自恋被现实无情地压迫着而难以消除，它只能以亲子关系中的较弱者的自我牺牲为代价来解决。直到任何一方能够发展出正常的客体爱恋时，它之前的自恋状态才能被彻底消除。无论弗洛伊德如何描述人的"自恋"，它的突出特点就是无法发展出与客体的关系。自恋在其本质上是一种"关系性欲求"的彻底丧失。在与客体的关系中，充其量将客体当作是自己的一种复制或翻版，而非将客体当作是能够与自己发生关系的主体。从这里来看，弗洛伊德实际上是立足于关系来谈生理自然的，脱离了这一关系性，生理的自然将变得毫无意义。

与"自恋"相比较，"乱伦"是神经症病理状态程度较轻的一种，却是更常见的一种。在第一章中，我们分析"性本能"的时候，已经着重分析了以"杀父娶母"为特点的"乱伦情结"（或"俄狄浦斯情结"）中生理的和伦理的意涵。实际上，在弗洛伊德的整个精神分析理论框架中，对这一情结的解释至关重要。总的来说，乱伦情结中的"杀父娶母"并非客观现实的伦理关系中生出的道德情感，而是一种主观的心理状态。更确切一点说，这种心理状态即比"自恋"程度较轻的一种精神病理现象。它的特征体现为主体出现"关系性欲求"，但这种"关系性欲求"并未指向真实的客体，而停滞在幼年期的异性父母。从这里来看，"乱伦情结"既是一种生理的自然倾向，又包含了伦理道德的萌芽，其中蕴含了与异性父母之间的非理性的关系心理。弗洛伊德将这一心理状态当作是神经症分析的核心。

神经症的第三种可能的病理状态是升华，这是极为罕见的一种可能性。相对于"自恋"和"乱伦情结"来说，它的发生概率要小得多。但是，弗洛伊德仍极度地承认这一可能性的存在。在《达・芬奇的童年记忆》一书中，他以

---

① 〔英〕约瑟夫・桑德勒等：《弗洛伊德的〈论自恋：一篇导论〉》，陈小燕译，北京：化学工业出版社，2018 年版，第 32 页。

当时在数学、物理学和艺术等各个方面都有杰出成就的列昂纳多·达·芬奇的经历为例进行分析：

> 童年后出现的性压抑促使他将力比多升华为求知的欲望，并使得他以后的一生，性生活都处于静止状态。……在另外一些人身上，也许就不出现这种压抑，或者只是在很小的程度上出现这种压抑。……人们不能将这种压抑的结果看成是一种唯一可能的结果。也许，另一个人没有成功地将受压抑的力比多升华为求知欲望。他们受到了和列昂纳多同样的影响，却不得不承受着智力上的永久缺陷以及无法克服的强迫性精神病的倾向。①

"退化"仍然可以产生积极的后果——强烈的求知欲望。无可否认，这种欲望仍然是生理性的自然欲望，它实质上是人的"关系性欲求"的另一种表现。只是在这一个"关系性欲求"中所建立的并非基于性的人与人之间的关系，而是一种非正常的理性能力的发展，因而在其表征上并未体现出明显的病理状态。相反，升华作用使得人的发展出超于常人的其他能力。弗洛伊德甚至认为，历史上的很多杰出人物都存在这样的倾向，他们身上没有出现任何爱恋异性的迹象，却有着异于常人的理性认知能力和艺术才华。尽管他详细地分析了这一可能性，但对它不太乐观，他认为受压抑的力比多产生的更可能的结果仍是神经症。

以上是我们分析的弗洛伊德生理的"自然"概念。概括起来，他是以生物学中的退化论为背景分析的。他的不同之处在于：他不将"退化"看作是目的论的，仅将它其中所包含的偶然性、阶段性和选择性当作是分析神经症病理状态的核心要素。尽管如此，生理的自然如果缺乏心理和伦理自然的辅助与配合，仍无法影响到机体的整体发展进程。

（二）弗洛伊德的心理"自然"

弗洛伊德在《图腾与禁忌》中详细地论述了人类心灵发展史的三个阶段——泛灵时期、宗教时期和科学时期，以及三种不同类型的宇宙观，即三种对"自然"的不同解释。作为人类最早的一种宇宙观，"泛灵论"是一种纯粹的心理学理论。在他看来，人的心灵或灵魂的实质来源于对自然的解释，因而"人与自然的关系"在观念的形成过程中起着至关重要的作用。人一方

---

① 〔奥地利〕西格蒙德·弗洛伊德：《达·芬奇的童年记忆》，李雪涛译，北京：社会科学文献出版社，2017 年版，第 88 页。

面借助于对自然(动物的或植物的)的认知形成各种不同的观念，并在此基础上建构起各种宗教仪式或社会伦理规范，用以规范人的行为；另一方面又试图通过人自身的一些行为来影响自然的进程，比如求雨和求丰收的仪式。或试图通过发生性关系促进土地的增产和丰收，“在爪哇的某些地方，当稻米即将开花的时候，农夫们带着妻子在夜晚到他们的田园里，借着发生性关系来企图引起稻米的效法以增加收成。然而，乱伦的性关系却被严厉禁止且为人畏惧，因它被认为可遭致收成的失败和促成土地的不育”[①]。这种心灵或观念的形成大部分来自于模仿，因为在“采取的行动”和“所期望的结果”之间有着相似性。例如，人们希望下雨，就要做那些看起来像下雨或是让人联想到下雨的事情即可。最后，这种模仿行为逐渐地发展成为比较正规的宗教仪式。无论如何，泛灵时期和宗教时期的人们由于缺乏对自然的足够认知，他们的很多心理和观念源自对自然的直观认知、模仿或推测。更重要的是，这些认知在人的内心形成坚定的信仰，他们丝毫不怀疑这样做会产生不好的结果。弗朗西斯·培根(Francis Bacon)在他的《千年自然史》中描述人们相信将武器涂上油可以使创口痊愈，这种迷信在英国甚至传袭至近现代。1902年，诺里奇的一位妇女意外地被铁钉刺伤脚底，她不但没有查看伤口，甚至连袜子都没有脱去，仅要求女儿将铁钉好好地用油擦拭干净，并说，只要这样做，伤口就不会恶化。几天后，这位妇女终因破伤风而去世[②]。

在对原始巫术与魔法的解释中，弗洛伊德更明确地揭示了这些看似难以理解的人类行为背后的“自然定律”：“它们都是源自人类的某种欲望。我们所需要假设的只是这些原始民族对他们的期望带有绝对的相信。他们之所以施行并深信魔法的力量，只不过是因为他期望得到它。因此，我们把重点放在对这些期望的解释上。”[③]在他看来，人是通过幻想的方式来达到这一期望的。并且，在这一点上，成年的原始人并不比幼儿高明多少。他说：

> 幼儿常用幻想的方式来达到他们的期望，……他的期望伴随着一种运动冲动(即指意志)，把整个周遭环境的面目完全改变以适合他的理想。……当孩子们或者原始民族发现用游戏或模仿的表现方式能满

① 〔奥地利〕西格蒙德·弗洛伊德：《图腾与禁忌》，文良文化译，北京：中央编译出版社，2015年版，第131页。

② 〔奥地利〕西格蒙德·弗洛伊德：《图腾与禁忌》，文良文化译，北京：中央编译出版社，2015年版，第135页。

③ 〔奥地利〕西格蒙德·弗洛伊德：《图腾与禁忌》，文良文化译，北京：中央编译出版社，2015年版，第137页。

足他们的期望时，这并不表明他们的谦卑(就我们的观念来说)，也不表明他们非常顺从地承认自己真的无能。[①]

人类幼年时期与人作为个体存在的幼年时期拥有同样的满足自我欲望的心理方式——幻想。值得提出的是，幻想并非一种心理上的不成熟，它只是一种心理发展的自然趋势。人的利己本性或趋乐避苦的本性使然。在满足自身的愿望方面，可以说，幻想以一种合理而简单地方式满足着主体的期望。幻想不是基于对自然事实的客观认知，在某种意义上来说，它与客观的自然事实无关。原始人对于客观自然的认知极为有限，他们没有办法认知到自然的真相，魔法和巫术是能够促使他们产生丰富幻想的有利手段。幻想只需要内心真正的忠诚，坚定不移地相信魔法所可能产生的结果。无疑，在泛灵时期，这种心理对人的世界观的形成起了决定性作用。“人们从事实和思想两者中选取了后者。观念的重要性已远远超过了事物本身，对观念的任何评价也必然会影响到事物本身。……在魔法的世界里可以经由一种精神感应的方式来打破空间的距离，或用对待现在的方法来处理过去的事物”[②]。

从以上来看，心理的自然是一种与理性相对的状态，主体完全从自身的欲望和感觉出发来认知事物。在这样的认知方式下，认知的结果并非对客观自然事实的真实反映，而是一种在自身理性能力并不发达的情况下产生的主观愿望。并且，这种愿望是全知全能的，主体可以在自我的意志范围内任意地界定其他事物。因而在弗洛伊德看来，它可以被认为是一种“思想的全能”法则[③]。无疑，理性的世界充满了各种社会伦理道德法则，它是人类在经历了若干的历史事件之后根据社会的需求建构起来的。“思想的全能”却远离这样的客观世界，它只遵从利己或快乐法则。弗洛伊德以原始人的心理状态来分析神经症患者的真实世界。他认为，“这些原始的思想形态和这类病人的意识方式极端相似。……决定这些病人症状的不是经验的真实性而是思想的真实性。神经症的病人生活在另一个世界里，这个世界只有以他那样的语言方式才能通行无阻。……外在世界的真实性对他们没有任何

① 〔奥地利〕西格蒙德·弗洛伊德：《图腾与禁忌》，文良文化译，北京：中央编译出版社，2015年版，第137页。

② 〔奥地利〕西格蒙德·弗洛伊德：《图腾与禁忌》，文良文化译，北京：中央编译出版社，2015年版，第139页。

③ 〔奥地利〕西格蒙德·弗洛伊德：《图腾与禁忌》，文良文化译，北京：中央编译出版社，2015年版，第140页。

意义。”[①]从这一点来看，神经症患者无异于一个完全脱离现实伦理社会的人。所谓的“另一个世界”，即患者完全从利己本能出发所幻想的世界。弗洛伊德说：“神经症的利己本质就是逃离不满意的现实状况，进入一个相对愉快的幻想世界——这是它的基本目的。然而，逃离现实也正意味着逃离社会，这是因为神经症所要逃避的现实世界，是由人类社会和它所有的习俗所控制着。”[②]神经症患者的症状与泛灵时期的原始人的心理状态极度类似。他认为，如何解释这一相似性是精神分析的核心环节。在这里，无法更彻底地探讨弗洛伊德从人类学角度追溯的人类心灵的发展史，我们的目的只在于说明他的心理的“自然”概念。他强调，原始人的这种心理状态可以被遗传到现代人的潜意识之中，精神分析的价值就在于将那些潜藏的心理本质揭示出来。

无疑，对心理的“自然”进行分析仍容易产生较多歧义。必须指出的是，弗洛伊德在原文中更多地将其与人的理性心理进行对比。从他的分析来看，泛灵时期人的心理遵循绝对的自然定律，它在表征上体现为一种性欲化的心理状态。换句话说，此时人的心理是由自然的性欲所决定的。并且，它的极致状态仍然是自恋。此时的主体无法发展出以客体关系为特征的爱恋，仅在自体内部就能够获得满足。相反，在科学的世界观里，人的心理将会处于成熟的理性状态。它与泛灵时期的世界观的不同在于：人开始对自身出于纯粹自然的心理认知产生怀疑，并着手从人与外部世界（外在自然）的关系中寻找自我心理形成的客观基础。

然而，弗洛伊德追溯了原始民族纯粹自然的心理形成的历史，并将它当作是神经症病因学建构的基础。但他并未完全立足于“幻想”这一心理产生的动力来论述，而是选取了纯粹的自然与道德的中间阶段——压抑来进行论述。从某种意义上来说，“幻想”意味着心理认知中的绝对主观状态，而“压抑”却是基于对客观现实伦理世界的一定程度上的认知产生的，它介于主观心理与客观自然事实之间。在弗洛伊德整体的精神分析理论架构中，“压抑”是一个处于核心地位的心理学概念。并且，“压抑”与“幻想”的不同之处在于：“幻想”尽管是超出理性之外的一种心理状态，但它仍然是基于有限的理性而产生的；“压抑”却是一种主体完全在无意识中产生的非理性状态。他正是以此为背景来建构精神分析理论的。从这个角度来说，他的心

① 〔奥地利〕西格蒙德·弗洛伊德：《图腾与禁忌》，文良文化译，北京：中央编译出版社，2015年版，第142页。

② 〔奥地利〕西格蒙德·弗洛伊德：《图腾与禁忌》，文良文化译，北京：中央编译出版社，2015年版，第121页。

理的“自然”即体现为“无意识的压抑”,这是神经症病因解释的整体前提。

(三)弗洛伊德的伦理“自然”

在第一章中,我们已经就“罪恶感”简单地探讨了弗洛伊德伦理的“自然”。在伦理学中,康德的客观主义伦理学拒绝将任何感觉主义和自然主义的东西当做伦理的基础。休谟却提出经典的情感主义学说,他认为人的情感中的“同情”即可以被当作是道德的基础。这两种学说基本上奠定了客观主义伦理与自然主义伦理的基础。之后虽然众多的伦理学家们试图对情感主义进行不同程度和视角的论证,逐渐地发展出将“自然情感”与“道德情感”进行区分的观点。但弗洛伊德并不执着于此来论述自身的伦理自然主义,他提出更精确、复杂的理论以描述人的情感状态——矛盾情感,它源自内心激烈的伦理冲突。我们之前已经强调,这一“伦理冲突”并非基于客观真实伦理关系的冲突,而是人内在的心理冲突。也就是说,主体在自身内部虚构了一种实际上不存在的伦理关系,“杀父娶母”就是这一虚构伦理的典型代表。同时,这种虚构伦理并非出自理性,而是出自人基于自然本能的“关系性欲求”。这一“关系性欲求”在拉康的理论中被认为是“欲望”,他所指的“欲望”并非具体的、对某一物的欲望,而是“无意识欲望”。它由需要(need)、需求(demand)和欲望(desire)三个相互独立又联系为一体的部分组成。拉康认为,欲望既非需要,也非爱的要求,而是后者减去前者以后的差异[①]。对这句话的可能解释是:“欲望是伴随需要和要求产生的一种永远无法满足的无意识需求。”[②]欲望并不是去欲望他者,而是欲望他者的欲望[③]。在拉康这里,欲望并非纯粹的生理需要或需求,它更多地指向与他者的关系。这种需求虽然也是自然的,但因为关涉他者的欲望,已经产生了伦理的意义。所以,在自我和他者的欲望之间如果无法统一。或者说,如果主体无法欲望到他者的欲望,关系就无法产生,主体就无法因此而获得自我满足。精神病患者的抵抗症状在其本质上并不源自对自身欲望的压抑,而是对他者欲望的无意识反叛。无疑,在拉康这里,尽管也道出了弗洛伊德的“关系性欲求”的自然与伦理的双重含义,但他仍未能将其中更深层次的伦理的自然意义揭示出来。

---

① Jacques Lacan. *écrits: A Selection*. Trans. Alan Sheridan. New York: Norton, 1977, p.287.

② 顾明栋:《“离形去知,同于大通”的宇宙无意识——禅宗及禅悟的本质新解》,《文史哲》2016年3期。

③ 〔法〕弗朗索瓦·多斯:《从结构到解构:法国20世纪思想主潮》(上卷),季广茂译,北京:中央编译出版社,2005年版,第127页。

弗洛伊德虽未从哲学视角对人的欲望和情感做出区分，但在他的理论中，人的“性本能”即体现为性欲。在前文中，我们已经指出，这一性欲不是指成年男女之间的性需求，而是人内在的、本能的关系性欲求。显然，这个关系性欲求只是道德观念的萌芽，并非实际的道德观念。这对于理解神经症的发生来说至关重要。无论是客观主义伦理，还是自然主义伦理，它们的主要问题就是无法消除自然与道德之间的天然屏障，但弗洛伊德却以“罪恶感”解决了这个问题。“罪恶感”是内在冲突产生的直接后果，它源自内心过分的道德良知。人一方面受性本能的驱使极度地想做某一件事情，但这件事情一定是人人想做却不能做的，正是这一矛盾性造成内心的冲突。因而“罪恶感”是基于内在冲突而产生的一种类似于道德的情感，但它仍不是客观现实的道德情感，而是一种道德情感的前状。也就是说，它与仁爱、同情、正义等带有明显道德意味的情感相比较，本身并不具有同样的道德意味。因为明显的道德情感指向客体，而“罪恶感”却指向自身的欲望，它体现为对自身欲望的压抑。用弗洛伊德的话来说，“罪恶感”是无意识中产生的，它并非一种实际的道德情感，它是基于主体内在的道德良知而产生的一种模糊情感状态。在这一情感状态中，既充斥着主体本能的自然欲望，又夹杂着抑制这些欲望的无意识压抑，因而它常常处于一种矛盾的状态。

无疑，“罪恶感”的产生是基于主体内部的良知，甚至是“过分的良知”，因而无法回避“良知”来理解伦理的“自然”。弗洛伊德说：“从语言的角度来说，它是和一个人的“最确实的自觉”有关。事实上，我们很难把“良知”和“自觉”这两个词在某些语言里区别开来。”[①]“自觉”意味着“自然而然的”，它并非出于外在的某种压力而产生的情感。根据他本人的解释，“良知”或“自觉”源自主体内在“本能的厌恶”。在弗洛伊德对“性本能”的描述中，它是一种主体内在的无意识的自我满足倾向，遵从快乐原则，是一种“本能的快乐”，体现的是主体的关系性欲求及其正向发展朝向。在对“良知”的描述中，它却是一种相反的状态，“本能的厌恶”即一种自然的、逃离的倾向，它体现的是主体关系性欲求的反向本能。“任何具有良知的人，在他内心深处必然有着对这种厌恶的判断，和对他的行为夹带着自责。……由良知为出发点的律法中，任何对它的破坏都将使人产生罪恶感。”[②]这正如与“进化论”相对应的“退化论”一样，因“本能的厌恶”所产生的道德良知与因“本能的快

① 〔奥地利〕西格蒙德·弗洛伊德：《图腾与禁忌》，文良文化译，北京：中央编译出版社，2015年版，第108页。

② 〔奥地利〕西格蒙德·弗洛伊德：《图腾与禁忌》，文良文化译，北京：中央编译出版社，2015年版，第109－110页。

乐”所产生的欲求在本质上是一样的，都是一种出自本能的东西。例如，人对死亡的本能厌恶。即使在野蛮民族对敌人所抱有的极度仇恨中，仍本能地产生对对方死亡的厌恶，并因此而产生强烈的自责。这就是为何在有些部落战争之后，面对敌人的死尸，野蛮民族所获得的并非内心的喜乐，而是自然而然地掉下悲伤的眼泪，并为那些死去的敌人祈祷。弗洛伊德这样描述：“从这些禁忌中我们得到的结论是，就是野蛮民族对敌人的那种冲动并不只是包含仇恨，他们仍掺杂着懊悔、对敌人的赞美和杀人后的自我谴责。”[①]在这样的矛盾情感中，包含的是人对死亡本能的厌恶。这种“本能的厌恶”与“本能的快乐”形成鲜明对比，并产生激烈的对冲，共同构成道德情感的前状。它本质上是无意识的，与基于理性的道德情感存在差别。即便如此，这种情感也并非自生的，它可能源自特殊的人际关系——仇敌的或敌对的。弗洛伊德说：

> 某些附属于矛盾情感的特殊人际关系很可能就是良知的起源，它的发生就像我们在禁忌和强迫性神经症所讨论的情况——即两种敌对感情之一必须储藏于潜意识里，而且属于另一感情的强迫性优势的控制之下。[②]

从以上可知，“道德良知”与“神经症”极其类似，并且在发生学上具有共同的偶然性特征。无疑，承认神经症成发生的偶然性比承认道德发生的偶然性要容易得多，因为前者本身就不具备普遍性，道德却始终被认为是人应该拥有的普遍属性。弗洛伊德将道德良知的产生归因于偶然性的特殊伦理关系导致的矛盾情感。这实际上否定了道德认知发生的必然性和一般性，也从根本上否定了客观主义伦理学和情感主义伦理学中的各种理论假设。当然，我们的主题不是讨论道德发生学，而是讨论神经症的发生学，因而更重要的是通过“良知”来理解神经症。在弗洛伊德的解释中，“过分的良知”才是神经症的起因。良知如果只停留在“本能的厌恶”阶段，并不会产生病症，能产生精神疾病的是超出这一阶段的良知。弗洛伊德说：

> 本质上，良知的形成最初是因父母亲的批判，随后是社会的批

① 〔奥地利〕西格蒙德・弗洛伊德：《图腾与禁忌》，文良文化译，北京：中央编译出版社，2015年版，第63－64页。

② 〔奥地利〕西格蒙德・弗洛伊德：《图腾与禁忌》，文良文化译，北京：中央编译出版社，2015年版，第110页。

> 判。……对这个“监察部门”的反抗产生于个体从所有这些影响中解放出来的愿望(依照其疾病的基本特性),……随后,他的良知会以一种退行的姿态面质他,就像一种来自于外界的敌对影响。①

出于“本能的厌恶”的良知并不会产生压抑,超过的才会产生压抑。如果这种压抑的过程反复发生,出于本能厌恶的良知将产生退化。这是一种道德本能的退化。从这里来看,弗洛伊德仍然是在退化论的基础上研究道德的。道德发生的偶然性意味着承认道德并非人性发展的必然趋势,它仅是人在一种特殊的矛盾情境中所做的选择。但这种选择仍可能朝着相反的方向进行,也就是退行到完全非道德的阶段。并且,这些过程都是在无意识中进行的,主体以一种自然的本能将那些道德的前状排除在意识之外,“压抑的实质在于拒绝以及把某些东西排除在意识之外的机能”②。这也是为何弗洛伊德在对“无意识”的描述中反复强调它是一种“压抑的无意识”。从某种意义上来说,无意识同时成为“性本能”和“道德本能”的有利的“避难区”。换句话说,“性本能”如果不能发展出健康的客体关系,“道德本能”如果不能发展出主体实在的道德观念,它们最后的落脚点是同时被压抑成“无意识”。问题的关键是这两种不同的本能在“无意识”之中并不是沉寂的,而是形成“无意识”的本能冲突。弗洛伊德说:

> 本能知识如果受到压抑而不再受意识的影响,就会发展成为难以察觉、极为丰富的形式。它像真菌一样在黑暗中分叉,并采取极端的表现形式,它转译和揭示的意义对神经症患者不仅是陌生的,而且是恐怖的,因为它们反映了本能的、异常的、危险的力量。③

以上大概是理解神经症的关键点。自然本能与道德本能同时被压抑到人的无意识领域,在“无意识”之中不停地被分化,形成各种不易察觉的恐怖力量并影响着人的行为方式。最重要的是,这一“本能的冲突”并不是主体的意识所能主导与控制的,它只是自然地存在于“无意识”之中。需要指出

① 〔英〕约瑟夫·桑德勒等:《弗洛伊德的〈论自恋:一篇导论〉》,陈小燕译,北京:化学工业出版社,2018年版,第36页。

② 〔奥地利〕西格蒙·弗洛伊德:《弗洛伊德说梦境与意识》,高适编译,武汉:华中科技大学出版社,2012年版,第21页。

③ 〔奥地利〕西格蒙·弗洛伊德:《弗洛伊德说梦境与意识》,高适编译,武汉:华中科技大学出版社,2012年版,第22页。

的是，“无意识”也体现为一种自然的倾向。可以说它是一种自然的“无意识”，是非逻辑、非理性和非经济的。这种自然而然的性质使得神经症作为疾病更具有客观性。它与文化论者们所谓的“建构性疾病”相比较，拥有更客观的自然基础。

因而弗洛伊德论述的伦理的“自然”并非休谟意义上的自然情感。他本人并不赞成将自然情感当作是伦理的基础，他的目的在于说明宗教禁忌与神经症有着共同的起源，即人因内在的“伦理冲突”和“过分的良知”而产生的罪恶感。弗洛伊德旨在证明神经症与道德良知有着共同的发生学，自然情感与道德情感的对冲后产生的“矛盾情感”是解释神经症的重点。所以，如果仅仅立足于欲望、情感等的自然性来分析弗洛伊德的理论是不准确的。在《精神分析导论》一书中，他多次指出他的理论是非情感主义的。他并非忽略情感的重要性来分析，而是不赞成伦理学中的情感主义理论。无疑，以休谟为首的情感主义学派无法证成自然情感是伦理的基础。即使休谟本人提出“联想法则”以完善情感主义，但终究无法从纯粹的自然情感推出客观的伦理法则，因而无法填补事实与价值之间的鸿沟。弗洛伊德却以“自然本能”与“道德本能”的无意识冲突解释了神经症的发生。

二、弗洛伊德的“道德”概念的三重属性

弗洛伊德早年学习生理学和临床医学，之后从事的是以精神分析为主的临床实践工作。但他在维也纳医学院学习期间，曾经系统地修习过哲学课程，这是他能够综合生理学、心理学和伦理学等知识于一体的主要原因。在他的众多著述中，其实包含有十分丰富的伦理学理论。如《图腾与禁忌》、《文明及其缺憾》、《自我与本我》、《一个幻觉的未来》和《为什么有战争》等著作，他在其中深刻地分析了个体和人类道德的起源、社会道德文明发展中的悖论，以及个体道德人格的结构和发展动力等。这些都是人格心理学的内容。可以说，弗洛伊德虽然是立足于退化论来研究精神病学的，体现出强烈的自然主义色彩，但他的核心内容却又是伦理学的。其中有关人性的描述都综合了生理学与伦理学的理论，伦理学是他在精神分析过程中使用到的主要理论分析手段。在这一节中，我们继续分析他的“道德”概念的三重属性，以更好地理解弗洛伊德理论中的“自然与道德的关系”。

（一）作为道德前状的“道德本能”

在弗洛伊德的理论中，“性本能”是一个标志性的概念，也是他精神分析理论的核心起点。它虽在表征上与性欲相似，但并非人在成年时期的性爱，而是人的一种特殊的“关系性欲求”。正是出于这一欲求，人才能发展出以

人与人的关系为基础的伦理观念。然而，这一欲求虽然是关系性的，却并不具有伦理评价的性质。在“罪恶感”这一道德情感中才包含人的“道德本能”——本能的厌恶，这是与“本能的快乐”相反的本能。正是这两种本能在“无意识”中产生激烈的对冲，造成人精神性的疾病。弗洛伊德将其界定为“自我本能”(道德的)与“性本能”(自然的)发展过程中的冲突，正是这一冲突决定了人内在的精神发展倾向。因而，双重意义上的本能退化是神经症的主要特征，弗洛伊德称之为“精神的内倾”。

须指出的是，“道德本能”并非真实的道德心理，也非已经成型的道德观念，而是一种类似于道德的“道德的前状”。尽管“道德本能”以“罪恶感”为核心，但它并非休谟意义上的道德情感。也就是说，它并不一定发展出人的道德。相反的，它也可能产生退化意义上的结果，导致这一本能最终成为人格发展中的障碍。“道德本能”的偶然性构成神经症病因学解释的核心，但这不足以说明问题，因为“道德本能”与“性本能”存在不同的偶然性。在弗洛伊德对“本能的快乐”的描述中，他并没有规定这一快乐应该有的程度。相反，他虽承认“性本能”的偶然退化，但总体上更肯定它发展的必然性。在对“道德本能”的描述中，因“本能的厌恶”产生的良知是适度的，“过分的良知”才是神经症的起因。这意味着，“本能的厌恶”并非必然存在的，偶然性才是它的主要特点。“性本能”的必然性与“道德本能”的偶然性是弗洛伊德认为的人格发展的合理倾向，任何相反的倾向都会导致本能的压抑，最终产生退化。

弗洛伊德虽然重点指出道德发展的偶然性，但他并没有否认道德发展的可能性，这与进化论伦理自然主义完全否定道德的可能性相比较，具有更强的合理性。“道德本能”一方面揭示了道德发展的自然主义倾向；另一方面又不将这种自然主义倾向规定为决定论的。这意味着，在人的道德发展中，实际上可以形成多种可能性，它不只是单向性的、直线性的发展，而是一种选择性的发展。在“道德本能退化”的成因中，父母道德或社会道德对其造成的影响是至关重要的。弗洛伊德在对社会文明及其缺憾的论述中阐明了这个道理。从某种意义上来说，“俄狄浦斯情结”是他用来说明人内在冲突的一个理论假设，真实目的是用来说明现实伦理关系中的自然倾向对社会伦理规范构建的决定性作用。弗洛伊德指出：

> 在任何一个体系里至少都可以由它的产物(思想的方式和内容)中发现两种理由：一是导致于这一体系的前提假设(常是一套妄想的理

由);其二是隐藏的理由,也是我们确信真正产生作用的物质。[①]

从逻辑上讲,这里的"前提假设"与亚里士多德的三段论是完全不一样的。亚氏的三段论中的大前提必须为真,它代表的是人类已经普遍承认的公理。例如,太阳总是从东方升起、人总是要死的,这些是完全无法推翻、毋庸置疑的客观事实,是真理性的。同时,亚氏中的小前提也往往是不言而喻的客观事实,常作为论证的坚实有力的证据以证明结论。但弗洛伊德不是从亚里士多德的形式逻辑出发来进行论证的。这意味着,他所试图建构的理论并非基于逻辑推理得出的,而更像是一种理论假设。这种理论假设在某种意义上带有类比的性质,将隐藏在心理结构中的某种东西进行类比性的描述,以找到人性自然与客观伦理之间的共通性。基于这样的认识,我们认为,"俄狄浦斯情结"与社会客观伦理之间就存在着这样的类似关系。也可以认为,如"俄狄浦斯情结"一样,图腾、禁忌等也可以成为一种思想观念产生前的理论假设,它们即社会客观伦理产生的基础。或者说,它们是人类社会规范性道德观念产生的前状。

然而,大部分研究者只看到"俄狄浦斯情结"中"性本能"的作用,却未能对其中的"道德本能"及其与"性本能"的冲突进行分析,更无法察觉到其中以亲子关系为原型的社会伦理发展的规律。可以说,"俄狄浦斯情结"作为一种伦理假设,它背后隐藏着的是以两种不同的亲子关系为原型的社会伦理规范:一种是与异性父母之间的关系,这是一种本能的吸引,是以人的"关系性欲求"为基础的自然发展倾向。人是基于这样的自然本性发展出与客体的关系,这是一种因"本能的快乐"而产生的心理动力,弗洛伊德称之为"性本能"。另一种是与同性父母之间的关系,这是一种天性的排斥或厌恶,也就是我们在前文中所分析的"本能的厌恶"。它产生的是一种敌对关系,是人性中邪恶的部分,道德便是对这一邪恶产生的本能罪恶感。问题的关键是,这两种本能并不是单纯的快乐和厌恶,而是欲望和罪恶交织在一起后产生的心理冲突。也就是说,人一方面对其十分惧怕;另一方面又对其十分渴望。正是在极其矛盾的状态中形成人的真实道德心理。弗洛伊德分析了原始民族的各种禁忌,它与神经症拥有类似的心理结构,他这样描述:

当人们在自己的潜意识里所渴望而又十分惧怕的情况十分符合外

---

① 〔奥地利〕西格蒙德·弗洛伊德:《图腾与禁忌》,文良文化译,北京:中央编译出版社,2015年版,第157页。

在环境所表现出来的体系时，则这种对行动的禁忌（例如不能行走或旷野恐怖）将愈来愈厉害。……因此，任何尝试去了解旷野恐怖症状的复杂性和细节的企图必将徒劳无功而完全失败，因为整个解释结构的严密和系统性都是表面的而已。①

“杀父”即对人性邪恶的一种隐喻，但它只是人性的一种表象，隐藏在它背后的是人性中既渴望又惧怕的矛盾本性。这意味着，研究“道德本能”必然不能局限于事物的表象，而更应该从这些表象中分析出事情的本质。比如对梦境的分析，必须能够洞察到蕴含在其中的象征性意义。因为“道德本能”包含了两种相反的倾向：一种是表象上的极度恐惧或排斥；另一种则是隐藏在背后的极度渴望。如果只是立足于前者来分析，必然完全地误解了隐含在其中的真实意义。例如禁忌，从表面上看，它是人人都不能触碰的东西，隐藏在背后的真实意义却是：它是人人都想要得到的。以此类推，“杀父”和“娶母”从表面上来看是人人都惧怕的，但实际上又是人人潜意识中都想要做的。这样的道德隐喻看起来十分荒谬，但弗洛伊德只是以一个希腊神话的经典陈述作为他建构精神分析理论的“整体背景”，他的用意就在于说明隐含在“道德本能”中的矛盾性。

弗洛伊德提出过众多的本能，如性本能、营养本能、爱本能、死本能和自我本能等。“道德本能”与“自我本能”是一回事，只是如果我们使用“自我本能”来表达更容易产生歧义。我们要说明的是这一“本能”包含的与其他本能不同的特征——矛盾性。可以说，如果不抓住“道德本能”的这一本质特征，就无法更好地理解弗洛伊德的整个理论体系。他描述的很多本能是没有这一特点的，也就无所谓道德。例如，受烈火烧灼手自动缩回来这样的本能，它本身不产生任何矛盾性，因而也不需要在这样的事情上建构任何道德用以规范人的行为。而人类所考虑建构社会伦理规范的地方，一定是充满本能矛盾的地方。

（二）道德心理

“道德本能”如“性本能”一样，只是人性发展的一个倾向，它本身并不构成任何道德的事实。“道德本能”不必然地发展出人的道德，“性本能”不必然地发展出正常性欲。它们在特殊的时候共同面临退化，被压抑到“无意识”之中，形成人的精神性疾病。因而“道德本能”只是一种道德的前状，它与人的道德

① 〔奥地利〕西格蒙德·弗洛伊德：《图腾与禁忌》，文良文化译，北京：中央编译出版社，2015年版，第159－160页。

观念或道德心理、社会的道德文明是截然不同的。“道德本能”是弗洛伊德论述“道德”概念的第一种形式，第二种形式即被认为是心理事实的“道德心理”。“道德本能”是不包含任何价值评价的，尽管它本身包含极度的矛盾性——从表面上来看，它包含人性的善，实质上却又隐含着人性极度的恶。但弗洛伊德并不赋予这样的善恶以真实意义，仅认为它们是人性中自然的可能性。

道德心理是基于心理的现实而产生的，它是人在生活中所经历的真实事件在心理上造成的影响。这种生活事件常被赋予一定的道德评价意味，无论它本身有没有道德含义。这种被赋予的东西会对主体的心理造成严重影响，并同时影响着主体的人格发展。因而对于神经症来说，“心理现实乃是决定性因素”，它是真实的生活事件在人心理上留下的记忆或经验。弗洛伊德认为，在神经症患者早期的生活事件中有几样值得特别注意：(1)窥视父母的性交；(2)为成人所引诱；(3)被阉割的威胁。儿童玩弄自己的生殖器而不懂得隐蔽这种动作，父母常常将“威胁”当作是正确的教育方式。“许多人对这种威胁有一种准确的意识记忆，特别是这种事情发生于晚一点的时期更是如此。……在成人的暗示下，儿童知道自淫满足是为社会所不容的”①。凡此种种，有些是客观存在的事实；有些是儿童在无法理解的“客观事实”的基础上所虚构的东西；还有些是儿童用自己的经验所无法应付的“原始幻想”。弗洛伊德着重地解释了这一“幻想”。“儿童期的引诱，窥视父母性交引起性的兴奋，以及阉割的恫吓(或阉割本身)，这些在人类的史前时期都是事实。儿童在幻想中，只不过是用史前的真实经验来补充自己的经验”。“性本能”遵从唯乐原则，幻想使得欲望得到满足并引起快乐，使得“性本能”暂时逃脱现实的检验，享受着不受现实所束缚的自由。幻想如同个体所创造的“精神王国”，是可以自由发挥的“保留地带”和“自然花园”，“目的在于保存那些任何地方因必要而不幸被牺牲了的旧有事务。……幻想和精神王国也正是这种从现实原则那里夺回的停留区”②。

从以上来看，道德心理尽管也无法脱离生活中的客观事件产生，但它并非基于理性对客观事实做出的价值评价，仅仅是一种遵从“性本能”或“快乐原则”的主观心理。因而它实质上是脱离事实的。那么，为什么要称之为道德的呢？因为这一心理仍然包含有道德上的意义，只是这样的道德既非客观的道德事实，也非主观的道德情感，它只是一种不确定性极高的主观心

---

① 〔奥地利〕西格蒙德·弗洛伊德：《弗洛伊德文集 4》之《精神分析导论》，车文博主编，长春：长春出版社，2004 年版，第 216 页。

② 〔奥地利〕西格蒙德·弗洛伊德：《弗洛伊德文集 4》之《精神分析导论》，车文博主编，长春：长春出版社，2004 年版，第 217 - 218 页。

理。这种心理常常是外在的一些力量所强加的，比如父母的威胁或社会的压力。于未成年的儿童来说，这种心理常常来自父母不正确的教育方式。而对于原始人来说，类似的道德心理常常源自对自然的无知。这两者存在着一定的相似性，都是在主体极度无知的情况下产生的非理性状态。可以说，由于父母的威胁而产生的罪恶感与原始人由于对自然的无知而产生的恐惧具有相似的原理。它们并非基于理性思考得来的道德知识，而是基于本能得来的道德心理。无疑，在弗洛伊德看来，这种道德心理在人的童年时期或人类的幼年时期都产生过极其重要的作用。并且，它几乎影响着人一生的道德人格发展。弗洛伊德提倡，要立足于童年时期的一些经历来展开精神分析。因为他将这些童年时期的心理看作是对人格发展具有决定性意义的东西，并将其定义为“童年的心理创伤”。

须指出的是，尽管“道德心理”与“道德本能”相比较更具现实性，但它仍不是客观的心理事实，而是沉淀在“本能无意识”中的心理倾向。从某种意义上来说，它并非基于理性产生的成熟的、稳定的心理倾向，仅是一种被压抑到无意识中的非理性状态。与作为道德前状的“道德本能”相比较，它在表象上更接近客观的道德事实，在本质上却与“道德本能”更接近。因为它尽管是在父母的威胁或社会的压力基础上产生的，却并非与社会需求相适应的道德观念，只是一种主体主观上产生的应该或不应该的心理倾向，本质上仍遵从本能的快乐法则。

可以说，在快乐主义的基调下，弗洛伊德提出了一系列的心理事实，比如压抑、焦虑、挫折等，它们共同构成人童年时期的心理创伤，其中充满了人在幼年时期对道德的惧怕。无疑，人在童年时期形成的道德心理，并非基于客观的道德事实形成的内心道德信念，也并非基于客观道德法则的内化而产生的内在自主、自律的道德意识，它仅仅是主体基于一定的生活经验留下的道德臆想，进而产生的与“性本能”冲突的不良心理。道德心理在表象上体现为主体内在过分的道德良知，在本质上是主体因自身夸大的外在道德压力或约束而产生的压抑、焦虑或挫折等心理现实。一般认为，从弗洛伊德的本能快乐论来看，道德于人的发展来看并无积极作用，它造成的仅仅是本能的压抑，进而造成人的心理病态。弗洛伊德论证精神病产生的核心根源即个体的自我道德发展与本能发展的冲突，因而道德心理是一种于个体的人格发展不利的东西。这意味着，弗洛伊德仅仅将道德看作是外在于人的法则，不将道德看作是人内在的、目的性的需要①。一个不可忽略的事实是：

① 姚大志：《弗洛伊德主义与道德心理学》，《吉林大学社会科学学报》1997年第6期。

这些观点并未太多地尊重弗洛伊德本人的意思。弗洛伊德仅仅是立足于人童年时期的心理创伤来探索精神病的起因的，而非立足于一般的心理形成理论。他认为，人在早期的一些心理经验和人类在早期的一些心理经验具有类似的作用，即因为对“自然”（内在自然和外在自然）认知的不足而产生一些影响其人格发展的道德心理。它们的共同特点就是因主体内在过分的良知而产生“罪恶感”。

在第一章中我们已经分析了“罪恶感”这个概念。在这里，只意图说明“罪恶感”才是弗洛伊德要论证的一种重要的道德心理。精神病的真正起因是主体内在的罪恶感。那么，这是一种什么样的道德心理？先秦儒家的孟子也讲人的羞耻心，他说：“羞恶之心，义之端也”（《孟子·公孙丑上》）。在孟子看来，人天生就具备内含道德意味的四心，然后产生仁、义、礼、智等四端。这是人内在本来就有的道德意识，不需要产生任何道德冲突就可以将其扩充为人内在的良心。因而孟子的羞耻之心是人内在的一种道德力量，是人的一种先天的道德本能。它类似于人先天就拥有的“道德种子”，不需要太多外在力量的干预就可以自己发展成为向善的动力。因而儒家的羞耻感从一开始就是积极的、正向的，它体现为人的道德良心，是人的高尚的道德人格形成的动力机制。然而，弗洛伊德提出的“罪恶感”也体现为一种道德心理，它却无法成为人道德发展的动力。从某种意义上来说，它只是人作为个体存在和作为类存在的早期因过分的良知而产生的性本能压抑。因而这种“罪恶感”本质上与客观世界的任何道德意识形态并不存在真实的关联，它只是人在自我错误的道德认知观念中形成的对“性本能”的否定意识。因而，罪恶感与个体的道德认知有关，但并不是真正意义上的道德心理，它常常源自人童年时期因父母的责骂或社会的某种规训惩罚而产生的性冲动的压抑心理。因而罪恶感本身并不体现为道德，而是个体主观的道德感知留下的心理现实。它有可能与现实的道德无关，甚至和现实道德完全相反，因为人类社会任何时期的道德都不否定人的性需求及两性关系存在的合理性。相反，基于人类繁衍本身的需要，两性关系常常被放置于非常重要的位置。

因而，弗洛伊德早期的理论并不将“罪恶感”看作是一般的道德心理，也不讨论个体一般的道德心理发展机制，他只是试图说明儿童时期的心理创伤的真实来源，以及它在精神病病症形成中的关键作用。因而，弗洛伊德意义上的“道德心理”虽然也如先秦儒家的羞耻感一样形成一种内我意识，但它不体现为一种道德自我或道德人格，而体现为一种“病我”心理意识。这种意识的产生机制便是因外在的道德压力而形成的内在良心上的焦虑与不安，并进而形成一种与“性本能”的发展力量相对冲的抵抗，在自我的内部产生一种力量强大的“心理冲突”。无疑，这种冲突的力量是极其强大的，以至于在主体的内部形成性本能的退化力量，但它也是极其主观的。总体上，弗洛伊德并未试图论证这种基于主体早年时期错误道德认识的心理意识是否会随着年龄的增长而减退。相反，他试图论证的是这一植根于人的本能无意识的心理对人的精神造成的压抑，以至于部分个体产生精神内部的退化并形成病症。尽管在弗洛伊德后期的理论修正中，他提出了一般意义上的本我、自我和超我的人格结构理论，试图将本我与自我之间的冲突定义为一种一般的心理冲突，但他的这种研究转向并未使得他免受学界的批判。相较于他对个体内在“病我”的道德心理描述，弗洛伊德一般意义上的道德心理发展机制仍然难以被认为是科学的。在更大的程度上，弗洛伊德对道德心理的描述，其目的在于论证由性本能压抑产生的性本能退化的发生机制，这才是他建构其精神分析理论的真正着力点。如果缺乏这一理论前提，精神病的产生就缺乏应有的科学基础，相应地缺乏应有的解释力。

（三）社会道德文明

弗洛伊德的“道德”概念的第三种形式是“社会道德文明”。在《文明及其缺憾》一书中，他集中地讨论了现代社会文明对人性自然造成的压抑。总体上来说，他对现代文明的态度是不乐观的，尤其不满于各种现代技术文明带来的社会负面效应。在他看来，现代社会的技术文明极其地损害人的自然本能。因而在他的精神病学中，以社会道德文明为形式的“道德”对人类精神状况的影响和导引是至关重要的。需要指出的是，“社会道德文明”并不局限于客观的社会伦理规范，或以各类文化为主的精神文明形式，而是包括一切物质文明在内的宽泛意义上的文明。在第一章中，我们已经探讨了人与“外在自然”、“内在自然”的不同关系。前者在本质上体现为人与物质世界的关系，后者体现为人与内在精神世界的关系，两者共同构成人与自然的关系。这里必须指出，弗洛伊德的文明观中仍包含这两种不同的维度。从他所批判的“文明的缺憾”中可以得出，他对现代人所创造的物质文明抱有消极态度。在人与外在自然的关系中，人因过分的征服和利用而丧失了正确的价值观念，在根本上损害了人与内在自然的关系，导致人的精神出现了严重问题，甚至产生社会性的精神疾病。

弗洛伊德生活在一个新科学迅速崛起的时代，各种新型的科学理念影响着人类的生活，也深刻地影响到医学的发展。他早期的研究是以生理学为主的，后来转向临床医学，其研究旨趣是人的精神性疾病与治疗。这种治疗以单个病人的实际病症为研究对象。因而他除了基础理论研究之外，还撰写了很多临床个案分析，如《少女杜拉的故事》和《达·芬奇的童年记忆》等。但从他晚期的作品来看，他的理论已经偏向哲学和心理学领域，更多地关注人作为类存在的精神健康状况。除此之外，他不局限于精神病来研究人性中的"自然与道德的关系"，更多地偏向个体道德人格的形成和健康。在前文中，我们已经分析了弗洛伊德的"道德本能"与"道德心理"概念，它们都是个体主观意义上的道德。与客观实在的社会道德相比较，它们只是道德的前状，或类似于道德的主观心理，实质上仍处在自然本能阶段。与它们不同的是，"社会的道德文明"既非主观的道德心理，也非客观的道德原则，而是客观的道德事实。它虽然以文明的形式出现在人类生活中，但它并非文化建构性的，而是人在改造自然世界过程中积淀的客观自然事实。它是否符合道德或代表道德发展的正确方向，仍需要立足于"自然与道德的关系"来分析。这应该是弗洛伊德建构精神分析理论的总的基调。

在对现有社会道德文明的分析中，弗洛伊德始终保持中立。他既不过分地夸大科学对世界的改造作用，也不过分地夸大道德力量对世界的影响，而试图在两者之中选取一个合适的度，引导社会发展出有利于人格健康的文明状态。尽管如此，弗洛伊德仍不放弃对现代文明做出批判，他指出，现代科学技术带来的文明进步并没有在根本上使人幸福，相反，在人的自然本能和社会道德文明之间产生严重对立。现代文明不但没有使人变得更健康，反而引起各种精神性疾病，他称之为"社会神经病"。并且，他认为有必要为社会提供一门"文化集体的病理学"①。他的理由是：科学技术带来的只是"廉价的享受"，本质上无异于寒冷的冬夜把大腿裸露在被子外面再抽进来得到的那种享受。因此，如果没有铁路征服距离，孩子就永远不会离开家乡，父母也就无需打电话听他的声音。如果生活艰辛无乐趣以致人们只想以死来解脱，寿命长就没有任何好处②。有学者认为，弗洛伊德的"文明"概念标志着人性超越自然的升华，却以规则对人性之本能的压抑为代价。文明一方面使得人控制了自然力量以获得生存需要的知识和能力；另一方面又在各种人际关系调节和物质资源分配的规则中压抑了自然本性③。文明对人性的压抑首先体现在人必须联合对抗自然才能生存，是以丧失个体自由为代价的。其次，社会文明发展中形成的各种禁忌、法律和风俗等，在本

---

① 〔奥地利〕西格蒙德·弗洛伊德：《文明及其缺憾》，傅雅芳、郝冬瑾译，合肥：安徽文艺出版社，1987年版，第97页。

② 〔奥地利〕西格蒙德·弗洛伊德：《文明及其缺憾》，傅雅芳、郝冬瑾译，合肥：安徽文艺出版社，1987年版，第30页。

③ 高力克、顾霞：《"文明"概念的流变》，《浙江社会科学》2021年第4期。

质上对人的自然本能造成限制。最后，为了维护人类和平，还必须以压抑人的“进攻本能”为前提。总之，在弗洛伊德的视界里，社会道德文明只会导致本能的压抑，最终导致各种神经症，本质上牺牲了人的健康。

在《文明及其缺憾》一书中，弗洛伊德不只是研究个体的精神病态，他还将植根于人性中的伦理冲突从个体的人扩展到整个社会。社会的道德文明是人类作为整体存在的理性，它是“群体性自我”的根本体现。归根到底，人无论作为个体存在，还是作为群体存在，都需要协调本能发展（自然）与自我发展（道德）的矛盾，否则，就会产生严重的精神性疾病。不得不承认，弗洛伊德也将社会的道德文明看作是一种矛盾存在。这与他对道德本能、道德心理的界定类似，他承认这三者的内在一致性。社会道德文明对人也并非只有压抑作用，它从一开始就是两面性的：一方面，人需要依靠各种社会道德文明组成更完善的社会，形成对抗自然的强大力量，以此作为自身安身立命的基础；另一方面，人又在各种文明中逐渐丧失了自然本能，造成各种精神上的压抑或扭曲。因而人不得不要思考社会文明应该有的形式，不得不去寻找文明发展的本质规律。弗洛伊德指出，群体性精神病与个体精神病存在根本区别，前者必须立足于人类文明和社会结构等展开分析，后者只要立足于个体的精神状态进行分析。另外，个体的精神病界定常以社会整体为参照，界定一个人的精神是否正常，是以社会中绝大部分的其他个体（被认为是正常的）为参考标准进行的。对于群体性精神病的界定，因为缺乏合适的参照标准而尤其困难。精神分析很难说服社会整体相信他们都有病，除非能够提供另一个所谓的“健康群体”作为参照，否则，将显得十分荒谬而又徒劳无功。弗洛伊德说：

> 我不认为把精神分析转用于文化集体这种企图是荒谬的，或者说是法定没有成效的。……再者，对集体的神经病的诊断面临着一个特殊的困难。在个人的神经病中，我们把使病人和他所处的、被认为是“正常的”环境区别开的对照作为出发点。而对一个集体来说，它的所有成员都患有同一个失常症，但却不存在个体神经病那样的环境，它也许能在别处发现。①

尽管弗洛伊德承认社会性精神病与个体精神病存在类似之处，但无法

---

① 〔奥地利〕西格蒙德·弗洛伊德：《文明及其缺憾》，傅雅芳、郝冬瑾译，合肥：安徽文艺出版社，1987 年版，第 96 页。

使用同样的方法来分析。社会性精神病有它十分特殊的地方，如果社会整体的人不能正视植根于自身文明中的病态，就完全无法触及这一精神病态的本质。换句话说，“正常的”或“不正常的”都是假定人的精神存在这样的差别才成立，如果缺乏对“正常的”的界定，所谓的“不正常的”在逻辑上就难以成立。临床上对个体精神病的界定是假定社会上的其他人都是“正常的”，如果缺乏这一参照标准，精神病的界定就会十分困难，精神病学也很难成立。这意味着，尽管弗洛伊德立足于生物退化论论述了精神病的病理机制，但他不将自然理论简单地应用到人的精神领域。在他看来，社会道德文明一方面使得人摆脱了自然倾向，形成更团结一致的统一体；另一方面使得人在与自然分离的过程中丧失了个性，这是人在发展过程中产生的自然属性与道德属性之间的深刻悖论。

但是，弗洛伊德仍不放弃对本能的坚持。他始终认为，无论是作为个体存在的人，还是作为类存在的人，都要认识到人的发展须以尊重本能为基础。这不仅是单个人趋向完善的前提，也是家庭、种族和国家等“共同体”成立的前提。弗洛伊德说：“我倾向于这样一种思想，就是文明是人类所经历的一个特殊的过程，并且我仍然受这一思想的影响。我现在再补充一点，就是文明是为厄洛斯服务的一个过程，它的目的是把人类单个的人，然后是家庭、种族、民族和国家结合在一个大的统一体中，即人类的统一体中。”①不难看出，弗洛伊德仍将社会的道德文明当作是人类存在的基础。如果缺乏它，各类形式的共同体的统一将会受阻，整个人类社会的发展进程也会受到影响。虽然在“本能的发展”与“文明的发展”之间存在着悖论，并且，现有的文明常以牺牲人的本能发展为代价，但是，社会道德文明的发展进步仍是至关重要的。因此人类须谨慎地、以尊重人的本能发展为前提去发展社会文明，只有这样才能解决人的自然本性与社会道德发展之间的矛盾。

三、弗洛伊德论“自然与道德关系”的三种不同状态

自摩尔在《伦理学原理》一书中提出“自然主义谬误”之后，伦理学界开始对“自然主义”进行各种批判。弗洛伊德自始至终都在强调“本能”概念对理解精神疾病的重要作用，这导致众多批评者们认为他本质上是自然主义的。但实际上，他的本能论不仅包括自然的“性本能”，也包括含有伦理意味的“道德本能”。我们认为，弗洛伊德在根本上既不支持进化论伦理学的“自

① 〔奥地利〕西格蒙德·弗洛伊德：《文明及其缺憾》，傅雅芳、郝冬瑾译，合肥：安徽文艺出版社，1987 年版，第 69 页。

然决定道德”的范式，他也未曾承认过客观伦理学中“道德决定自然”思维的科学性，他终其一生在努力调和自然和道德的矛盾，试图以尊重人的本能发展为前提统领人类共同体的发展。在“自然与道德的关系”上，弗洛伊德并不支持任何一方对另一方的决定性作用，他始终以一种动态发展的理念分析两者的互动关系。人无论是作为个体存在，还是作为类存在，幼年时期的思想萌芽对其一生的精神发展都极为重要。弗洛伊德是以人童年时期的本能发展为核心展开论证的，童年心理创伤对于个体精神病的解释十分关键。因此，必须分阶段来解读弗洛伊德关于“自然与道德关系”的论说：第一阶段是人在幼年时期体现出的“自然决定道德”的状态；第二阶段是人在理性的成年时期体现出的“道德决定自然”的状态；第三阶段是人应该有的“自然与道德和谐发展”的状态。

（一）“自然决定道德”的状态

一般的研究者只看到弗洛伊德的“性本能”中的自然倾向，未能从“俄狄浦斯情结”中的“杀父”（罪恶感）和“娶母”（性本能）的矛盾中去分析精神病产生的病因。这恰恰是本书的核心主题，主要立足于这一矛盾分析精神病的成因。如果仅笼统地认为人在发展中存在“自然决定道德”的状态，必然使得整个理论陷入肤浅。弗洛伊德虽然也以退化论为基础，但他并不像退化论者那样将“退化”当作是必然趋势，只承认“退化”是一种偶然的可能性，其结果是“自恋”、“本能的固着”和“升华”。

然而，弗洛伊德虽不将精神病归因于人体脑部的退化，却一直使用“本能的退化”来解释精神病。在他看来，无论是“性本能”的退化，还是“道德本能”的退化，都是自然趋势。如果只局限于个体理解本能自然，必然陷入狭隘的自然主义思维。但实际上，在《图腾与禁忌》中，他详细地分析了历史上不同宇宙观的形成，从泛灵时期到宗教时期，再到科学时期，决定人的观念的是对自然的认知及与自然的关系。无疑，在人类的早期，对自然的极度无知造成人陷入“思想的全能”状态，原始人凭借对自然的想象建构“自然知识”。尽管是脱离自然事实的，并非对客观物质世界的真实描述，但这些想象构成人类丰富的精神世界，并因此建构起符合自身需求的社会伦理道德。弗洛伊德从人类早期思想的起源中找到与个体道德起源的相似之处。人无论是作为类存在，还是作为个体存在，其精神容易因幻想退化到本能的自然状态，这是一种“海洋般浩渺的感觉”[①]。这也是一种人与“外在自然（客观物

① 〔奥地利〕西格蒙德·弗洛伊德：《文明及其缺憾》，傅雅芳、郝冬瑾译，合肥：安徽文艺出版社，1987年版，第2页。

质世界)”没有完全分离的状态。这种感觉在人发展的早期和精神的病态中可以找到,它实际上是“自我”与“本我”未完全分离的状态。此时的“自我”没有办法分清楚它与外部世界的界线,甚至无法分清楚我与“我的部分”之间的界线,无论是身体的还是精神的。因而,弗洛伊德是立足于“外在自然”来谈人的思想起源的,人的精神不过是通过感官把握外在物质世界的结果。在人的主体性还不十分发达的情况下,人的意识与“外在自然”是无法完全分离的,人并不能够作为独立的主体存在于自然之中。只有当人的主体性发展到一定程度之后,这种完全被对“外在自然”的感性认知所决定的意识才会消失,形成更符合客观自然事实的理性认识。理性只能出现在人类以科学世界观为价值主导的成熟时期,此时人对自然的把握是完全以尊重客观自然事实为前提的。人首先实现了自身与“外在自然”的分离,然后再从对“外在自然”的科学认知中建构起符合自然规律的伦理道德观念。因而从人作为类存在来看,无论是科学时期,还是前科学时期,人的思想的形成都无法脱离外在的客观自然事实。

尽管如此,在弗洛伊德对“科学世界观”的描述中可以发现,他并不对其抱十分乐观的态度。他说:“人类的科学思想还很幼稚,也存在着许多它至今无能为力的问题。以科学为基础建立起来的世界观除去对外部世界的强调之外,其性质多半是消极的,如服从真理、拒绝幻觉等。”①弗洛伊德所谓的“科学世界观”仍然是一种立足于人与“外在自然”的关系建立起来的不成熟的世界观。它的目的“在于寻求符合于现实或不依赖我们而存在于外界的东西,也就是由经验看来,与我们的欲望满足或挫折有决定性关系的事物。而与现实外界符合的便被我们称为真理”②。可以看出,“自然决定道德”的状态实际上是人与“外在自然”未完全分离的情况下产生的。即使是新科学时代,人类已经找到了各种认知自然世界的科学方法,实验的或实证的,但仍然局限于对“外在自然”的探索。弗洛伊德并不认为局限于对“外在自然”研究的科学真地反映了科学的现实,他更主张利用科学的方法研究人的“内在自然”。尤其是他创建的精神分析方法,在他看来,就是研究人的“内在自然”的最科学的途径。尽管不少的其他人认为此方法相当荒谬,但他自己从来不放弃对精神分析的信仰。

在弗洛伊德看来,尽管哲学和宗教也研究人的心灵和理性,研究人的认

① 〔奥地利〕西格蒙德·弗洛伊德等:《心灵简史——探寻人的奥秘与人生的意义》,陈珺主编,高申春等译,北京:线装书局,2003 年版,第 146 页。

② 〔奥地利〕西格蒙德·弗洛伊德等:《心灵简史——探寻人的奥秘与人生的意义》,陈珺主编,高申春等译,北京:线装书局,2003 年版,第 142 页。

知能力，但它们所使用的方法论是不科学的。哲学的思辨让人陷入枯燥的概念分析和逻辑推理，未能通过实际的观察和实践深入地洞察人的情感和欲望的本质。宗教中的思想状态仍然相当于人类的童年时期，他们对自然的认知极为有限并急切地想要找到一个可以依赖的“父亲”角色，以此来消除他们对自然的恐惧。真正的科学需要从“外在自然”转向对“内在自然”的研究，立足于人本身的各种欲望、需求、情感和理性等展开，因为这些才是人与“外在自然”建立起关系的真正动因。如果缺乏对“内在自然”的科学研究，就无法保证人的理性能够朝着正确的方向发展。他说：“我们对于未来最大的希望在于求理智——科学的精神或理性——终究能够统治人类的心灵。理性的性质在于这样一种保证，它以后不会忘记给予人类的情感冲动及其所决定的东西以它们应得的地位。但是，这种理性统治所实行的普遍控制，将证明它是团结人类的最有力的纽带，并将引导人类走向进一步团结。”①可以看出，弗洛伊德仍然是理性主义的，但他不主张只对人的理性做概念性的分析，而是运用理性控制人与“外在自然”、“内在自然”的关系，尤其是尊重人的理性发展过程中的那些非理性的东西，如情感和欲望等。这在弗洛伊德的整个精神分析理论中处于核心的地位。“无意识”即对人的非理性状态的总的描述，既是他的精神病学建构的整体背景，也是他的人格发展理论框架建构的逻辑起点。

我们接着讨论弗洛伊德的“无意识”的自然性质及其对道德的作用。无可否认，“性本能”与“道德本能”的自然状态都是无意识的，这是人本身拥有的非理性状态。这里所指的“自然决定道德”的状态，虽然以本能的自然对人性发展的决定作用为核心，但正如前文中指出的，它的作用并非必然的。“性本能”作为一种“关系性欲求”如果发生退化，仍然存在着“自恋”、“本能的固着”和“升华”三种可能结果。“道德本能”从一开始就是选择性的，它并不必然地发生在人格形成的过程中。也就是说，在弗洛伊德的理论中，人的道德的形成从发生学来看并不是必然的，而是偶然的。无论是人类道德的发生还是个体道德的发生都如此。弗洛伊德的精神分析理论的精髓就在于他提出的神经症或道德的发生学，在本能的作用下，它们的发生完全是无意识的。可以说，弗洛伊德提出的“自然决定道德”的状态不指“外在自然”，也不指“内在自然”，而是本能作用下的“无意识自然”。无意识代表人的非理性，它与人受意识控制的理性形成鲜明的对比。

---

① 〔奥地利〕西格蒙德·弗洛伊德等：《心灵简史——探寻人的奥秘与人生的意义》，陈珺主编，高申春等译，北京：线装书局，2003 年版，第 143 页。

如果不对弗洛伊德的理论做出阶段性的分析，过分夸大“无意识”的作用是不可理解的。实际上，以非理性为特征的“无意识”状态主要发生在人格形成的早期退化中，这种状态只在人的精神领域才能找到。他说：“在一个成年人身上是找不到胚胎的。童年的胸腺在青春期被结缔组织代替后就消失了，……只有在精神中，早期阶段和最后的形态才有可能并存；我们不可能形象地描述这种现象。”①从这里来看，弗洛伊德并不主张生理意义上的退化。在他看来，生理退化是很难发生的，各种器官在人成年后都已经完成了组织形态上的变化。这和他反对从脑部的退化去寻找精神病的病因是一致的。但精神的退化是可能的，并且精神退化常体现为部分的。也就是说，人的精神在发展的过程中，有一部分退化到早期状态并形成病症。并且，这一部分和其他发展成熟的部分是可以并存的。精神病学恰恰就应该立足于这一退化到早期状态的“部分”来研究，也正是这一“部分”的特殊性决定了不能按照理性的正常状态来寻找原因。在弗洛伊德所提出的“性本能”、“俄狄浦斯情结”和“无意识”等概念中，都包含对这一特殊性的描述。尽管他多次提出这一现象很难被形象地描述，但他还是尽其所能地去解释。这恰恰就是精神病难以被解释的地方，人的精神中的某一部分还停留在早期的自然状态中，这是人与客观世界还未能完全分离、完全以自我满足为目的的原始状态。也正是在这一原始状态中，形成了“性本能”与“自我本能”的无意识对冲，它是人的精神病态产生的根本原因。

（二）“道德决定自然”的状态

弗洛伊德的精神病学因过多地强调“性本能”而被定义为自然主义的，在一定程度上，可将弗洛伊德对人性的理解归为生理性的或生物性的。但实际上，除了对精神病的发生学研究更多地强调本能自然的决定性作用之外，弗洛伊德都是立足于“自我”和“超我”等具有浓重道德意味的概念来研究人格结构的。尤其在他晚期的作品中，他逐渐地跳出了临床治疗的分析框架，向一般的哲学、心理学靠拢。或者说，他以一般意义上的人的精神病态为研究对象，试图对整个人类的精神状态做出分析，弗洛伊德称之为“社会精神病学”。可以说，矛盾性和选择性是弗洛伊德赋予道德的一些基本特征，无论是对“道德本能”和“道德心理”的描述，还是对“社会道德文明”的批判，他都十分地强调其中的矛盾性。在他的视界里，道德本身就不是必然性的，它在根本上是人类根据社会需求制定的一些法则，只是为了限制某些人

---

① 〔奥地利〕西格蒙德·弗洛伊德：《文明及其缺憾》，傅雅芳、郝冬瑾译，合肥：安徽文艺出版社，1987 年版，第 10 页。

类共同的、看似不合理的欲望。于整个社会的发展来说，这些限制是有利的；对于个体来说却是极其有害的。在弗洛伊德对现代技术文明的批判中，他着重指出过分以社会发展需求为目标的文明形式对人性自然造成的压抑。因而在他的精神分析理论的整体架构中，他所要揭示的是"道德决定自然"带来的不良后果。

然而，"道德决定自然"却是人生存的常态。客观的社会道德是以人的理性和知识为基础的，它已经成为植根于人的意识领域的痛苦。弗洛伊德指出造成人精神上极度痛苦的三个主要根源：(1)自然相对于人存在的优势力量；(2)人类肉体存在相对于自然的软弱无力；(3)调节家庭、国家和社会中人际关系的规则的缺乏。他说：

> 我们必须承认这些痛苦的根源，并且服从于这些不可避免的东西。我们永远不能完全控制自然；我们肉体的有机体本身就是自然的一部分，它永远是昙花一现的构造物，它的适应能力和成功的能力是有限的。承认这一点并不使我们悲观绝望；恰恰相反，它指出了我们活动的方向。①

在以上三个根源中，前两个是人无法克服的。人永远无法摆脱自然而独立存在，因为人的肉身便是自然的一部分，必须依赖自然才能生存。这决定了人是没有办法完全与自然分离的，人只能依靠与自然的和谐关系求得生存，而不是控制或操纵自然。弗洛伊德实际上点明了"外在自然"对人存在的决定性作用，但承认人自身能力的有限性不等于放弃人的主体性，而是在人与自然的关系上确立正确的价值观。弗洛伊德的真实用意是将科学研究的对象引向人的身内自然。既然客观物质世界是人所无法完全征服的，人应该尽可能地立足于身内自然来进行研究。现代科学体现为一种狭隘的世界观，局限于物质世界展开研究。真正的科学研究应该转向人自身，以人的身内自然为研究对象，以精神分析为主要研究方法，这样才能根据对人"内在自然"的把握解决人意识中的深层次痛苦。而不是仅依靠改造"外在自然"来满足身内无止境的欲望，最后成为被各种现代技术所操纵的"奴隶"。

弗洛伊德指出，在现代文明社会中，"道德决定自然"已经成为人生活的

---

① 〔奥地利〕西格蒙德·弗洛伊德：《文明及其缺憾》，傅雅芳、郝冬瑾译，合肥：安徽文艺出版社，1987年版，第27页。

常态，人在各种看似合理的规则中逐渐地失去了本能的快乐。人的道德理性一方面使得人的主体性不断地提升，人因为与自然的分离而赢得了独立的地位和自由；另一方面，人也因为过分的道德理性而失去了本该有的快乐。享乐主义是植根于人性中不变的法则，他说："从最严格的意义上说，我们所说的幸福（相当突然地）产生于被深深压抑的那些需要的满足。而且从本质上讲，这些幸福只可能是一种暂时的现象。当快乐原则所渴望的某种状况所延长时，它就只能产生微弱的满足。我们的天性决定了我们的强烈享受感只能产生于对比，而不能产生于事物的一种状态中。"①弗洛伊德甚至引用歌德的诗句来形容人的这一本性："没有比长时期的风和日丽更难忍的了。"②在他看来，本能的快乐是人必然的生存法则，道德却是偶然性的、选择性的行为。现代文明社会却试图将道德变成人生存的必然性法则。"道德决定自然"只是一种对现代文明的真实写照，它不代表自然与道德之间应该有的关系。尽管现代人的道德理性也足以让人生活在一个相对稳定和安全的社会中，但这种稳定只是一种表面现象，被压抑住的本能需要仍强烈地影响着人的选择意愿。

"道德决定自然"是弗洛伊德对现实社会的描述。人在各种道德规则中压抑着自己的自然本性，这有可能产生极度恶劣的后果。弗洛伊德甚至认为"进攻本能"或"死本能"也是人本性中的自然倾向，这些本能导致人天性喜爱残杀，而"爱的本能"或"生本能"又驱使人朝着相反的方向行为。社会道德一方面引导着人理性地选择更符合人类共同体发展要求的行为；另一方面又压抑着人的自然本性。这种压抑如果超出了一定的限度，就会产生各种精神性疾病，这是以摧残人自身来成全社会需要付出的代价。显然，弗洛伊德看到了社会与人的个性发展之间的悖论，道德代表的是"群体自我"，本能代表的是"个性自我"。前者以人的道德理性发展为核心，后者以本能发展为核心，两者不可避免地造成冲突。在《群体心理学和自我的分析》和《自我与本我》中，弗洛伊德论述了社会心理学与个体道德人格发展说等。

弗洛伊德对道德的发生学论证，以及对现实社会道德文明的批判，并未脱离现实的客观伦理关系。虽然我们将"俄狄浦斯情结"中的"杀父娶母"解释为个体的一种主观道德心理，并非源自客观现实的伦理关系，但这种道德

---

① 〔奥地利〕西格蒙德·弗洛伊德：《文明及其缺憾》，傅雅芳、郝冬瑾译，合肥：安徽文艺出版社，1987年版，第16页。

② 〔奥地利〕西格蒙德·弗洛伊德：《文明及其缺憾》，傅雅芳、郝冬瑾译，合肥：安徽文艺出版社，1987年版，第16页。

心理即道德的萌芽。“娶母”是植根于人性中的“关系性欲求”，人正是因为这一欲求才能发展出正常的客体关系，它代表人的自然本能需求。“杀父”则是植根于人性中的道德良知，它是人因道德本能而产生的罪恶感。在《文明及其缺憾》一书中，弗洛伊德对比了“超自我”、“良心”、“内疚感”、“对惩罚的需要”和“悔恨”等概念。他说：

> 至于说内疚感，我们必须说它是先于超自我而存在的，因此也就先于良心而存在。但是，它是对外部权威的恐惧的直接表现，是对自我和外部权威之间的紧张状态的承认。它是对外部权威的爱的需要和本能满足的欲望——对这种欲望的意志产生了进攻倾向——之间斗争的直接产物。[①]

这里的“内疚感”在有些地方被翻译为“罪恶感”，它与代表道德的“良心”和“超自我”相比较，还不是真正意义上的道德，只是道德的前状。“杀父”实际上是道德矛盾性的一个隐喻，人一方面因强烈的欲求而产生某种行为或行为的动机；另一方面又极力地抵制和惧怕它，“内疚感不仅可以由确实做了的暴力行为所产生（如众所周知的），而且可以仅仅由一种暴力行为的意图所产生（如精神分析所发现的）。但是产生于矛盾心理的冲突，即两种主要本能间的冲突，却不考虑心理状况中的这些变化，而是留下了同样的后果”[②]。“内疚感”既可以是一种真实情感，也可以是一种本能倾向，无论是哪一种状态，产生的结果都是良知。人的道德就是这样产生的，从最初的“罪恶感”到“道德良知”，再到“超自我”的形成，人经历了以“杀父娶母”为模型的元始意义上的伦理冲突与基本的客观伦理认知。在弗洛伊德对社会共同体伦理的描述中，它始于个体对家庭伦理的认知，然后逐步地发展到社会共同体。这可以说是人类道德发展的基本历程和范型。现代道德文明以改造人与外在自然的关系为目标，以无止境地满足人的各种自然需求为目的，却忽略了道德本身的矛盾性和选择性。这样的道德认知造成的直接结果就是：虽然社会共同体伦理建构也常以血缘家庭伦理为基础，同时也强调经济纽带在统一共同体中的重要作用，但忽略了以“杀父娶母”为模型的道德矛盾及其对客观伦理形成的影响。或者说，社会的伦理道德建构如果忽略了

---

① 〔奥地利〕西格蒙德·弗洛伊德：《文明及其缺憾》，傅雅芳、郝冬瑾译，合肥：安徽文艺出版社，1987 年版，第 86－87 页。

② 〔奥地利〕西格蒙德·弗洛伊德：《文明及其缺憾》，傅雅芳、郝冬瑾译，合肥：安徽文艺出版社，1987 年版，第 88 页。

这一基本矛盾，只是在表面上尊重了人性发展的自然规律，实际上却牺牲了人的本能发展，最终造成人深层次的精神病态。

(三)“自然与道德和谐发展”的状态

在人与自然(外在自然和内在自然)的关系上，两者的和谐状态是科学与哲学研究的终极目的。现代科学哲学就是试图调和自然科学和与哲学之间的矛盾。在弗洛伊德提出的“科学世界观”中，他已经指出了以“客观自然世界”为研究对象的现代科学的不足，建议以精神分析法研究人的“内在自然”。他认为这是比局限于“外在自然”研究更科学的世界观，因为决定人和外在世界关系的是人身内的自然及其发展规律。尽管人依靠外物对感官的刺激来获得感觉，但人的思想却不是由外物单方面决定的，如果缺乏人因“关系性欲求”而产生的能动性，在人与外在世界之间就无法建立起正常的关系。现代科学应该积极地转向身内自然的研究，以人的理性、情感、欲望和需求等为研究对象。并且，不能忽略那些隐藏在人性中的无意识，因为人的精神常受“无意识”的深刻影响。庞俊来根据黑格尔《精神现象学》中的“两个公设”[①]提出，精神分析体现着“自然-道德”的中间状态，它“难以理解的原因也在于这种‘自然-道德’世界观的中间状态的难以言说”[②]。弗洛伊德承认本能问题是心理学研究中最重要然而又最模糊不清的内容。在《自我与本我》中，他将“本能”概念扩展到其他领域，不局限于“性本能”来研究。“本能代表了所有产生于身体内部并且被传递到心理器官的力”，它可能以各种形式出现，如生本能、死本能、爱本能、自我本能等，“本能是有机体生命中固有的一种恢复事物早先状态的冲动”，它代表了人的“原欲”，是人生命力和创造力中的“种子”[③]。尽管很多人坚信“人类具有一种趋向完善的本能，这种本能已经使人类达到了他们现有的智力成就和道德境界的高水平，它或许还可能将人类的发展导向超人阶段”。但弗洛伊德声称自己并不相信人有这种本能，尽管少数个体身上会体现出这种“趋向完美境界的坚持不懈的冲动”，但也“只是一种本能压抑的结果。这种本能的压抑构成人类文明中所有最宝贵财富的基础”，因为这种本能压抑从未曾停止过，始终在为求得完全的满足做斗争，任何替代性满足或升华作用都无法消除这种本能

---

① 第一个公设是道德与客观自然的和谐，这是世界的终极目的；另一个公设是道德与感性意志的和谐，这是自我意识本身的终极目的。(参看〔德〕黑格尔：《精神现象学》(下卷)，贺麟等译，北京：商务印书馆，1979 年版，第 130 页)

② 庞俊来：《道德世界观视野下“精神分析”诠解》，《江海学刊》2019 年第 1 期。

③ 〔奥地利〕西格蒙德·弗洛伊德：《自我与本我》，林尘、张唤民、陈伟奇译，上海：上海译文出版社，2011 年版，第 43 - 47 页。

斗争的紧张状态。因而，本能的压抑实际上构成个体心理发展的动力，它如诗人所描述的，“无条件的只是向前猛进”①。

在“自然与道德的关系”上，弗洛伊德一直将两者的内在和谐当作是精神病解释和治疗的核心。在后期著作《自我与本我》中，他详细地论述了以“本我”、“自我”和“超我”构成的人格结构。相对于早期以“无意识”、“前意识”和“意识”为结构的“地域学”，人格结构凸显了“超我”的道德作用，以及三者的明晰关系与各自遵从的运行法则。尽管弗洛伊德在解释“无意识”及与“前意识”、“意识”的关系时，仍存在很多疑点，但正如庞俊来说的，这正是精神分析的独到之处。从弗洛伊德的本意来看，“无意识”是人的感知觉无法轻易触及但又能产生心理动力的神秘之物，他说：

> 那些我们能够（粗略地、不确切地）以思想过程的名称来概括的内心过程是怎样的呢？它们代表了心理能量在通往行动的道路时，在器官内部某处发生的转移。它们是向着产生意识的表面前进的吗？或者是意识通向它们？当人们开始严肃地采用心理生活的空间的或“地域学的”观念时，很清楚，这就产生了一个困难。这两种可能性同样不可想象，这里肯定存在着第三种选择。②

弗洛伊德的意思是：在人的心理发展过程中，从无意识到意识，或从意识到无意识都是有可能的。但在这两种可能性之外，还存在着第三种可能性，即心理的能量在通往这两处的过程中产生转移，不使得心理通往意识，也不通往无意识，它自然地停留在某处产生“固着”。退化存在三种可能结果：“自恋”、“本能的固着”和“升华”，“固着”只是其中的一种。在分析“意识”和“无意识”的关系时，弗洛伊德指出，意识即人的感知觉（无论内部的，还是外部的）所能直接感受到的东西，比如疼痛，它既可以来自外部，也可以来自内部。相对来说，解释人的内部知觉比解释外部知觉要困难得多，但仍是可以用形象或语词描述的东西。在解释“意识”、“前意识”和“无意识”三者的关系时，弗洛伊德详细地分析了记忆和想象等心理活动在促进三者关系转换时的作用。但是，无论怎么解释，仍存在无法解释的东西。在晚期著作中，他提出“本我”、“自我”和“超我”构成的人格结构，突出“超我”的道德

---

① 〔奥地利〕西格蒙德·弗洛伊德：《自我与本我》，林尘、张唤民、陈伟奇译，上海：上海译文出版社，2011年版，第54－55页。

② 〔奥地利〕西格蒙德·弗洛伊德：《自我与本我》，林尘、张唤民、陈伟奇译，上海：上海译文出版社，2011年版，第206页。

作用，与之前纯粹从生理和心理的视角来解释相比较，主要凸显了伦理的内容。关于人格结构，弗洛伊德说：

> 既然我们已经着手对自我进行分析，我们就能够回答所有那些道德感受到打击的人和那些抱怨说人确实必须有个高级本性的人："非常正确"，我们可以说，"正是在这个自我典范或超我中我们具有那个高级本性，他是我们与父母关系的代表。当我们还是小孩时我们就知道那些高级本性。我们羡慕它们也害怕它们，之后我们就把它们纳为己有。"①

弗洛伊德虽不像哲学家们的研究一样，从一开始就立足于客观道德进行分析，但他的"自我"概念始终是以人在道德方面的高级内容为核心的。他在《图腾与禁忌》中提出，神经症源自个体因过分的道德良知生出的"罪恶感"，它源自人内心深处的道德本能。这种本能仍是自然的，但相对于那些纯粹自然意义上的生理本能，这是一种高级的本能。它的明显不同在于以现实的伦理关系为基础。最元始的伦理关系是与父母的关系，这是个体关系性欲求发展成道德人格的基点。前文中已经探讨过，"杀父娶母"的乱伦情结包含的并非客观的伦理关系，而是主观的伦理心理。这种心理主要来自家庭伦理关系中，亲子关系是它的起点。在《自我与本我》中，弗洛伊德探讨过基于兄弟姐妹关系的社会伦理。在他分析的"矛盾情感"中，亲密关系的本能欲求与敌意形成对立，会一直主导着个体道德人格的发展。并且，社会伦理的建构始终离不开对"亲密"与"敌对"情感之矛盾性的解释，前者体现为人的自然本能，后者体现为道德本能。两者都是本能，从根基上来说都属于人性的自然状态，但后者才是道德的萌芽。人与人之间正是因为这种"敌对"情感的存在，才需要为社会构建出一定的伦理道德，比如爱的伦理，目的是调和人与人之间的关系，不使得他们因这一敌对的情感而相互残杀。

因而实际上，在弗洛伊德的精神分析理论中，体现出自然与道德的"中间状态"的就是被我们认为是"道德本能"的东西，它既是自然的，又是道德的。在弗洛伊德的理论中，道德本来就不是独立存在的部分，它在本质上与人的自然本能是相伴而生的。在发生学上，两者有着共同的根基。弗洛伊德的"自我"与"本我"概念，两者并非完全独立的，"自我"永远都与"本我"交

---

① 〔奥地利〕西格蒙德·弗洛伊德：《自我与本我》，林尘、张唤民、陈伟奇译，上海：上海译文出版社，2011年版，第226－227页。

织在一起。从发生学来看，“本我”犹如“自我”的母体，人的“自我”的基始必然离不开“本我”，他说：

> 认真的思考立刻就使我们知道除了通过自我……，任何外部的变化都不能被本我经验过或经受过，而且不可能说在自我中有直接的继承。这里，一个现实的个人和一个总属的概念之间的鸿沟变得明显了。①

在《图腾与禁忌》一书中，弗洛伊德追溯了禁忌与神经症在发生学上的相似性，他所说的“原始人”是对人类早期思想起源的一种推论。但在这里，他已经立足于更现实的人进行分析。在原文中，他指出“具体的人”和“作为类存在的人”的差别。他的意思是：如果只局限于对“具体的人”做出分析，很难理解“自我”与“本我”之间的分化。要深刻地理解两者的分化，需立足于作为种属概念上的人，也就是作为类存在的人。可以看出，尽管弗洛伊德是立足于个体的人分析的，这导致他的理论看似是经验性和归纳性的，但他在基础理论与方法学上是立足于一般的人来谈的。从“自我”与“本我”的区别来看，“自我”只反映了人性的表象，“本我”才是决定人性发展的根本性的东西。换句话说，人的“自我”常体现出千变万化的特征，“本我”却像人的基因存在一样，是植根于人性中的东西。两者虽存在极大的差别，却又无法完全独立，共同地决定着个体道德的发生。并且，这种发生是遗传性的。弗洛伊德并未明确地提出“道德遗传学”或“道德基因”等概念，但他已经阐明了这样一层意思，他说：

> 自我的经验起先好像不会遗传，但是，当它们在下一代许多个人身上被经常地、有力地重复，可以这样说，自我的经验就把自己改变为本我的经验。这个经验的印象经由遗传保存下来。这样，在本我中，那些能被继承的经验就聚藏了无数自我残余的存在。②

从上面来看，“本我”并非自生的，经验性的“自我”也可以经由数代人的重复而沉淀为人的本我并发生遗传。正因为这样，“自我”、“本我”和“超我”

① 〔奥地利〕西格蒙德·弗洛伊德：《自我与本我》，林尘、张唤民、陈伟奇译，上海：上海译文出版社，2011年版，第230页。

② 〔奥地利〕西格蒙德·弗洛伊德：《自我与本我》，林尘、张唤民、陈伟奇译，上海：上海译文出版社，2011年版，第230页。

三者不停地发生转换并相互影响。在弗洛伊德的描述中，它们的关系构成一个自然与道德的平衡力量，一方面，“本我”尽情地发挥着本能的作用，它决定着人因自己无休止的关系性欲求而产生的心理动能；另一方面，经验性的“自我”不停地在道德性的“超我”和自然性的“本我”之间进行调节，既使得“本我”不因过分的欲望产生痛苦，又不使得“超我”对“本我”造成太多压抑。基于以上认识，神经症的产生在本质上是“自我”、“本我”和“超我”三者的失调，反之，个体就能精神正常。

第三章 “无意识”作为精神病本体的解释性

弗洛伊德的精神分析理论是针对精神病的解释和治疗来研究的。从他的理论目的和研究方法来看，他很难摆脱科学主义与理性主义的整体范式，但从具体的研究来看，他的理论体系建构是完全不同于科学主义和理性主义的。在这一章中，我们将分析“无意识”概念作为精神病本体的解释性。因为在弗洛伊德对“意识和无意识的关系”的解释中，存在于患者“无意识”领域的东西才是其本真的意识。精神病医生只有抓住患者的这一本真意识，才能真正地理解患者的意义世界，也才能准确地解释患者那些“行而不知”的病症。因而患者的“无意识”看似可以成为其意识的来源，或者说，两者之间构成一定的因果关系。弗洛伊德将这一关系看作是精神病治疗的一般方法论。在具体的治疗方案中，他预设了精神分析的一般治疗程序，即通过一定的方法，催眠法或宣泄法等，将患者“无意识”的东西引入意识之中，便能够消除患者的病症。因而，在他看来，精神病的秘密都藏在“无意识”之中。只要找到合适的方法打开通往“无意识”的通道，就能知道在患者的意义世界里到底发生了什么。那么，“无意识”是否可以成为意识的本体？并进而成为精神病的本体？

无疑，弗洛伊德的精神分析理论主要是针对神经症的治疗来建构的，它是一种独特的精神病学理论，并非一般的心理学理论。弗洛伊德将“利用精神分析把患者的无意识引入到意识”当作是精神病临床治疗的实践方法。那么，“无意识”是一种实体性存在还是一种科学假设？在科学自然主义仍然无法弥合物质与意识的鸿沟之时，“无意识”是否提供了另一种理解“身内自然”的科学方法？弗洛伊德拒绝生物精神病学中的纯粹物质主义、生理主义的精神病本体解释。这意味着，他不赞成科学自然主义的立场。那么，他的“无意识”概念中是否包含了另一种更科学的自然主义？在他所描述的“无意识和意识”的关系中，是否可以通过“无意识”跨越物质与意识之间的联结障碍？在当前众多的研究中，一致认为弗洛伊德的“无意识”概念本身都是一个无法解释的概念，但又无法找到确凿的证据证明其不存在。那么，

“无意识”概念是可解释的吗？它在弗洛伊德的精神分析理论的整体框架中发挥了何种作用？

一、疯癫与哲学中人的“不自知”状态

在《精神分析导论》一书中，弗洛伊德明确表示不同意将精神病的发病机制归结为“脑部的退化”，他的理由是这并不能准确地描述患者的病症。因为很多神经症患者表现出较高的智商和道德水平，他们甚至是社会中比较出色的伟大人物，比如左拉，这种具有盖世奇才的知名人物“终身有很多古怪的强迫性习惯”①。弗洛伊德认为，生物精神病学只为这些症状找到合适的名称，并没有找到消除这些症状的有效办法，精神分析的目的是永久地消除这些奇怪的强迫性症状。他进而认为，神经症产生的深层次原因就隐藏在这些症状之中，因而“对这种无害的强迫行动的分析直接把我们引向这种病的最为核心的部分”②。这些神经症症状和失误动作、梦一样地有意义，对它们的分析是通达患者潜意识深处的主要路径。现代心理学一致认为，精神病患者拥有一个共同的特点：出现一些症状性行为而不自知，“病人在生病期间对他精神上的异常很少认识或完全不能认识，对他自己的一些病态想法、情感和行为没有一点自知之明。”③这里的“不自知”是一种自我认知的异常状态，但怎么解释它成为哲学与医学中的共同难题。在这一节中，我们试论述西方哲学对这一“不自知”状态的描述困难。

（一）西方哲学对人的“不自知”状态的解释困难

早在古希腊时期，西方哲学家们就注意到人的“不自知”状态，并试图使用哲学的语言来描述它。亚里士多德最开始在《尼各马可伦理学》第三卷中将它定义为“非自愿行为”，基本意思是主体“被迫的或出于无知而发生的行为”④。之后他觉得不甚妥当，因为那些“出于激情与欲望的行为显然也同样是人的行为，把它们看作是非自愿的是没有道理的”⑤。他的言下之意是这些行为在某种程度上应该被视为“自愿的”，尽管它们在表面上体现为主体

---

① 〔奥地利〕西格蒙德·弗洛伊德：《弗洛伊德文集 4》之《精神分析导论》，车文博主编，长春：长春出版社，2004 年版，第 151 页

② 〔奥地利〕西格蒙德·弗洛伊德：《弗洛伊德文集 4》之《精神分析导论》，车文博主编，长春：长春出版社，2004 年版，第 152 页。

③ 钟友彬：《中国心理分析——认识领悟心理疗法》，沈阳：辽宁人民出版社，1988 年版，第 36 页。

④ 〔古希腊〕亚里士多德：《尼各马可伦理学》，廖申白译注，北京：商务印书馆，2009 年版，第 62 页。

⑤ 〔古希腊〕亚里士多德：《尼各马可伦理学》，廖申白译注，北京：商务印书馆，2009 年版，第 67－68 页。

的不自知，却无法从理论上证明主体是完全失去理智的。因而在第七卷中他试图寻找其他的词语来描述，比如“不能自制”，但他仍然无法自圆其说。对人的“不自知”进行哲学描述陷入极度的困境，无论如何解释都无法完全排除意识对主体的干扰。概念和逻辑上的“非自愿”和“不能自制”都不能完全根除意识对主体的干扰。因为这些解释或多或少地带有意识的成分，它们最多能说明主体存在“意识不明”或“意识不多”的情况，完全无法说明主体已经彻底地丧失意识。“意识清醒程度的强弱”和“意识的有无”是完全不同的，外人能观察到的是主体意识很弱的状态，完全无法断定主体是彻底失去意识的。

在亚氏所尝试的各种解决方案中，除了将这种行为解释为“不能自制的主体”（入睡者、疯子和醉汉等）既具备某种知识又无法运用它之外，便只能运用他的经典的“三段论”来进行逻辑分析，即假定所谓的“不能自制者”只知运用三段论中的大前提，而不知如何运用小前提。但亚氏的“三段论”本来就需大小前提共同发挥作用，因而这种说法仍然难以成立。这意味着，既无法证明人的“不自知”状态是完全脱离意识的，也无法使用逻辑推理来揭示它的真相。这使得哲学对疯癫者、醉汉等主体看似“不自知”行为的解释产生极度困难，因为任何解释都只是解释者站在外人的立场上进行推断的结果，并非来自行为主体的理性判断且能使用语言清楚表达的东西，其可靠性是可想可知的。对于那些入睡者、疯癫和醉汉来说，他们是否真地完全失去意识，或只是意识减少、模糊或不明等，都有可能。相对来说，入睡者和醉汉的“不自知”更容易判断，因为他们都有睡醒和酒醒的时候。从现代医学的角度来看，这些主体只是暂时性地进入“不自知”状态，仍然可以通过他们清醒后的描述判断当时的状态。但“疯癫”与“入睡”和“醉酒”存在本质差别，它一直被认为是人的一种精神病态，疯癫主体并不能通过“醒来”的方法恢复正常的意识，也很难在短时间内达到效果。这便是现代精神病学试图解决的主要问题。

基督教中世纪神学家圣·奥古斯丁（St. Aurelius Augustinus, 354—430）将人的“不自知”状态归因于“最初的人类即亚当与夏娃对于上帝赋予他们的意志的自由决断的误用”[①]，他使用“自由意志”解释人无法自己控制的作恶欲望。在其早期著作《论自由决断》中，他认定“罪恶不可能出自上帝”[②]，而

① 卢毅：《“无意之罪”何以归责？——哲学与精神分析论域下的“无意识意愿”及其伦理意蕴》，《哲学研究》2020年第1期。

② 〔古罗马〕圣·奥古斯丁：《论自由意志》，成官泯译，上海：上海世纪出版集团，2010年版，第73-74页。

是人滥用了自身的“自由意志”，并因此被剥夺了单凭自愿就能行善的能力，人陷入一种“深度的无知和堕落”之中。然而，奥古斯丁不可避免地重复了亚里士多德的理论困境，他同样无法为“不自知”做出非自愿的辩解。或者说，他无法证明此时主体完全缺乏行为的动机。总的来说，无论是亚里士多德笔下的“面对甜食不能自制者的行为”，还是奥古斯丁刻画的“夏娃面对蛇的诱惑同样不能自制地偷食禁果”，都无法证明主体是完全非自愿的。相反，它们包含了“难以察觉的自愿偏好”或“意愿最低程度的默许”[①]。总之，哲学家们无法证明“不自知”可以完全被排除在意识之外，那些面对诱惑的不能自制的行为，虽然有可能非完全自愿，但也无法排除一定程度（少许的）的自愿。

拉康指出，问题的根本之处不在知识，而在“那潜伏在普遍命题之下的欲望”[②]。“欲望”并非对某物的欲望，而是“无意识的欲望”，本质上由需要（need）、需求（demand）和欲望（desire）三个部分组成。“欲望既非需要满足的胃口，也非爱的需求，而是来自于从后者减去前者以后的差异。”[③]在晦涩难懂的语言中，很难知道“欲望”是什么。但他将欲望放置于无意识的语境中来解释。“欲望是伴随需要和需求产生的一种永远无法满足的无意识需求”[④]，“欲望并不是去欲望他者，而是欲望他者的欲望”[⑤]。无论如何，拉康试图说明主体的变态心理不体现为对自身欲望的抵制，而体现为对他者欲望的反叛。欲望是“自我自由意志（内在自我）与外在道德规范（客观实在）之间的分裂”[⑥]。

康德认为，人的善良意志是完全排除经验性的欲望的，它不以任何实际的利益或好处为目的，而只是纯粹的“好意志”。因而看起来它也不在意识之内，它是不经思考就可以产生的“义务感”，既区别于休谟的自然的“同情心”，也区别于日常生活中所讲的“意向”。因为它本身不包含任何实际的目的，单纯地以它本身为目的。因而善良意志就如人天生的本能，能自己发光，自己体现自己存在的价值，不需要任何外物或外在的道德规范加以限制

① 卢毅：《“无意之罪”何以归责？——哲学与精神分析论域下的“无意识意愿”及其伦理意蕴》，《哲学研究》2020 年第 1 期。

② Jacques Lacan. *Évolution Psychiatrique et in Écrits*. Paris, Seuil, 1966, p. 39.

③ Jacques Lacan. *écrits: A Selection.* Trans. Alan Sheridan. New York: Norton, 1977, p. 287.

④ 顾明栋：《“离形去知，同于大通”的宇宙无意识——禅宗及禅悟的本质新解》，《文史哲》2016 年第 3 期。

⑤ 〔法〕弗朗索瓦·多斯：《从结构到解构：法国 20 世纪思想主潮》（上卷），季广茂译，北京：中央编译出版社，2005 年版，第 127 页。

⑥ 庞俊来：《道德世界观视野下“精神分析”诠释》，《江海学刊》2019 年第 1 期。

和验证。他说：

> 好意志所以好，并不是因为它的工作和成就，不是因为它易于达到某个预期的目的，乃是只因为励志作用。……纵然因为命运特别不利，……纵然本人虽则极端努力，还是毫无成就，还只有这个好意志（当然不单是一个发愿，而是尽心力而为之的企图）。这个好意志也还是像宝珠似的，会自己发光，还是个自身具有全部价值的东西。它的有用或是无结果，对于这个价值既不能增加分毫，也不能减少分毫。[①]

康德推崇人的理性，不将人的道德归因于上帝，因而他真正地将人从上帝那里拉回人间。但他所意图凸显的人的理性并非源自客观现实生活的经验积累，而是客观存在的天生的道德理性。从某种意义上来说，康德所讲的“好意志”是人所不自知的，无意识的，但又是人能够凭着本能的义务感而身体力行的。西方关于“意志自由”的讨论一直延续到存在主义哲学。德国哲学家亚瑟·叔本华（Arthur Schopenhauer，1788—1860）的意志哲学将这一讨论推上顶峰。弗洛伊德在早期的作品中也使用到“意志”概念，比如他指出神经症患者的“意志衰弱（Willenschwäche）”和“意志倒错（Willensperversion）”等。但他的独到之处是走向意志的反面来解释“不自知”，他的宗旨是通过“无意识”来解释意识无法解释的东西。无论如何，弗洛伊德并非从哲学语境来探讨“意志”或“自由”，他使用的“意志倒错”和“意志衰弱”等概念更多地用于描述人的心理病态。存在主义哲学家们虽然对现代技术社会中人的异化状态进行过批判，但他们并不像弗洛伊德一样，试图从医学的角度对人的精神状态进行病理学的剖析。另外，“意志”和“存在”是两个完全不同的哲学概念，所以，“意志自由”与精神病学中人的疯癫“不自知”完全不在一个论域。

近代以马丁·海德格尔、福柯、阿甘本、库柏和萨兹等人为代表的医疗人文主义曾强烈地反对社会给予“精神病”以道德上的污名。福柯在《临床医学的诞生》一书中强烈地批判现代生物医学盲目地以人的身体为本体探寻疾病的本质，他认为：“疾病的‘实体’与病人的肉体之间的准确叠合不过是一件历史的、暂时的事实。”[②]福柯所批判的“疾病的实体”在精神病科之外的其他领域确实取得惊人的进步，但在精神病领域却存在严重的本体解释

① 〔德〕康德：《道德形上学探本》，唐钺译，北京：商务印书馆，2012 年版，第 9 页。
② 〔法〕米歇尔·福柯：《临床医学的诞生》，刘北成译，南京：译林出版社，2011 年版，第 1 页。

困难，这导致生物精神病学遭受严重质疑。在哲学领域，也对“精神病”或“精神性疾病”的定义产生疑惑。T. S. Szasz 认为并不存在精神疾病一类的东西，精神病只是一个比喻。A. Stadlen 认为心病或思乡病虽真实存在，却不是医学意义上的。萨兹试图把伦理学纳入对精神疾病的解释[①]。“后精神病学”是 Peter Campbell 在其著作 *Speaking our minds*（1965 年）中首次提出[②]。20 世纪 90 年代末，英国精神病学家 Patrick Bracken 与 Philip Thomas 为英国心理卫生杂志 OPen Mind 撰写了以“后精神病学”为题的系列文章。21 世纪初，这两位学者系统论述了心理健康研究的新模式——后精神病学[③]。实际上，这一思想可以追溯到米歇尔·福柯在《疯癫与文明》一书中描述的“关于疯癫的理性独白”，指的就是以还原主义为基础的生物精神病学。后精神病学试图从文化建构的视角与生物精神病学进行积极对话，坚持认为“疯癫”只是一种文化建构的疾病，是通过某种外在的力量（权威、权力等）强加给某一类人的，它并不实施关怀，而实施政治上的压制。

20 世纪中期的欧美国家曾掀起一次激烈的反精神病学运动。英国的精神病学家库柏首次提出“反精神病学”（anti-paychiatry）概念。法国的哲学家福柯、英国的精神病学家兰恩（R. D. Laing）和美国的精神病学家萨兹等相继对“精神病”提出质疑。他们一致认为精神病并非身体的疾病，而是社会的政治文化建构的疾病，是对某些个体实施的政治迫害。“精神病”使得强制治疗、监禁等暴力手段合法化，使得那些看似“不正常的人”生存恶劣。反精神病学试图推翻生物精神病学的权威地位，并从理论上否定对所谓的“精神病患者”实施治疗，总之，“反抗它在科学之名义下的滥用”[④]。福柯在多部著作中论述了人的“疯癫”状态。他认为，生物精神病学不仅将“疯癫”归因于身体的异常，而且将麻风病患者、愚人和妓女等视为非正常人，同样将他们的病态归因于身体的异常，并且，需要使用特殊的技术手段对这部分人加以医治和管控。因而在反精神病学派看来，生物精神病学并非为了帮助他们解除或缓解身体痛苦，而试图将科学知识权威化后对他们实施非人道主义的管制。因此，科学主义所谓的“疯癫”与理性人势不两立，但“疯

---

① 肖巍：《精神疾病的概念：托马斯·萨斯的观点及其争论》，《清华大学学报（哲学社会科学版）》2018 年第 3 期。

② Bracken P, Thomas P. *Postpsychiatry*. Oxford: Oxford University Press, 2005, pp. 2 - 3.

③ Double D B. *Critical Psychiatry: the limits of Madness*. New York: Palgrave Macmillan Press, 2006.

④ Rissmiller D J, Rissmiller J H. *Open Forum: Evolution of the Anti psychiatry Movement Into Mental Health Consumerism*. Psychiatric Services, 2006, 57, p. 863.

癫”并非真地失去人性，因为他们能够指出当政者的虚伪谎言，恰恰是“真理、直言、正义和诚实”等道德力量的化身[①]。因而“疯癫”并非“不自知”，而以一种独特的方式表达对科学主义的否定。

无疑，哲学家们对“疯癫”和“不自知”的探索是多方面的，但精神病学必定是从医学的视角出发解释和治疗这样的病症。虽然反精神病学提出的各种质疑与生物精神病学形成明显的对立，但它们实际上从反面对现代精神病学的发展起到了积极的推动作用。过多的质疑并没有为解释人的“不自知”提供太多帮助，也无法在临床实践中产生任何实际效用，人类仍需要为解释这一特殊的行为现象寻找更合理的答案。无疑，对“疯癫”的界定存在医学与哲学的巨大差别。现代精神病学中虽承认医学和伦理两种不同的解释路线，但在临床实践中，仍主要借助于人体脑部的病变来做出诊断。总之，到目前为止，无论是哲学还是医学领域，对于人的“不自知”状态，都难以找到十分合理的解释依据。

（二）“行而不知”中的逻辑困难

“知与行”构成一对重要的哲学范畴，两者如何统一是哲学家们所热衷讨论的话题。例如，中国的王阳明哲学就将“知”与“行”完全等同起来，“一念发动之处便是行”是其核心精神，这本质上将“认知活动”与“实践行为”完全合一，否定了实践行为应有的客观性。因为现实生活中“知而不行”的现象是普遍存在的，所以将“知”与“行”完全统一起来的做法体现出唯心主义的特点。但从发生学的一般逻辑来看，主体有“知”不一定产生“行”，主体有“行”却一定因为先有“知”。在精神病的发病症状中，主体有一定的行为但“不自知”是其主要表现。从逻辑上来讲，就是主体之“知”与“行”之间产生了极度的误差，它具体地体现为患者的“行而不知”。

“知而不行”在伦理学中是一个比较经典的论题。在近代境遇主义伦理学和应用伦理学中都广泛地讨论过这样的问题：主体拥有道德认知能力是否一定导致道德行为？从众多日常生活中所发生的案例来看，答案是不一定的。例如，对于“见义勇为”这样的行为，主体在认知上一般都很清楚它的道德高尚性，却不一定产生实际的道德行动。社会化程度较高的主体更可能根据自身所处的具体情境来做出反应，“为”还是“不为”不只是跟主体的认知有关，还跟主体当时的真实境遇和实施道德行为的可能条件有关。哲学中的“知行关系”是一个很难论证的问题，中西方哲学对这个问题的探讨

---

① 韩翔、孙翀：《从〈疯癫与文明〉解读西方文明框架下的疯癫》，《内蒙古民族大学学报》2012年第1期。

非常多,但一直没有定论。在精神病学研究中,患者的病症主要体现为“行而不知”。问题的关键在于,立足于“知行关系”来探讨是否存在逻辑困难?弗洛伊德提到患者主体“是又不是”的矛盾心理,他借用佛家的“般若即非逻辑”来描述它。弗洛姆在论述人的生存矛盾时也使用了这一悖论逻辑,他认为中国的老庄哲学也使用了同样的辩证法。那么,能否使用这一悖论逻辑来描述精神病患者的“行而不知”?

在前文中,我们已经探讨过了弗洛伊德的“矛盾情感”在精神病发生学论证中的核心地位。无疑,“矛盾情感”就体现在主体内部“是又不是”的状态之中,弗洛伊德将其当作是解释精神病的一个核心范畴。“矛盾情感”在伦理上体现为“主体极度意欲做某事但又不能做”的状态,它是主体的主观意愿与客观的社会伦理要求发生冲突的情况下产生的矛盾。(关于这个问题,我们在后文中会详细讨论,在这里我们暂时将其看作是这样一种冲突)从这个意义上来说,般若即非逻辑中的“是又不是”的状态并不能描述“矛盾情感”,因为弗洛伊德显然已经增加了对主体行为的伦理评价,不只是认知意义上的“是与不是”之间的逻辑关系。从这一点来说,所谓的“矛盾情感”并非老庄哲学中的辩证法,也并非佛家哲学中的“般若即非”逻辑,它经由弗洛姆的解译,成为“人与自然关系”中的悖论:一方面,人的存在离不开自然,人的生命的延续必须以大自然为基础;另一方面,人性的发展又必须以脱离自然(去自然化)为目的,因而产生人与自然关系的悖论。但弗洛姆的“自然”主要指“外在自然”或“人基于生理意义上的自然”,如生命的长度。他强调“个体生命的有限”与“自我实现”之间的悖论。根据他的观点,作为个体存在的人是无法解决这一悖论的,作为类存在的人可以在一定程度上解决这一悖论。显然,从前文中分析的弗洛伊德的“自然”概念来看,他的“矛盾情感”既非基于“人与外在自然关系”来谈的,也非基于“人与自身生命的有限性”来谈的,而是基于人“自然的欲求”与“客观的社会伦理要求”的冲突来谈的。弗洛伊德的“矛盾情感”类似于休谟法则中“是与应该”的悖论。休谟法则中的悖论关乎自然情感与客观道德法则之间的无法调和的状态,这里要分析的是弗洛伊德的“矛盾情感”是否可以解释“行而不知”中的悖论。

“矛盾情感”中包含的是自然欲望与客观伦理的冲突。问题的关键在于:休谟法则中的自然与道德(或事实与价值)之间的矛盾,是基于一般的逻辑来谈的。弗洛伊德的“自然与道德的矛盾”并非基于一般逻辑的哲学推论,而是主体实存的主观逻辑状态。在前文中,我们已经探讨了“性本能”与“道德本能”的内涵与实际意义。在弗洛伊德的精神分析理论的建构中,对这两个概念的理解起到了关键作用,但他是从病理的视角来描述人的异常行为的，而非一般的逻辑分析。基于这样的认识前提，我们认为，弗洛伊德对“行而不知”的解释，并非基于一般的逻辑，而是基于个体主观心理的逻辑。也就是说，这种逻辑不符合哲学推论，它仅是植根于人“身内自然”的一种本能逻辑，是无意识的。在个案分析中，无论是《少女杜拉的故事》中的杜拉（一位心智尚未完全成熟的少女），还是《达芬奇童年的记忆》中的列昂纳多·达芬奇，他都强调植根于两者内部的本能冲突，而非个体主观愿望与客观社会伦理要求之间的冲突。当然，本能冲突常源自生活中某些过分的伦理教育，如未成年的少女在父母极度指责下对初萌的性意识产生压抑。用弗洛伊德的话来说，这种压抑源自主体内部的罪恶感，但这种罪恶感并非现实的情感，而是一种极其主观的心理。它遵循主体内部的主观逻辑，如性快乐与父母的伦理教育之间的错误联系或推理，并非基于理性的逻辑。这意味着，如何理解个体的主观逻辑才是解释精神病的关键之处，而不是使用一般的逻辑去解释。

从以上分析来看，“行而不知”作为一种行为状态，并非人在正常情况下产生的“行”与“知”。如果局限于哲学中一般的知行关系来分析，必然发生严重的方法错误。弗洛伊德并没有具体地谈论到主体之“行”，也就是说，他并没有诉诸行为来分析，而是诉诸病理性的症状，例如抽搐、痉挛和四肢麻木等。哲学中关于“疯癫不自知”状态的描述，弗洛伊德是比较重视的，他的“无意识”理论实际上都在描述这一状态。“行而不知”作为一种病理性症状应该是一个整体性的描述，“行”和“不知”并非两个行为，而是一个行为。如果从哲学中的知行逻辑出发进行推理，必然无法从中推导出正常的知行关系，只有将两者当作是一个行为并将其当作是精神病的症状，才能做出合理的解释。总之，光从逻辑上去寻找精神病的发病机制是不现实的，因为即使是正常人，也无法在不同的主体之间达成逻辑统一。因而在精神病解释中，如果将逻辑不统一当作是发病机制，其论据是不充分的。有学者提出，“从严格的逻辑学上说，常人的诡辩和病人的思维障碍并无不同，都是逻辑错误。前者可以理解而后者却不可理解，这才是真正的区别所在。”[①]“行而不知”是一个整体的状态，它强调的并非人基于理性的目的性行为结果，而是一种人在不自知状态中的无意识动作或症状。它仅出现在患者自己的身体上，是患者无意识的或身体的本能反应。

在现代精神病理学中，常将精神病患者的自知力分为“症状自知力”与“人格自知力”两个方面，前者比较容易解释，后者成为解释的难点。因为后

① 许又新：《精神病理学》（第2版），北京：北京大学医学出版社，2010年版，第235页。

者更容易成为人一般意义上的人格缺陷，而非病理性的症状。但对于“症状自知力”而言，它仍然不是一个简单的有无问题，因为患者往往同时拥有很多个症状，对这些症状的自知力又可以体现出各种不同的状态。即使是单一的症状，都可能存在着多维性，其结构十分复杂，内容也十分丰富。“有些典型的症状本身就蕴含着自知力的缺乏，如幻觉、妄想等。有些典型的症状恰恰相反，它们本身意味着有症状自知力，如各种神经症性症状”①。因此，弗洛伊德的“行而不知”只是一种病理性症状，它或可能源自主体的主观逻辑错误，但这不足以说明问题。

（三）弗洛伊德提出“症状”解释对临床治疗的意义

精神分析是弗洛伊德基于对哲学和生物精神病学的反思提出的开创性方法。在前文中，我们已经指出，他首先强烈地反对哲学中纯粹的思辨方法，他不认为立足于概念分析就能认识事物的本质。正确的方法是立足于实践，从实践的经验中去发现和总结那些隐匿的真知灼见。他同时也强烈地反对生物精神病学的所谓的“科学”方法。他认为以“人体的脑部退化”为基础的精神病学很容易被推翻，体现出完全的证据不足状态。他的精神分析理论尽管在短时间内也难以体现出科学性，但从方法上来说是不存在太多问题的。他在《精神分析导论》一书中专门论述了“症状的意义”这一节内容，目的在于说明症状与梦、日常生活中的失误行为的解释一样具有重要的临床意义。在治疗中，尽管对这些症状的解释会存在主体理解上的差异，但于精神病解释与治疗方法而言，这是最合理的。

弗洛伊德很认真地分析过症状的意义，可以说，他的理论体现出十分明显的临床医学特征。他明确地指出，精神分析“和任何其他形式的治疗一样，对于这些病症是无能为力的（至少就目前来说）。我们确实可以理解患者发生了什么，但我们没有办法使患者自己理解它。……最终（我们不能准确地说何时何地）零碎的知识将会转化为一种力量，转化成治疗的力量”②。这表明，症状的解释并不可以直接地解决问题，因为在医者和患者之间永远存在着理解的鸿沟。医者只能根据自己的逻辑来解释患者的症状，这些解释在一定程度上是基于医者个人的理解。并且，这种理解是很难通过医患之间的再沟通达成一致的。这意味着，患者的“不自知”并非能够轻易地通过医者的解释而达到自知，但这不等于说，症状的解释是没有任何意义的。

---

① 许又新：《精神病理学》（第 2 版），北京：北京大学医学出版社，2010 年版，第 24 页。

② 〔奥地利〕西格蒙德·弗洛伊德：《弗洛伊德文集 4》之《精神分析导论》，车文博主编，长春：长春出版社，2004 年版，第 148 页。

症状解释的意义就是，在解释的过程中患者身上可能发生的反应。将那些看似毫无联系的症状与患者的生活情境关联起来，并逐渐地转化为一种治疗的力量。从弗洛伊德的论述中来看，他多次表示，他所要达到的目的便是治疗，并非通过理解和解释彻底改变患者的认知逻辑。尽管在他的论述中，他也表达过，他的主要方法是将患者从无意识状态引入意识状态中，这样患者才能达到“自知”，因而看似在“无意识”和“意识”之间存在必然的逻辑关系。然而，必须能够证明这种转化是必然发生的，才能说明精神分析方法的科学性与合理性。无论如何，众多学者对其产生质疑的原因也在此。因为弗洛伊德确实无法提供有关“无意识和意识关系”的合理论证，即使是关于“无意识”概念本身的解释都存在众多疑点。但他曾经表示，没有任何理论是一成不变的，他自己也会“不断地修改或撤销任何理论”①，如果有必要的话。根据弗洛伊德的众多临床案例分析来看，他的治疗目的在于消除病人外显的行为症状(被认为是不正常的)，并非从逻辑上改变患者的认知。患者是否能从“不自知”的状态中自我解救出来并获得正常人的认知逻辑，这是很难证明的。但是，治疗只要能够达到消除患者外显病症的目的，便能够证明它是有效的。无论这种目的的达成是否因为患者获得了自知能力，还是因为其他的原因，其实都不重要，重要的是症状的消除确实能够在一定程度上说明问题。弗洛伊德多次承认，精神病的治疗是很困难的，但除了使用精神分析方法之外，其他方法更是收效甚微。

然而，弗洛伊德并未对症状的解释抱有过分乐观的态度。他强烈地认为，症状只是一种让人难以琢磨的表象，要通过这种表象达到对患者精神内部深层次的理解，是非常不容易的。他使用的方法是将这些表面化的症状与患者的实际生活情境或生活史联系起来进行推导，这样才能知道隐藏在那些看似毫无意义的症状下面的真实意义。他说：“症状的意义在于与患者经验的某种联系。症状的形成愈因人而异，我们就愈可以清楚地了解这种关系之所在。所以，我们的任务就是要为每一个无意义的观念和每一个无目的的动作寻找出这个观念之所以产生和这个动作之所以需要的过去的情境。”②尽管在弗洛伊德对生物精神病学的批判中，他提到，完全诉诸于家族病史和遗传病史来进行解释的不可靠性，但他自己却并没有否定病人的个人生活史在症状解释中的重要性。他只是不认可将这种联系完全建立在遗

① 〔奥地利〕西格蒙德·弗洛伊德：《弗洛伊德文集 4》之《精神分析导论》，车文博主编，长春：长春出版社，2004 年版，第 143 页。

② 〔奥地利〕西格蒙德·弗洛伊德：《弗洛伊德文集 4》之《精神分析导论》，车文博主编，长春：长春出版社，2004 年版，第 156 页。

传学的基础之上，而更应该建立在个人具有个性化色彩的生活史的分析上。正因为如此，这些症状越是因人而异，就越能够说明问题。精神分析者的任务就是要从这些看似毫无意义和关联的症状中推导出患者内心的真实欲求。从弗洛伊德分析的各种案例来看，这并不是一件十分困难的事情。因为他始终是围绕个人的"性本能"来进行分析的，或者说，他始终是围绕个人不正常的性欲望来进行的。在常人看来，这是非常隐秘的事情，通常情况下是不可能告诉外人的。精神分析医生的主要任务就是通过联系去发现这不可告人的秘密。这种分析的手段常常是令人难以接受的，这也是为何弗洛伊德的理论备受批判的主要原因。因为在众多看似毫无关联的事实中的"性的意义"似乎是刻意地被强加进去的。这样的特点也体现在弗洛伊德有关梦的解析中。患者在梦中所呈现的各种物件、场景都可以被赋予"性的意义"，这些意义常常隐藏了不可告人的、非正常的伦理关系。在常人看来，这些乱伦关系是难以接受的，如异性父母与子女之间的关系，或岳母与女婿之间的关系。在弗洛伊德的解释中，它们常常关涉不正常的伦理与情感关系，这是各种个体神经症发生的根源性症结。

在《图腾与禁忌》中，弗洛伊德通过考察原始民族的宗教观念的起源来证明特殊伦理关系与情感的意义所在，它往往是人性中十分隐匿的、无意识的性欲求导致。尽管从现代文明的角度来看，这种特殊关系显得十分荒谬，但在原始人的生活中，或在神经症患者的生活中，它拥有不一般的意义，并具有强烈的可解释性。在弗洛伊德看来，这是通往神经症患者精神内部的可能通道。尽管人的意义世界是不可能完全相通的，但神经症患者与原始民族有着非常相似的意义世界，即在他们的精神内部存在着十分强烈的"矛盾情感"。这正是解释神经症的关键所在，它所反映的并非客观的、实际存在的伦理冲突，而是患者主观意念中的伦理冲突。从这个角度来看，要真正地进入患者的意义世界并不容易，因为精神分析者从各种症状中推导出来的意义是否可靠是无法证明的。

然而，症状仍可以说明很多问题。相对于诉诸梦进行的解释，症状是外显的，它不需要患者通过对梦的回忆来解释。相对于那些在夜间才能出现、精神分析者完全没有办法进入的"梦的世界"，症状的解释具有更多的可靠性与可行性。在弗洛伊德看来，症状的解释与梦的解释具有同样的作用与方法，关键之处在于如何理解患者的意义世界。通常情况下，梦的解析需要依靠患者自己说出来，这种"说出来的东西"比外显的症状通常更不可靠。因为一方面梦境本身带有很大的虚幻性，睡梦醒来后所能回忆起来的东西通常是模糊的、歪曲的；另一方面，患者说出来的梦境往往是经过再思考的东西，它常常并非实际的梦境，而是患者所愿意被人知道的梦境，这就更加重了梦解释的困难程度。利科指出，“梦和神经官能症的扭曲形式就在于，梦实际说出的东西与它想说出的东西并不相符，所以，梦的表面意义隐藏了它的深层意义，但梦的表面意义和症状又指向被其隐匿的真实意义，所以，梦既是隐匿者，又是揭示者，梦显示了一种既隐又显的关系。梦的表面意义的荒诞不经并不表示梦无意义，表面意义的荒诞和晦涩难懂恰恰激发了人们的理解的要求，但梦的真实意义的显现不是一个自动过程的结果，而是需要通过解释的过程，这正是解释活动的意义所在。”①利科道出了梦的解释过程中的显性和隐性的意义。按照他的意思，在解释的过程中，解释者是很容易被那些梦的表面意义所误导的，因而无法通达患者被深深隐匿的真实世界。正因为如此，理解和解释并非一蹴而就的事情，它需要分析者不停地重复，一点一点地靠近患者的真实意义世界。因而解释的过程是重要的，症状的解释与梦的解释一样存在显性的和隐性的区别。如果仅看到症状的显性意义而无法通达患者的隐性世界，这样的解释就是无效的。

解释的另一个困难在于：患者在精神分析者面前所呈现出来的往往是意识的东西，但这种意识并非正常人的理性意识，它是患者刻意隐藏了真实意图之后的意识，这种意识在极大的程度上是不可信的。利科认为，“弗洛伊德的精神分析理论向我们表明了，意识不是意义的中心，无意识才是意义的中心。精神分析的本质，就是用无意识中的那个清晰的、表达了真实思想的文本来替换意识中那个荒诞的、扭曲的文本。”②在众多精神分析理论的批判者中，声音最为强烈的是有关“无意识和意识关系”的证明，因为二者并无明显的关联。有学者认为，“无意识”使得弗洛伊德的精神分析理论具有无限的可理解性，因为任何无法理解的东西都可以用“无意识”来形容。问题的关键在于：精神分析者作为一个外主体是完全使用意识中的概念、逻辑等来解释的。从这个意义上来说，任何分析者的解释都可能被打上极其主观的烙印，因为分析者的意识与患者的无意识之间更加没有共通的可能性，仅有的可能是在不停地解释与再解释的过程中实现意义的解构与重构。这意味着，理解和解释本身担负着更多的责任与意义，因为在通往患者的无意识领域或意义世界的过程中，它们在看似具有目的地的过程中并无“落脚之处”，更多的可能性是分析者通过不停地理解和解释为患者建构一个可能的

---

① 〔法〕保罗·利科：《弗洛伊德与哲学：论解释》，汪堂家、李之喆、姚满林译，杭州：浙江大学出版社，2017 年版，第 9 页。

② 〔法〕保罗·利科：《弗洛伊德与哲学：论解释》，汪堂家、李之喆、姚满林译，杭州：浙江大学出版社，2017 年版，第 14 页。

意义世界。并且，这种解释往往是暗示性的，暗示患者作为主体应该往那个方向前进。如果患者能够接受这样的暗示，那么有可能在分析者所观察到的众多零碎的联系中重塑自身的精神世界。如果患者并不接受这样的暗示，那么分析者的联系将变得索然无味，它完全无法达到预期的目的。这意味着，尽管在精神病治疗的一般方法中，弗洛伊德强调精神分析的作用就是帮助患者实现从无意识到意识的转化。换种说法，就是实现从非理性到理性的转化。但实际上，这种转化是缺乏根据的，因为无论是患者的无意识，还是患者的意识，对于分析者来说，都是无法完全把握的。或者说，患者的"自知"与"不自知"并非他者所能完全掌控的，只有患者自己才能清楚。或者说，患者自己都无法清楚，需要分析者帮助患者弄清楚。在解释的过程中，并非存在一个固定的目的地是分析者与患者所要共同达到的，而是分析者帮助患者达到想要达到的目的地。至于这个"目的地"（患者的意义世界）到底在何处，具体是什么样的，这与精神分析本身是无关的，精神分析的作用只是帮助患者找到这样一个"处所"。因而分析或解释的意义最终在于它的过程，这个过程有可能十分漫长，它需要分析者不停地重复与坚持。而在这个过程中，患者并非一个受动者接受分析者的解释，更重要的是在分析者的暗示下找回建构自身意义世界的主体性。

弗洛伊德认为，症状解释对于临床治疗的意义更应该体现在它的典型性上。他对比了众多神经症的症状特点之后指出，癔症"除了许多因人而异的特点之外，还有许多为这种病症所共有的症状。这似乎难以用个人的历史作为解释的依据。而我们不应忘记，正是有了这些典型的症状，才可用来进行诊断。……尽管我们可以根据患者的经验对神经症状所有因人而异的方式求得完满的解释，但是我们的技术还不能说明这些病例中很常见的典型的症状"①。因人而异的症状在解释的过程中尽管更能够取得完满的结果，但这种个体性或特殊性常常难以令人信服，包含在其中的主观性是无法排除的。"典型症状"则包含了对症状的一般性解释，它能更多地增强症状解释的客观性。根据弗洛伊德，如果在不同的患者身上发现相同的症状并形成对它的经典解释，这一方面增加了解释的客观性；另一方面也使得临床治疗过程中的症状解释更加简易。

然而，弗洛伊德本人对一般的症状解释并不乐观，因为"典型症状"似乎并不容易归纳，众多病例中体现出来的个体性和特殊性是更合理的。但他

---

① 〔奥地利〕西格蒙德·弗洛伊德：《弗洛伊德文集 4》之《精神分析导论》，车文博主编，长春：长春出版社，2004 年版，第 157 页。

并不因此而悲观，他自始至终都承认精神分析在发展的过程中会遇到很多诘难与批判，它本身的不完善和精神病临床治疗的极度困难会使得各种理论设计陷入困境。精神分析唯一不能缺乏的就是永不放弃的科学精神。在他看来，科学作为与宗教、哲学不一样的探索，在建立的过程中必然是困难重重的，需要经历很多的失败尝试才能逐渐完善。但科学世界观必然是统领未来世界的价值观，它必然是能够超越宗教与哲学世界观的。这基本上确定了弗洛伊德的立场，他在自身理论体系建构过程中所体现出来的固执与武断备受批判，但他并不因此放弃，也从未放弃过修正，他更多地体现为坚持不懈的科学探索精神。

值得提出的是，症状解释的意义在现代精神病治疗领域并未受到足够重视。在各种现代精神病药物的辅助作用下，精神病的治疗越来越追求快速的疗效，而非在治疗的过程中重塑病人的意义世界。与精神分析治疗相比较，现代精神病治疗的明显不同之处是将患者当作是纯粹的受动者，在治疗的过程中，患者是完全意义上的被动接受治疗的客体。症状解释的意义就在于通过分析者的理解和解释，并通过一定的暗示作用使得患者成为重塑自身意义世界的主体。从这一点来说，症状解释的意义就在于解释，分析者无论如何解释，都不旨在为患者提供一个既定的答案，而旨在为患者提供一个可选择的方向。并且，解释过程中患者的主体性仍然是在无意识中产生和发挥的，因而症状的消失并非患者自身所能清楚地意识到的，而是分析者所观察到的。

二、与意识相对应的“无意识”的经典哲学解释

在上文中，我们分析了西方哲学语境中对人的疯癫“不自知”状态的描述困难。从概念和逻辑分析的视角是无法对这一状态进行准确描述的，因为完全无法证明疯癫状态中的人是不受意识影响的，至多证明当时的主体是处在一种“意识不明”或“意识不多”的状态之中。弗洛伊德使用“无意识”概念经典地描述了人的这一“不自知”状态，但他的“无意识”概念同样碰到许多理论难题，其中两个至关重要的问题是：1. 无意识到底指的是什么？2. 无意识和意识的关系是怎样的？对于这两个问题至今不存在统一答案。众多分析者认为，弗洛伊德的精神分析理论是以“无意识”概念作为整体背景的，如果不解决以上两个问题，那么意味着精神分析缺乏必要的理论根基。

历史上，庄子曾提出以“坐忘”达到个体“与道同一”的无意识状态，这是一种“离形去知”的自我认识方法，须在“物我两忘”中达到对“真我”的认知。

禅(Chan/Zen)原本是东亚文化中特有的一种传统，但修禅和禅悟自 20 世纪初已经成为全球性的文化现象，哲学家和心理学家们对“禅”的解释不断深入。日本禅学大师铃木大拙认为，禅是无法从科学的角度来进行解释和领悟的，它是人类理智所不能穿透的[①]。禅悟是一种个体通达“无意识”状态的方法，他称这一状态为“宇宙无意识”。弗洛伊德使用“无意识”描述人因“压抑的性本能”而产生的精神性疾病，它是患者所不可自知的心理状态，需要医生通过释梦、自由联想等方法帮助患者将无意识变成意识，以此作为消除患者的神经性症状的一般方法。弗洛姆曾对比过禅宗和精神分析中的“无意识”，他认为两者是相得益彰的，“禅可以使精神分析的焦点更为集中，为洞察的本性投洒下新的光辉”，而精神分析可以帮助禅“避免假开悟的危险”[②]。鉴于西方哲学对“无意识”概念的解释困难，本书拟从中国庄子哲学的坐忘论和禅宗的禅悟思想中寻找答案。

(一) 坐忘论中的“无意识”

“坐忘”一词出自《庄子·大宗师》，是庄子哲学中的一个重要概念。冯友兰先生在翻译《庄子》一书时将“坐忘”译为“Sitting in forgetfulness”[③]，凸显“坐”的动词含义，从而把“坐忘”引向道教的一种修行功夫论，这是长时间以来的一种主流解释模式。吴根友认为，庄子“坐忘”中的“坐”其实与坐姿无关，因而它并非“历史上大多数注解家所接受的崔譔、成玄英的训释”，将“坐忘”训为“端坐而忘”，它更应该是“无故而忘，自然而然的忘”。“端坐而忘”的训释“应该是受了早期佛教徒静坐、坐禅说的启发”，但实际上，庄子“坐忘”中的哲学思想“与佛学无关”[④]。这彻底撇清了“坐忘”与“坐禅”的“坐”的关联，将“坐”当做副词使用，修饰动词意义上的“忘”。

将“坐”当做副词使用还有不少其他出处，如《坊记》中记载：“大夫不坐羊，士不坐犬”，郑玄注解为“不坐犬羊，是不无故杀之”。另《管子·轻重甲》中也这样记载“国粟之贾坐长而四十倍……牛马之贾必坐长而百倍”。鲍照《芜城赋》中写“孤蓬自振，惊沙坐飞”，李善《文选》注解为“无故而飞曰坐”[⑤]。以上注解都将“坐”解释为“无故的”，亦即“毫无理由的，自然而然的”。曾国

---

① D. T. Suzuki. *Living by Zen*. London: Rider Books, 1986, p. 20.

② 〔美〕埃希里·弗洛姆等著：《禅宗与精神分析》(第 2 版)，王雷泉、冯川译，贵阳：贵州人民出版社，1998 年版，第 164 页。

③ 冯友兰：《庄子》，北京：外语教学研究出版社，2012 年版，第 89 页。

④ 吴根友、黄燕强：《〈庄子〉“坐忘”非“端坐而忘”》，《哲学研究》2017 年第 6 期。

⑤ 肖统编：《文选》(卷十一)，李善注，北京：中华书局，1986 年版。

藩说“无故而忘，曰坐忘”[①]。朱文熊也说：“坐，无故也，谓非有意于忘之也。”[②]“无故”指无意的。尽管少有注解家将其与“无意识”联系起来，但它与西方哲学的“无意识”极为相似。也有学者认为，从文法上讲，“坐”和“忘”并列使用不符合庄子惯常的文采，动词与动词之间必加上虚词，以使得句子更符合文气要求，因而虚词扮演了一个必不可少的角色[③]。维特根斯坦曾经也有过精巧的比喻，他认为语气助词就如铁匠打铁时的一种间歇：“为了以相同的节奏打铁，铁匠在有效的捶打之间给出微弱的捶打。”[④]“坐”正是这样一个虚词，它本身没有意义，但可以使得整个句子读起来更具文采。在《庄子》中，“坐忘”一词实际上只出现过 3 次，而“忘”字却出现达 80 次之多[⑤]。这意味着“坐忘”的重心不在“坐”而在“忘”，其中对“坐忘”描述最重要的一段文字如下：

> 颜回曰：“回益矣。”仲尼曰：“何谓也?”曰：“回忘仁义矣。”曰：“可矣，犹未也。”他日，复见，曰：“回益矣。”曰：“何谓也?”曰：“回忘礼乐矣。”曰：“可矣，犹未也。”他日，复见，曰：“回益矣。”曰：“何谓也?”曰：“回坐忘矣。”仲尼蹴然曰：“何谓坐忘?”颜回曰：“堕肢体，黜聪明，离形去智，同于大通，此谓坐忘。”[⑥]

庄子提出修道的三重境界：第一是“忘仁义”；第二是“忘礼乐”；第三是“坐忘”。“仁义”指内在道德，“礼乐”指外在道德，忘掉其中之一都不能算是得道，只有两者皆忘才能达到最高境界。此时既无肢体（身）上的劳累，也无聪明（心）方面的烦忧。对于“坐忘”，郭象注解为：“夫坐忘者，奚所不忘哉。既忘其迹，又忘其所以迹者，内不觉其身，外不识有天地，然后旷然与变化为体而无不通也。”成玄英疏云：“道能通生万物故谓道为大通也。外则离析于形体——虚假，此解堕肢体也；内在除去心识悗然无知，此解黜聪明也。”[⑦]内外两忘才是道的“大通”境界，这是一种精神上的超越，这种“忘”非“一时一地短暂的遗忘，而是人的一种生存状态。而人一旦失去了这种‘忘’的生存

① 钱穆：《庄子纂笺》，北京：生活·读书·新知三联书店，2010 年版，第 69 页。
② 朱文熊：《庄子新义》，上海：华东师范大学出版社，2011 年版，第 72 页。
③ 刘崧：《庄子“坐忘”辨义及其审美指向》，《南昌大学学报》2015 年第 1 期。
④ 韩林合：《维特根斯坦〈哲学研究〉解读》（下册），北京：商务印书馆，2010 年版，第 978 页。
⑤ 吴根友、黄燕强：《〈庄子〉“坐忘”非“端坐而忘”》，《哲学研究》2017 年第 6 期。
⑥ 钱穆：《庄子纂笺》，北京：生活·读书·新知三联书店，2010 年版，第 69 页。
⑦ 郭庆藩：《庄子集释》（卷三），中国书店，1988 年版，第 19 页。

状态,他也就失去了精神的超越性”[①]。“坐忘”亦是一种审美和艺术上的体悟方法,它需要主体忘掉一切外在束缚,不只是有形的物体,还包括思想意识、人际关系等,与海德格尔提出的“存在的遗忘”极为相似。海德格尔认为,从古到今的西方哲学家们都遗忘了“存在”的最本真含义,这使得哲学“无家可归”,使得“存在与存在者之差异被遗忘”[②]。他的“存在”不是可以用感觉把握的实体。老子之“道”非一般的存在者,非存在于具体时空中的存在物,它指的是存在本身。庄子的“大道”即对老子之“道”的发挥,以“忘”达“道”,“忘”非遗忘,而是“诚忘”:“人不忘其所忘,而忘其所不忘。”(《庄子·德充符》)这种“忘”与人的记忆无关,而是一种本体性的体验,它“忘年忘义,振于无竟,故寓诸无竟”(《庄子·齐物论》)。“忘年”即忘记了时间,超越了生死;“忘义”即忘记了是非,超越了人存在的有限性。如此,人才能达到“无”的自适境界。“忘”要达到的是无物无我、无是无非、无可无不可的境界,此时的“我”作为主体与“道”同一,无物无事是我不能接纳的,也无物无事是可以阻碍我的。“我”超越了作为存在物的存在,返回到本真的存在——“适”,“忘适之适”即主体达到自由的极致状态。庄子认为,仁义道德就如鞋子和腰带一样束缚着人,如果从一开始就不将自身当作是存在物,也就不会将自身看作是与外物相对立存在的“我”。在《齐物论》中,庄子提出了寓意深刻的“吾丧我”,黄锦鋐在《新译庄子读本》中注解为:“吾我二字,学者多以为一义,殊不知就己而言则曰吾,因人而言则曰我。”[③]这里的“吾”作为主语,是作为主体存在的我,“我”则是与他人、他物相对应存在的我,是存在物,而不是存在。陈鼓应认为:“‘丧我’的‘我’是偏执的我。‘吾’,指真我。”[④]“吾丧我”即摒弃作为存在物的我,回归本真的我。

“真我”是人的何种存在状态?在《齐物论》中,庄子云:“知止其所不知,至矣。”在《养生主》中,他又云:“人生而有涯,而知也无涯,以有涯随无涯,殆已;已而为知者,殆而已矣。”可见,人是无法通过“知”达到真我境界的。“知”意味着人的意识自我,它将人与外物区分开来,形成主客二分的局面。因而“知”即有“我”的存在,真我却是无“我”的存在。相应地,人的知性所能认识的“我”是有限的,它永远都无法达到真我的无限境界。庄子对“知”做

---

① 皮朝纲、刘方:《忘——即自的超越》,《西南民族学院学报·哲学社会科学报》1999年第6期。

② 〔德〕马丁·海德格尔:《阿那克西曼德之箴言》,选自《海德格尔选集》(上),上海:上海三联书店,1996年版,第578页。

③ 黄锦鋐:《新译庄子读本》,台湾:三民书局,1974年版,第67页。

④ 陈鼓应:《庄子今注今译》,北京:中华书局,1983年版,第35页。

了比较详尽的描述:“知天之所为,知人之所为者,至矣。知天之所为者,天而生也;知人之所为者,以其知之所知,以养其知之所不知,终其天年而不中道夭者,是知之盛也。虽然,有患。”(《庄子·大宗师》)人的知性是无穷无尽的,终生都无法停止。人的生命却是极为有限的,那些能够终其天年的人是“知之盛”者。但是为何“有患”呢? 因为知性使得天人相分,越是无穷无尽,越使得人难以达到“天人合一”的真人境界。因而“忘”就是不使得人因为知性的干扰而无法认识真我,因为知性凸显的是我作为主体对客观世界的把握,而真我却是一种“天人合一”的本体性体验,只有“离形去知”才能真正地把握。庄子接着写道:“泉涸,鱼相与处于陆,相呴以湿,相濡以沫,不如相忘于江湖;与其誉尧而非桀也,不如两忘而化其道。”[①]“知性”仍是道德意义上的,它与西方哲学中的“意识”存在差别。“相濡以沫”即人-我之间的道德关系,它关乎名利或生存的利害得失。人与人之间需要相互付出,反过来,即是相互索取。与其如此,不如“相忘于江湖”,即不计较利害关系,彻底忘记人-我之间的道德身份,回归于“道”。因为人生的荣辱、贵贱都是极其无常的,“以道观之,物无贵贱;以物观之,自贵而相贱;以俗观之,贵贱不在己。”(《庄子·秋水》)中国学者好将庄子的“忘”归为一种超道德的意识,归根到底是从意识层面上来解释。但实际上,庄子的“离形去知”是一种道德无意识。此时的“我”作为主体非一个无法自知的神经症患者,也非意识模糊或障碍者,而是一个具有高级知性的主体进入道德无意识境地,它可以消除主体与客体的差别,以此达到主客统一的状态。在《秋水》篇中有一段庄子和惠子的经典对话:

> 庄子曰:“鲦鱼出游从容,是鱼之乐也。”
> 惠子曰:“子非鱼,安知鱼之乐?”
> 庄子曰:“子非我,安知我不知鱼之乐?”
> 惠子曰:“我非子,固不知子矣;子固非鱼也,子之不知鱼之乐,全矣。”
> 庄子曰:“请循其本。子曰‘汝安知鱼乐’云者,既已知吾知之而问我,我知之濠上也。”

在我、鱼和你之间构成不同的主体和客体,如果“我”无法知道“鱼”之乐,“你”又何尝能够知道“我”不知鱼之乐? 如果“你”已经预设了前提“我不

① 钱穆:《庄子纂笺》,北京:生活·读书·新知三联书店,2010年版,第59页。

知鱼之乐”,“你”又何必来问“我”? 在我、你和鱼三个不同的主体之间,因为“知”而发生了关系,凸显了各自的主体性,但也正是这种主体性将不同的主体与客体区别开来,在“知”与“不知”的逻辑转换中,主体与主体、主体与客体之间的隔阂是必然的。庄子提倡“去知”,就是从意识的主体进入无意识的主体状态。此时的主体仍在,但已经不是“自我意志”意义上的主体了。犹如叔本华所说的:“主体已不再仅仅是个体的,而已是认识的纯粹而不带意志的主体了。这种主体已不再按根据律来推敲哪些关系了,而是栖息于、沉浸于眼前对象的亲切观审中,超然于该对象和任何其他对象的关系之外。”①因此,只要在我、你和鱼之间进行主体与客体的区分,主体如何达到客体就是一个难以解决的问题。只有消除主体与客体的差异,才能达到“浑然一体”的状态,再无所谓主体与主体、主体与客体之分,此时,我与“濠沟”也是一体的。

有学者将“无意识”归结为人意识的混沌状态。在《庄子·盗跖》篇中,孔子遭到盗跖训斥之后“执辔三失”,《庄子·秋水》篇中描述公孙龙听了魏牟之言后“芝而不合,舌举而不下”,都是以失去感知觉、无言以对为特征的无意识状态。老庄哲学中的“道”便是无知无形、无法用语言描述的无意识,是一种“若愚若昏”、“居不知所为,性不知所之”的混沌状态。庄子说:“不知说生,不知恶死;其出不訢,其入不距;悠然而往,悠然而来。”(《庄子·大宗师》)这种状态是不可用意识和抽象思维去表达的。他又说:“大知闲闲,小知闲闲;大言炎炎,小言詹詹。其寐也魂交,其觉也形开,与接为构,日以心斗,漫者窖者,密者。小恐惴惴,大恐漫漫。”(《庄子·齐物论》)人每天运用知性在与各种外物接触,在各种语言、文字的游戏中,人作为主体不得不隐藏自己的真实想法,根据社会的需要来选择语言。只有在梦境中,人的精神才能暂时地离开知性和语言的困扰。“真我”即脱离了知性和语言的“我”,进入到无形无知的“大道”之中,此时的主体达到“无为而无不为”的境界。张世英认为,这是一种人与世界融为一体的“自然而然”的审美境界,此时人选择做道德应该之事,但他是“自然而然地做应该之事,而无任何强制之意;自然在这里是自由”②。

“道法自然”是老庄哲学的基调,这里的“自然”可以解释为自由,也可以解释为一种“道德的无意识状态”。“应然的道德”是社会性的,常常体现为

① 〔德〕亚瑟·叔本华:《作为意志和表象的世界》,石冲白译,北京:商务印书馆,1995年版,第249-250页。

② 张世英:《哲学导论》,北京:北京大学出版社,2010年版,第78-79页。

对真我的压抑，“自然的道德”却是自由的，体现为对真我的发挥。在庄子哲学中，“应然”和“必然”都需要以“自然”为前提，这是不以任何社会规范为基础的道德状态。除了忘形、忘言，还需要忘技，如庖丁之“未尝见全牛也”。(《庄子·养生主》)此时，主体已超越感官认知的局限，达到心领神会、游刃有余的自由境地。它是一种“不思而得，从容中道”的状态，是一种“技”与“道”通的高超境界，此时的主体“心手相忘、悠然而化”。

“坐忘”是一个从有到无的转化过程。有学者认为，“忘”和“不知”是两个不同的阶段，“忘”不能完全排除意识主体的参与，只是逐渐地削弱主体的意识功能，“不知”却是主体已经潜藏在“侗乎其无识、傥乎其怠疑”(《庄子·山木》)的状态中。正是在这种主体意识“损而又损”的状态中，主体的无意识才趁机而入，达到异常活跃的状态，犹如“尸居而龙见，渊默而雷声”(《庄子·在宥》)的情形[①]。因而“忘”是近似于道的无意识，还未达到完全“不为外物所侵”的状态。那么，如何才能达到呢？主要的功夫见于“纯气之守”，即丝毫不能让意识侵入到无意识之中，这样才能够处水火之中但“莫知其为水火”，“荡荡默默乃不自得”，这是主体进入到一种情识俱灭的状态之中。方勇认为，这是主体在艺术创作过程中的意识升华，是“以天合天”的过程，即“让自己一步步从各种意识的控制下解脱出来，以忘怀一切的心理状态去契合那客观对象的自然性质”。此时的潜意识完全代替了意识在发挥作用，最后使得“主体的自然之‘天’与对象的自然之‘天’完全契合了起来”[②]。

无论如何，个体从意识到无意识的转化看似十分“玄妙”，却难以从知性和逻辑上来论证，方法上自然就显得幼稚，也可以说是“虚幻”。荀子后来提出“虚壹而静”的方法以通达主体的“大清明”状态，此时“万物莫形而不见，莫见而不论，莫论而失位”。(《荀子·解蔽》)他试图证明人在无意识中体察的才是真正的“道”。后世不断有人发挥庄子的“坐忘”论，最为著名的有唐代司马承祯所作的《坐忘论》，他将修道分为七个不同的步骤：敬信、断缘、收心、简事、真观、泰定、得道。当到达第六个步骤——泰定的时候，人就已经进入到一种很玄妙的境界，此时主体“无心于定”，却能“无所不定”。这是修道中十分关键的一个环节，它表现为“六根洞达”和“心与道同”。到最后的“得道”阶段，个体已经拥有异于凡人的能力，“蹈水火而无

---

① 方勇：《论庄子对无意识心理现象及其作用的认识》，《河北师院学报(社会科学版)》1995年第3期。

② 方勇：《论无意识与庄子寓言文学》，《杭州师范学院学报》1993年第5期。

害，对日月而无影”，这是一种“神不出身，与道同久”的即身之妙[①]。总之，无论如何描述，这种“得道”的境界是只可意味不可言传，它超出人的知性和语言的范围之外。

（二）禅悟中的“无意识”

众所周知，禅与印度佛教以及老庄哲学有着深厚的渊源关系，有学者甚至提出“禅宗思想是大众化的老庄哲学”[②]。在这里，我们无意追溯禅宗的发源及历史，我们只在当前的时境中去探讨“禅悟”中的无意识。无可否认，禅在当今世界不再是某一种文化的专属，它已经成为一种风行全球的哲学、宗教、心理现象。禅是在东方哲学、历史心理和生活基础之上创立的独特的宗教、哲学和生存方式[③]。这一全球化离不开日本禅学大师铃木大拙的功劳，他终生努力向西方宣传禅悟中的神秘主义力量。无疑，它与西方哲学中的知性、理性形成鲜明对比。铃木一方面断定“禅完全超越我们理解的极限之外”；另一方面他又宣称，几乎被理性、智性摧毁的西方世界急需这一神秘力量的拯救[④]。这是为何禅能够在美国引起轩然大波的主要原因，尤其是道家的自然主义思想为解决西方世界的生态危机提供了有力帮助。可以说，在促进西方现代科学观与东方自然智慧合成“有机的科学世界观”方面，科学家卡普拉、李约瑟和禅学家铃木大拙、瓦茨等人分别做出了不同的贡献[⑤]。本质上体现为东西方不同“自然主义”的融合。

在禅宗思想向西方世界渗透的过程中，禅学家们尤其强调禅悟的非知性和非逻辑性。新精神分析学派的代表人物弗洛姆、荣格和日本的众多禅学大师基本上都秉承了铃木大拙对禅“神秘不可知”的描述。正因为禅的这一特点，在修禅的过程中，只能通过体悟的方式来获得对它的认知。或者说，禅悟依靠的是人直接性的经验认知，非间接性的传授或逻辑推理。从这一点来看，禅是远离人的意识和理性的。正因为如此，弗洛姆发现了它与弗洛伊德“无意识”概念的相似性，撰写了《精神分析与禅宗》一文对比了知性与非知性状态中的“无意识”。相比较之下，弗洛伊德的“无意识”是揭开神经性症状的通道，它依靠人的知性力量将无意识引入到意识领域，从而获得

---

① 真静居士：《道藏》（卷22）之《坐忘论序》，北京：文物出版社、上海书店、天津古籍出版社，1988年版，第896－897页。

② 麻天祥：《中国禅宗思想发展史》（前言），武汉：武汉大学出版社，2007年版，第1页。

③ 顾明栋：《“离形去知，同于大通”的宇宙无意识——禅宗及禅悟的本质新解》，《文史哲》2016年第3期。

④ D. T. Suzuki. *Living by Zen*, London: Rider books, 1986, p. 20.

⑤ 陈月红：《20世纪禅、道在美国的生态化——兼论对现代科学机械自然观的颠覆》，《中山大学学报（社会科学版）》2014年第3期。

对"无意识"的认知,它是人真正的自我意志。禅宗面对的"并不是一组症状,而是一个深层心理结构"[1]。这意味着,禅与整个人类的存在问题有关,它关乎现代人的"生存焦虑"(anxiety of living)或"生命焦虑"(anxiety of life),这些与人内心深处的欲望和痛苦有关。

关于禅悟的非理性特点,在铃木先生和胡适之间曾经发生过一场论辩大战,论辩的主题便是"禅悟可以被理性解读吗"?作为禅宗佛教研究的先驱者和权威人物的胡适激烈地反对铃木的不可知论,并强烈地提倡"把禅放到它的历史背景中去加以研究"[2]。针对胡适的这种否定态度,铃木也针锋相对,他提出:"对禅的了解,应该抛开历史因素,从内部去了解,而不能从外部。"[3]显然,铃木完全排除知性与语言去理解禅,此方法难以令人信服,因为人类的各种文化都需要运用文字和历史去记载、归纳和考究。但反过来也可以认为,历史和文字只是描述了文化的外观,无法达致其精神的内核。从这一点来看,"铃木和胡适对禅学的解释各执一端"[4]。实际上,这关乎"禅"的定义,将它看作是一种"客观的文化形态",还是将它看作是一种"主观的心理开悟",会产生截然不同的结果。前者需要历史的方法对其进行各个横断面的剖析,后者只关乎个体的内心体验、体悟。从禅"援道入佛"的发展历程来看,它本质上更倾向于后者,更多地指向个体内在的超越。禅悟是人的心灵所要达到的某种极致状态,这种状态只能靠个体自己去领会,而非他者能够言传或身教的。并且,这种心灵的极致状态并非普通人能够随便达到的,因而极具神秘主义色彩。总之,禅悟因其非理性、非逻辑性的特点,与弗洛伊德的精神分析几乎遭受同样的命运。

佛教唯识宗将人内在的"心识"分为八类,其中第八识为阿赖耶识,意为"藏识",它包含着一切现象的"种子"(即潜能),是世界一切的精神本源。在本质上,这一类别的心识相当于"无意识"。铃木大拙在分析禅宗时提出"宇宙无意识"概念,它体现为"本能的无意识"。这里的"本能"区别于弗洛伊德的"本能",也不完全等同于道家哲学中的"自然"。这是一种不可能被压抑的创造性的无意识,是"意识的无意识"(自觉的无意识)或"无意识的意识"

① 顾明栋:《"离形去知,同于大通"的宇宙无意识——禅宗及禅悟的本质新解》,《文史哲》2016年第3期。

② Hushi, "*Ch'an(Zen) Buddism in China: It's History and Method*," *Philosophy East and West*, Vol.3, No.1, 1953, p.3.

③ D. T. Suzuki, "*Zen: A Reply to Hu Shi*," *Philosophy East and West*, Vol.3, No.1, 1953, pp.25 - 26.

④ 郭建平、顾明栋:《禅悟在跨文化语境下的理性解读——从胡适与铃木大拙关于禅宗的争论谈起》,《南京大学学报(哲学・人文科学・社会科学)》2014年第3期。

(无意识的自觉)[①]。

要理解禅宗的“本能无意识”，首先须厘清楚它所界定的意识与无意识的关系。显然，无论是庄子试图通过“坐忘”达成的无意识，还是弗洛伊德试图通过精神分析将人的无意识引入到意识的做法，都无法完全消除意识与无意识之间的差别与对立。这是他们无法克服的理论困难，因为只要承认二者的差别，无论通过什么样的方法来消除对立，都会陷入到循环的矛盾。禅宗的高明之处在于从一开始就不将意识和无意识区分开来，这样也就无法形成对立。阿伦·瓦茨认为：面对所有“不可分离的对立面”，例如，生与死、善与恶、苦与痛、得与失，其实是我们对这些对立面“之间”无法置于一词[②]。以此类推，在可知与不可知、是与非、有与无之间必然也无法形成对立。它显然区别于西方哲学中以知性为特点的形式逻辑，老庄哲学中“正言若反”、“一是一，一不是一，又是一”等言论中也显示出这一悖论。弗洛伊德曾使用这一逻辑以形容人心灵中似是而非的“混沌”状态，铃木先生则用它来消除意识与无意识的边界。他提出，之所以将“自然”定义为混沌的，意思是它本质上更像一个“无限可能性的储藏所”。从这一混沌状态中生发出来的意识只是某种表层的东西，只触及实在的边缘，未能触及实在的核心。因此，意识“只不过是漂浮在汪洋大海中的一个渺小的岛屿，但正是通过这一小岛，我们才能向外看到那无限广阔的无意识本身”[③]。

其次，“本能无意识”中的“本能”非人性中的原欲，它与人纯粹的生理需要截然不同，也不同于庄子“庖丁解牛”中的“习惯成自然”的高超技艺，同时，区别于庄子的超越性的审美境界，而将内聚于这一审美境界的“创造性”加以发挥。它是人意识中的一种高度形而上学的“未生”状态，意味着真正意义上的“返璞归真”。此时的主体完全抛开知性的干扰，进入纯粹的无意识状态，主体与客体完全同一。例如，生活中对花的认识，不去把花“从裂墙中拔下”以获得对它的抽象分析(科学的认识)，而是从“花的内部来观照它”。并在这一过程中“变成这朵花，成为这朵花，如这朵花一般开放，去享受阳光和雨露”。此时，“我知道了在它内部颤动的全部生命”。我通过对花的认识，“知道了我的自我。亦即说，由于我把自己忘却在花中，于是我既知

---

① 〔美〕埃希里·弗洛姆等著：《禅宗与精神分析》(第2版)，王雷泉、冯川译，贵阳：贵州人民出版社，1998年版，第56页。

② 〔美〕阿伦·瓦茨：《禅之道：无目的的生活之道》，蒋海怒译，长沙：湖南美术出版社，2018年版，第159页。

③ 〔美〕埃希里·弗洛姆等著：《禅宗与精神分析》(第2版)，王雷泉、冯川译，贵阳：贵州人民出版社，1998年版，第18－19页。

道了花，也知道了我”①。我和花之间并无主客体的对立，在我认识花的过程中，我并非我，花并非花，我和花之间达成了形而上学层次的生命融合，实现了本体性的同一。因而“本能无意识”并非要消除意识的东西，而是将意识经验并入生命本身。此时的主体才能达到“无我无心”的觉悟状态。

因此，宇宙（本能）无意识并非意识的对立面，它是“本体的无意识”，它超越一切客观科学的离心知识，是主观和向心的。意识是知性的、逻辑的和语言的，难免局限于对外界的各种肤浅认知，只有穿透事物的表面才能达到真正的无意识。这种认知是超越心理学的，它不依赖人的记忆而存在，因为记忆仍然是知性的，有目的性的。本能无意识却是无目的性的，体现为人的“自性”，它是人生命与一切创造力的源泉。犹如艺术家所作的画，它不是任何现实存在的东西的摹本，而是从他的无意识中开放出来的东西。换句话说，他画的并非事物的本来面目，而是融他的灵魂与画中之物为一体的东西。自性即人的真正自我，它不存在于人的意识之中，而存在于本能的无意识之中。正因为如此，那些试图通过科学的手段去发现自我的做法是站不住脚的，因为“人的全部存在并不牵涉乎知性，而是关联于原初意义上的意志。知性可以提出各种的问题（它这样做是完全正确的），但如果指望通过知性得到最后的答案，这却未免期求过高，因为这已经超出了知性的本性”②。从铃木的分析来看，知性只能探求到生命的外观，自性才能参透生命的内核。它存在于生命的最深处，只能从内部寻求，任何试图将它对象化、客体化的做法都无法把握它的深度。人要认识自己、把握自己的本性，不在别处，只在自己生命的最真实处寻找。而生命的本质也不体现在别处，就体现在日复一日的平常生活之中，因而它实际上就是一种对待生活的“平常心”。这种自性无需用太多的语言去描述，也不必与别人寻求同一，因为每个人的生命都是不一样的，你有你的生命，我有我的生命，每个人须在自己生命的最本真之处寻找自性。因为“一个人过的必定是一种个人的生活，而不是被概念或科学所界定的那种生活。……生活着的毕竟不是人的定义，而是生命本身，正是这生命才是人所研究的对象”③。自性即尊重自身生命本质的自主、自由和创造性，它遵从“无心无我”的自觉意识，它的突出特点

① 〔美〕埃希里・弗洛姆等著：《禅宗与精神分析》（第2版），王雷泉、冯川译，贵阳：贵州人民出版社，1998年版，第15－16页。

② 〔美〕埃希里・弗洛姆等著：《禅宗与精神分析》（第2版），王雷泉、冯川译，贵阳：贵州人民出版社，1998年版，第58－59页。

③ 〔美〕埃希里・弗洛姆等著：《禅宗与精神分析》（第2版），王雷泉、冯川译，贵阳：贵州人民出版社，1998年版，第33－34页。

就是“无目的性”。因为“目的性”通常体现为社会道德对人的要求，而自性遵从的是人内在自我发展的需求。因而相比较于人的社会性而言，自性更多地偏向人的自然本性，它是一种“明心见性”“见性成佛”的生命境界。

总体来说，禅悟是对道家哲学中自然主义的发挥，它宣扬理想的个体不必执着于外物，也不必以自我为中心。同时，个体在瞬息万变的世界面前不必仓皇失措，要能够随遇而安，“因为这个世界并不去向何处，所以不必恓恓惶惶”①。相对应地，在人与自然的关系中，人不应该想尽一切办法征服自然，而应该从自然中体悟生存，做到自然而“安然”。“人可以如自然界自身一样安然处之”。如瓦茨所发现的，汉语中使用同一个词——“易”来表示自然界的“changes”和“ease”，这意味着“自然”和“安然”之间存在某种相通之处。修禅和一切艺术工作一样，必须遵循“自然而安然”的原则，因为“匆忙，以及所有与它相关的一切，是致命的”②。人需要和自然一样保持着无目的性的生存态势，只有这样才能达到“禅悟”的境地。这既是修禅的艺术，也是生命的艺术。

（三）弗洛伊德的“无意识”

“无意识”是弗洛伊德精神分析理论中的核心概念。尽管有人认为它是弗洛伊德的独创，但他之前的哲学家们早就关注到这一概念。从远古时代的“神灵”“梦境”到笛卡尔的“天赋直觉”，再到斯宾诺莎的“未觉知的欲动”、莱布尼茨的“微觉”、康德“模糊状态中的知性”等，实际上都在描述一种与意识截然不同的无意识状态③。弗洛伊德的不同之处在于，他的理论主要是针对神经症的治疗来建构的，是一种独特的精神分析理论，而非一般的心理学理论。弗洛伊德认为，要理解神经症患者外显的症状，是无法通过分析他们的意识来实现的。医生必须能够深入到患者的无意识，并将患者的“无意识”变成意识，才能够使得患者从“不自知”进入到自知状态，症状便会自动消失，这是精神分析理论的主要方法。

尽管弗洛伊德专门探讨过“无意识”概念，力图证明它“可以在不被意识觉察的情况下存在和活动”④。但他的解释十分模糊，无法使得后世学者满意。他提出，描述意义上的“无意识”可以被分为“潜伏的”和“被压抑的”两

---

① 〔美〕阿伦·瓦茨：《禅之道：无目的的生活之道》，蒋海怒译，长沙：湖南美术出版社，2018 年版，第 223 页。

② 〔美〕阿伦·瓦茨：《禅之道：无目的的生活之道》，蒋海怒译，长沙：湖南美术出版社，2018 年版，第 223 页。

③ 范红霞、吴阳：《概念溯源：无意识》，《山西大学学报（哲学社会科学版）》2016 年第 6 期。

④ 〔奥地利〕西格蒙德·弗洛伊德：《弗洛伊德文集 2》之《释梦》，车文博主编，长春：长春出版社，2004 年版，第 378 页。

种类型，前者是可以被转化为意识的，后者却不能。他后来提出“前意识”用来表达“潜伏的无意识”，人的心灵结构因而可以被分为意识、前意识和无意识三种。后来他又解释：“只要我们不忘记在描述性的意义上有两种无意识，但在动力的意义上只有一种”。① 但这并没有为他人更清楚地理解“无意识”概念起到帮助作用。在回答费伦采（Ferenczi）的疑问信中，弗洛伊德甚至对别人的不理解表示震惊。即便如此，他仍然没有对此概念做出十分明确的界定。根据相关译者的推测，弗洛伊德的真实意思是“描述性意义上的无意识包括潜伏的和被压抑的两种，而在动力性意义上的无意识只包含一个东西——被压抑的无意识”②。可以看出，“无意识”与压抑存在着紧密的关系。但他表示，“受到压抑的事物并没有构成全部的无意识，无意识具有更大的范围，被压抑的事物只是无意识的一部分。”③

除了“无意识”的定义，另一个颇受争议的问题是：如何解释意识和无意识的关系？弗洛伊德的解答是：“意识与无意识的区别最终只是一个知觉问题，……知觉行为本身并没有告诉我们为什么一件事物可以被知觉到或不被知觉到。”④除此之外，人的知觉还容易陷入到悖论，陷入“可知又不可知”的状态。因此，试图在“知”与“不知”之间做出明确区分是不可取的。以此推论，在“意识”和“无意识”之间也无必要做出明确区分，否则，精神分析疗法就无法成立。尽管弗洛伊德之后重点区分了描述性的、系统性的和动力性的“无意识”，但“他从没有觉得有必要解释意识和无意识之间的关系，尽管其他的精神分析者们对此很不满意”⑤。总之，在弗洛伊德那里，“无意识”是确实存在的，是解释神经症的核心概念。但它的定义是无法用知性来描述的，否则，就无法说明它区别于意识的特征。医生的作用就是帮助患者通达自身的无意识领域，因为它是患者有症状但“不自知”的贴切描述，精神分析就是帮助患者通过“无意识”认识到最深层次的自我意识。

既然“无意识”是无法用知性和逻辑来解释的，认识它的方法自然也是“非常规”的。“意识”和“无意识”并非隔着一扇门的两个不同区域，只需要

① 〔奥地利〕西格蒙德·弗洛伊德：《自我与本我》，林尘、张唤民、陈伟奇译，上海：上海译文出版社，2011 年版，第 200 页。

② 〔奥地利〕西格蒙德·弗洛伊德：《自我与本我》，林尘、张唤民、陈伟奇译，上海：上海译文出版社，2011 年版，第 261 页。

③ 〔奥地利〕西格蒙德·弗洛伊德：《弗洛伊德文集 2》，王嘉陵等编译，北京：东方出版社，1997 年版，第 154 页。

④ 〔奥地利〕西格蒙德·弗洛伊德：《自我与本我》，林尘、张唤民、陈伟奇译，上海：上海译文出版社，2011 年版，第 201 页。

⑤ Nigel Mackay, DPhil. *Conscious and Unconscious: Freud's Dynamic Distinction Reconsidered, Psychoanalytic Psychology*. 1992, 9(4), pp.579 - 586.

“推开那扇门”便可在两者之间随意穿梭。弗洛伊德的真实意思是：两者之间的界限是模糊的，尽管“无意识”是存在的，但要通达它是不容易的。对于那些神经症患者来说，他们完全无法独自完成这一目标，否则，他们就不会在精神上形成所谓的“病”。因而“精神病”本质上意味着患者作为主体不能自知的意识。从这个意义上来说，医者只是作为一个“外主体”发挥作用，“理解”和“解释”是医生通达患者意识内部的两种主要途径。

萨尼尔在区分现象学和心理学研究的方法论时提出：“现象学方法收集、把握、描绘和整理心灵的质和心灵状态”，心理学所观察的不局限于这些，“而是要观察这些要素在心理体验中的关系”①。心理学所面临的困难也在此，心理学研究所面临的这种关系并非主体通过知性和逻辑推理所能认识到的，而是作为一个外主体通过“移情”作用产生的精神共鸣，这是心理学在方法论上的显著特点。他进而认为，在雅斯贝尔斯的方法学中，凡认识以“外在的因果性”为依据的则是“解释”。相反，凡认识的基础体现为“内在因果性的”便是“理解”。前者将外在于意识的心理事件当做对象，体现为“置身在外在于心理的事件之中”，后者则体现为一种认识的动机②。“理解”又可以被分为两种不同类型：一种是逻辑上的手段-目的关系，这是理性的理解；另一种通过理解者对对象的移情才能显现出清楚的动机，“是从内心获得的体验，就像心灵的东西是从心灵产生的一样，这种理解是‘生物发生学的’‘心理学的’的理解”③。这是一种与解释相对立的心理学认识方法。但雅斯贝尔斯又提出，理解是受“主观移情能力以及客观可移情性这两个方面限制的，无法再理解的时候，却可以解释”④。当然，他也承认，心理学家并不能够解释一切，只是为了说明解释没有“原则性的限制”。

雅斯贝尔斯作为精神病理学的奠基人，他对弗洛伊德的“无意识”概念和精神分析理论持何种态度呢？徐献军认为，雅斯贝尔斯在《普通精神病理学》这本书的第一版中对精神分析采取相对认可的态度，但在第二版中却采取了截然相反的态度，这与他本人的研究从临床医学向哲学发生转向有

① 〔德〕汉斯·萨尼尔：《雅斯贝尔斯》，张继武、倪梁康译，北京：生活·读书·新知三联书店，1988年版，第101页。

② 〔德〕汉斯·萨尼尔：《雅斯贝尔斯》，张继武、倪梁康译，北京：生活·读书·新知三联书店，1988年版，第102页。

③ 〔德〕汉斯·萨尼尔：《雅斯贝尔斯》，张继武、倪梁康译，北京：生活·读书·新知三联书店，1988年版，第103页。

④ 〔德〕汉斯·萨尼尔：《雅斯贝尔斯》，张继武、倪梁康译，北京：生活·读书·新知三联书店，1988年版，第103页。

关[1]。雅斯贝尔斯拒绝接受弗洛伊德将“无意识”当作是精神分析理论的建构基础，因为“无意识”的存在是无法验证的，“病理发生最终归于无法识别的、‘外意识机制’的影响，而这种机制对理解的病理塑形进路提出了不可改变的限制，并使精神分析‘无限可理解性的主张’显得荒谬”[2]。精神分析的缺陷就在于它的无限可理解性，“精神分析想要理解一切”[3]。雅斯贝尔斯坚持认为“理解”和“解释”是心理学缺一不可的两种方法，但精神分析却表现为一种不受限的可理解性研究。“弗洛伊德想要在无意识层面上揭示不受注意的心灵联系，但实际上做出的是外在于意识的‘好像理解’，这就使得理解变得日益简单化了。换言之，无限多样的理解形式，最终简化为了作为唯一基本力量的性或无意识。”[4]用雅斯贝尔斯自己的话说就是：“人们总是已经提前知道每个工作中的同一东西。”[5]总之，弗洛伊德使用“无意识”使得理解一切成为可能。对于患者来说，医者的认知是外在于主体的，它应该是十分受限的，“不能理解”才是绝对的。但精神分析理论因为“无意识”而打破了所有限制，所有看似“不可理解”的东西都可以理解。换句话说，意识是有限的，“无意识”却是无限的。它不在意识之中，却也不在意识之外。只要是意识所不能触及的领域，“无意识”便能发挥万能的作用。

弗洛伊德的“无意识”真如雅斯贝尔斯评价的那样具有“无限可理解性”吗？他的真正目的不在于对“无意识”进行科学描述，而是假定它的客观存在性。麦金泰尔在分析弗洛伊德的“无意识”时就认为，不仅是这个概念，其他的概念如压抑、抵制和创伤等都是“理论意义上而非描述意义上的术语”[6]。描述意义上的术语所指的对象是客观存在的现象或事实，理论意义上的术语却可以是建构性的，是一种理论假设。精神分析就是先假定有这样一个区域，然后再通过一定的方法发现它。弗洛伊德早期就是通过对口误、笔误、遗忘的分析和“释梦”方法等来完成这一任务。相对于那些日常行为分析，“释梦”在他看来更可能是一种科学的分析方法，因为梦境把真相藏

---

① 徐献军：《雅斯贝尔斯对弗洛伊德精神分析的批判》，《浙江学刊》2019 年第 4 期。

② M. Bormuth. *Life Conduct in Modern Times: Karl Jaspers and Psychoanalysis*. Dordrecht: Springer, 2006, p.16.

③ Karl Jaspers. *Allgemeine Psychopathologie*. Berlin—Göttingen—Heidelberg: Springer Verlag, 1973, S.302.

④ 徐献军：《雅斯贝尔斯对弗洛伊德精神分析的批判》，《浙江学刊》2019 年第 4 期。

⑤ Karl Jaspers. *Allgemeine Psychopathologie*, Berlin—Göttingen—Heidelberg: Springer Verlag, 1973, S.453.

⑥ Alasdair C. Macintyre. *The Unconcious: A Conceptual Analyse*. Routledge, New York and London, 1958, p.52.

匿于"一件机智与无意的斗篷"之下，它们"只不过是疯狂的北北西风"[①]。日常行为仍然不可避免地受到意识的干扰，但梦境中的人却可以排除任何外在刺激。梦中的主体由于缺乏正常的感知来源，主体意识是完全超出感知范围之外的，因而是非感性、非知性、非理性和非经济性的，这正是"无意识"的本质状态。总之，"睡眠使人恢复到原初的状态"。正是这一"意识的丧失"使得"无意识"有机会悄悄地溜出来。梦境隐藏了人在意识中的自我真相，是人真实自我的体现"梦的细节往往与人的人格的最隐秘的部分有关"[②]。

尽管弗洛伊德提出"释梦"方法，并专门撰写了《梦的解析》，但他不认为这是一件容易的事。相反，因为梦境的模糊与释梦者的主观使得这一方法很难实施，也很难令人信服。但精神分析并不像雅斯贝尔斯所说的那样，只是一种"理解的心理学"，而是一直坚持"理解——联想——解释"的分析路线。在弗洛伊德看来，如何理解人在梦境中所感知的东西是解释的前提，梦在实质上替代了"真实事件"在起作用。它所指的是主体经历的客观心理事件，是产生心理冲突的根源。根据弗洛伊德，心理冲突在本质是一种伦理冲突，是现实生活中所不能满足的欲望在心理上产生的抵抗，"梦则是愿望的满足"[③]。但梦并不能够直接显示出主体的真实愿望，需要通过"联想"的手段来实现梦从"显意"到"隐意"的转化。在此过程中，患者常因内心的伦理冲突而使得真实愿望被死死地压抑住。以此可以推断出，那正是患者认为的"见不得人"的东西。正如一个孩子"如果拒绝张开紧握的手给别人看手中的东西，我们便可以肯定这种东西必定是他不该有的"[④]。梦境也是如此，尽管此时主体已经脱离了意识的主导，但并不意味着就能自由地展示自己的真实想法。因而梦境并不能反映心理的真实。或者说，梦境并非欲望的直接告白，它也常常因为内心的压抑而只显现出具有象征性的意象。"释梦"就是根据这些象征性的意义进行理解和解释。

关于弗洛伊德的"无意识"，麦金泰尔提出与雅斯贝尔斯截然相反的观点。他认为弗洛伊德是在解释意义上使用这一概念的，尽管他本人并没有对此概念做出明确的解释，但很明显，他引入"无意识"概念的真实目的"不

---

① 〔奥地利〕西格蒙德·弗洛伊德：《释梦》，孙名之译，北京：商务印书馆，2002年版，第63页。

② 〔奥地利〕西格蒙德·弗洛伊德：《弗洛伊德文集4》之《精神分析导论》，车文博主编，长春：长春出版社，2004年版，第108页。

③ 〔奥地利〕西格蒙德·弗洛伊德：《弗洛伊德文集4》之《精神分析导论》，车文博主编，长春：长春出版社，2004年版，第75页。

④ 〔奥地利〕西格蒙德·弗洛伊德：《弗洛伊德文集4》之《精神分析导论》，车文博主编，长春：长春出版社，2004年版，第67页。

是要去描述，而是要去解释”。[1] 然而，麦金泰尔的这一“解释”明显地区别于雅斯贝尔斯所说的“解释”。后者以“外在的因果性”为依据，它以外在于意识的心理事件为对象。这个意义上的解释者永远是置身于事情之外的，只能根据自身的理解对外在的“心理事件”进行对与错的事实性描述。而弗洛伊德的“无意识概念对分析人员的作用是为他提供一张足够大的画布，可以让任何人类的行为，无论多么异常，都能在其中找到一个位置”[2]。这意味着，弗洛伊德虽然也给出了因果性的解释，但这些因果性并非分析者给出的，而是被分析者自己能够在意识中显现出来的。因此，“分析人员确实使用病人对解释的反应作为测试，但这只是表明分析人员所支持的解释是有效的，而不是正确的”[3]。这种有效性在神经症的临床治疗上就如药物和手术治疗一样，它只是一个小概率事件，而非能够在任何个体身上通用的方法。因此，精神分析的目的不是建构一种无懈可击的通用理论，而是消除个体的病症。弗洛伊德无法使人信服，因为他在治疗中所做的一切都无法重复和验证。因而除了方法上的确定，他提出的所有概念都只可能是理论假设，而非客观事实。从他的治疗经验来看，这并不妨碍它们发挥作用。总体来说，在治疗过程中，分析者的作用既是一个导演，又是一个永恒的“配戏者”。它不旨在帮助患者发现客观事实，而是帮助患者“从梦中醒来”。因而对于患者来说，“梦醒之时”便是自我意识复苏之时，此时，那些“不自知”的症状便会自动消失。

庄子、禅宗和弗洛伊德的“无意识”都旨在发现人的自然本性，庄子称之为“真我”，弗洛伊德称之为“自我”，禅宗称之为“自性”。三者的“无意识”都显示出不同的自然主义特点，都试图在人的自然本性和道德发展之间寻求一条合适的路线。庄子的“坐忘论”遵循的是从意识到无意识的路线；弗洛伊德则选择了从无意识到意识的路线；禅宗不在意识和无意识之间设置障碍，使用“宇宙无意识”消除了二者的对立。无论如何，弗洛伊德反对的是科学自然主义，试图构建以人的原欲为基础的伦理自然主义。在生命科学日益发达的当今世界，对人的本体性探索越来越依赖科学，科学世界观统领着人的意识。道家自然主义、伦理自然主义等与科学自然主义形成鲜明对立。

---

① Alasdair C. Macintyre. *The Unconcious: A Conceptual Analyse*. Routledge, New York and London, 1958, p. 78.

② Alasdair C. Macintyre. *The Unconcious: A Conceptual Analyse*. Routledge, New York and London, 1958, p. 110.

③ Alasdair C. Macintyre. *The Unconcious: A Conceptual Analyse*. Routledge, New York and London, 1958, p. 108.

在“道”与“自然”之间，道家仍以“道法自然”为逻辑，弗洛伊德却试图找到一条中间路线。尽管如此，三种“无意识”理论都试图消解存在于人的自然性和道德性、个体性和社会性之间的张力，并以此实现个体的自主性与创造性的发展。

三、作为“精神画布”的弗洛伊德的“无意识”

在上文中，我们对比了庄子、禅宗与弗洛伊德的“无意识”概念，目的是从这种对比中更多地理解弗洛伊德的本意。实际上，弗洛伊德对它的解释是不够彻底的。尽管他之后不停地强调对它的“解释不明”或“根本无法解释明白”是他自己也惊讶的。这意味着，他自认为在解释这个概念的时候是比较清楚的，但读者在理解这个概念的时候仍不可避免地产生困惑。当然，庄子与禅宗并没有提出明确的“无意识”概念，精神分析理论却是以“无意识”概念为核心的。我们对比三者旨在为弗洛伊德的“无意识”概念提供哲学解读的参照，以此凸显出弗洛伊德精神分析视角的“无意识”。然而，这看起来难免牵强，因为哲学分析只会使得对弗洛伊德理论的误解更多。

弗洛伊德并不是真正的哲学家，他只是一个临床医生。他要建构的理论是综合性的，即将“精神病”看作是须综合生理学、心理学和伦理学才能理解的。正如麦金泰尔在分析“无意识”时提出的，“这个关键的简单概念看起来能够与更为广泛意义上的不同人类现象相联系，也能够涵括人类共同主题下的广泛的异常和冗长的正常活动，比起其他任何已有的解释性概念都要更为容易。”[①]这里的意思是，“无意识”本身就可以从不同的视角加以理解，它广泛地存在于人类生活的各个领域。因此，它看似是一个简单的概念，却又能解释人类生活中的一些不简单的精神现象。正因为如此，在分析这个概念时，仍需要十分谨慎，尤其不能脱离弗洛伊德个人的学术史和他所处的时代背景。只有这样，才能梳理清楚它对弗洛伊德的精神病本体的解释性。

麦金泰尔对此有过较深层次的分析。他认为，弗洛伊德提出“无意识”概念有着比较复杂的时代和理论背景：“一方面，大量的实验和临床调查像‘家常便饭’一样进行，从不同的方面构建起人类行为和情感之间的大量联系。但是，这一工作在很大程度上只是在一个很粗糙的理论背景下进行的。

① Alasdair C. Macintyre. *The Unconcious: A Conceptual Analyse*. Routledge, New York and London, 1958, p.43.

同时，心理分析者们尤其注意凸显构建综合性理论的需要。”①“无意识”概念恰好符合这样的需求，它看起来遍布人类生活的各个领域。从不同的学科视角出发对它进行描述，似乎都能够找到一定的合理依据，但它实实在在地又让人难以把握。这就跟精神本身一样，常常体现出变化多端、难以预测的特征。正因为如此，他人在解读时难免陷入这样的或那样的“谜巢”。但也正因为这种“似是而非”的特征，使得“无意识”的可理解性得以无限延长。正如雅斯贝尔斯形容的，弗洛伊德的无意识具有“无限可理解性”，这也更能说明他对人类精神理解的独到之处。因为人的精神本来就是源源不断与不停变化的，单从某一个学科视角分析必定单薄。从另一个角度来说，如果人的精神不具有无限可理解性，那么它也就失去了该有的丰富性和灵动性。基于以上认识，我们在这一节中将进一步分析“无意识”概念。

（一）“无意识”概念的解释困境

弗洛伊德试图以“无意识”概念为核心建构精神分析理论，但如何解释它成为难题。“无意识”最开始体现出心理实在论的特点。在《自我与本我》中，弗洛伊德提出“无意识”与“潜伏的并且能够变成意识的”是一致的，但后来又因“潜伏”一词容易产生歧义，他进而提出“被压抑的东西是无意识的原型”。因而实际上，描述意义上的“无意识”可以被分为“潜伏的”和“被压抑的”两种，前者可以转化为意识，后者却是不可以转化为意识的。弗洛伊德后来提出“前意识”概念用来表达潜伏的“无意识”，因而人的精神结构可以被分为“意识”、“前意识”和“无意识”三种。然而，这样的精神结构十分模糊，但他强调，“只要我们不忘记在描述性的意义上有两种‘无意识’，但在动力的意义上只有一种。”②这并没有使得“无意识”的界定更清楚，反而将其推入更模糊的境地，成为本书的一个疑点。在回答费伦采（Ferenczi）的疑问信中，弗洛伊德十分震惊于别人的不理解，但他仍没有能够提供更清楚的解释。根据译者的推测，他的真正意思是指“描述性意义上的无意识包括潜伏的和被压抑的两种，而在动力性意义上的无意识只包含一个东西——被压抑的无意识”③。这样的解释仍无法避免误解，它的科学性很难令人信服。

弗洛伊德后来声称，要避免“无意识”概念的模棱两可性是不可能的，

---

① Alasdair C. Macintyre. *The Unconcious: A Conceptual Analyse*. Routledge, New York and London, 1958, p.43.

② 〔奥地利〕西格蒙德·弗洛伊德：《自我与本我》，林尘、张唤民、陈伟奇译，上海：上海译文出版社，2011 年版，第 200 页。

③ 〔奥地利〕西格蒙德·弗洛伊德：《自我与本我》，林尘、张唤民、陈伟奇译，上海：上海译文出版社，2011 年版，第 261 页。

“意识与无意识的区别最终只是一个知觉问题，对它必须回答‘是’或‘不是’，知觉行为本身并没有告诉我们为什么一件事物可以被知觉到或不被知觉到”①。在“知”与“不知”之间划分界限是徒增烦恼，因为“意识”和“无意识”本来就不存在明确界限，无须过多区分，否则，精神分析就无法进行。尽管他区分了描述性的、系统性的和动力性的“无意识”，并指出了这一区分的重要性，“但他从没有觉得有必要解释意识和无意识之间的关系，尽管其他的精神分析者们对此很不满意”②。麦金泰尔提出理解弗洛伊德“无意识”概念的六个重要方面：1. 关键之处在于如何界定“无意识”和“前意识”、“前意识”和“意识”之间的界限；2. 缺乏对原始过程(Primary process)的理解就无从谈起“无意识”，因为前者是后者的核心；3. “自我”和“压抑”之间的对比是理解“无意识”概念的一条路径；4. “无意识”构成童年与成人生活之间的底色；5. “无意识”是意识与外在精神生活、行为的一个无所不在的背景；6. “无意识”是一个“王国”。通过“无意识”，弗洛伊德做出了一个存在性的主张，他不仅提供了一个指示性的图表，一个构建意识和行为的模型，他还提出一个假设，声称这个“王国”是至今未能被发现的实体③。无疑，麦金泰尔的分析极为细致，和其他西方学者一样，都将“无意识”概念当做是理解弗洛伊德精神分析理论的核心④。在他看来，弗洛伊德的“无意识”是一种科学假设，而非实在。弗洛伊德需要利用这一假设来实现他的治疗目标，它是为治疗服务的。只要能达到治疗的目的，它本身的客观性并不重要。无疑，过多地追问“无意识”的含义及其与意识的关系，其学术意义和实践价值都不大。

倪梁康在分析胡塞尔的现象学“无意识”时提出两种含义：一种是“没有意向活动被意识到”；另一种是“特定的意识相关项没有被意识到”。前者在实质上将“无意识”中的“无”解释为不存在，如在昏迷、无梦的睡眠、生前或死后等状态中，主体是完全脱离意识的。后者指“未被意识到的东西”，如“窗台中的花处在我的视域中，但在风吹动它并因此引起我的注意之前，它

---

① 〔奥地利〕西格蒙德·弗洛伊德：《自我与本我》，林尘、张唤民、陈伟奇译，上海：上海译文出版社，2011 年版，第 201 页。

② Nigel Mackay, DPhil. *Conscious and Unconscious: Freud's Dynamic Distinction Reconsidered, Psychoanalytic Psychology*. 1992, 9(4), pp. 579 - 586.

③ Alasdair C. Macintyre. *The Unconcious: A Conceptual Analyse*. Routledge, New York and London, 1958, pp. 65 - 67.

④ Ahmed Fayek. *The Centrality of the System UCS in the Theory of Psychoanalysis: The Nonrepressed Unconscious, Psychoanalytic Psychology*. 2005, Vol. 22, No. 4, pp. 524 - 543.

是未被我意识到的”[1]。他认为,弗洛伊德正是在后者意义上使用“无意识”概念的。麦金泰尔认为,弗洛伊德的“无意识”有时指“缺乏有意识的意图”,其本质含义相当于“有意无意的”,如著名诗人兼画家 W. B. 叶芝(W. B. Yeats)引用他父亲的话说:“我必须画出我面前看到的东西。当然,我真地会画一些不同的东西,因为我的本性会无意识地进来。”这不仅有“缺乏有意识的意图”的意味,而且有“缺乏有意识的努力”的味道。但这不意味着叶芝不知道他的画布上出现了什么[2]。看似有意,却是无意,看似无意,却是有意,即无意识中隐藏的“是又不是”的悖论逻辑。

无疑,如果非得从知性和逻辑的角度去分析“意识”和“无意识”、“无意识”和“压抑”、“移情”、“抵抗”和“防御”等概念的关系,是永远无法理解弗洛伊德使用“无意识”概念的真意的。他本人也认为,精神分析不能落脚于人的意识或理性,“潜意识才是心灵活动的载体”[3]。在他的“感觉-意识”体系中,意识是人通过知觉得来的短暂易变的东西,“无意识”则是潜伏的、能够变成意识的东西。但“无意识”不能随便变成意识,是因为有一种强烈的心理对抗力量存在,使其不能变成意识。精神分析是消除这一对抗力量的方法,使得那些被压抑的心理被引入人的意识。意识是受自我控制的“心理过程的连贯组织”,它管理着所有的心理力量。压抑也是一种心理力量,它通过自我的甄别,将那些不符合需求的心理倾向从意识中排除出去。但是,“无意识”与“被压抑的东西”并不完全一致,“所有被压抑的东西都是无意识的,这仍然是正确的;但并不是所有的无意识都是压抑的”[4]。对于精神分析来说,去分析“不被压抑的无意识”是没有任何临床意义的。它的真正作用在于分析“被压抑的无意识”,以此作为理解人深层次心理的“一盏指路明灯”。

研究者们更倾向于从一般意义上来区分“意识”和“无意识”,是哲学性的。这种区分在弗洛伊德那里毫无意义,因为他启用这一概念的真实用意在于解释“行而不知”,并非要为“无意识”概念本身建构起一个哲学性的解

---

① 倪梁康:《关于几个西方心理哲学核心概念的含义及其中译问题的思考(一)》,《西北师大学报》2021 年第 3 期。

② Alasdair C. Macintyre. *The Unconcious: A Conceptual Analyse*. Routledge. New York and London, 1958, p.47.

③ 〔奥地利〕西格蒙德·弗洛伊德:《图腾与禁忌》,文良文化译,北京:中央编译出版社,2015 年版,第 154 页。

④ 〔奥地利〕西格蒙德·弗洛伊德等:《心灵简史——探寻人的奥秘与人生的意义》,陈珺主编,高申春等译,北京:线装书局,2003 年版,第 274 页。

释框架。无意识在荣格那里被称为“心灵的黑暗部分”[①],在弗洛伊德这里却是理解自我意识的“指路明灯”。他多次声明精神分析不依赖概念分析和逻辑推理,他的目的是通过对症状的解释来打开理解精神病的通道。他最开始诉诸日常生活中的失误动作来分析,如口误、笔误、读误、遗忘和做错事等,接着又使用释梦和催眠法等。他的理由是,人在睡眠的时候不存在任何外来的感知觉刺激,因而此时的主体处在非感性、非知性、非经济性的状态。一句话,睡眠使人恢复到人的原初状态,此时,被意识排除在外的“压抑的无意识”才能在各种带有隐意的梦境中显现。分析者的作用就是帮助患者通过梦境的显意理解自己的真实意图(隐意)。因而“无意识”正是患者那“不自知”的部分,是不确定、因人因时而异的。弗洛伊德的解释并不令当时的学界满意,导致它的科学性无法得到承认。尤其是雅斯贝尔斯的强烈批判,使得弗洛伊德的相关论述被认为是荒谬的“歪理邪说”。但是,“无意识”理论被迅速地传播并应用到商业、心理和经济等各个领域。这一方面使得“无意识”成为广为人知的概念;另一方面,在无形中增加了对这一概念的过分解读与误解,使得它远远地超出了弗洛伊德的本意。

(二)“无意识自然”的本体解释困难

尽管雅斯贝尔斯最初极力反对弗洛伊德将“无意识”当做是精神病的本体,但他晚年对这一概念的接纳程度逐渐增多。这与他本人的思想不断地向哲学靠拢有很大的关系,但这仍无法说明“无意识”可以构成精神病本体解释的基础。更多的学者认为,要解决这个问题,首先需要解决“无意识”与“意识”的关系问题。更确切一点说,如果没有充足理由证明“无意识”与“意识”之间的转化或生成关系,又谈何患者的“无意识”可以在精神分析师的帮助下转化成“意识”?如此,弗洛伊德的理论建构与治疗将陷入到一种荒谬状态。无疑,在众多的批判和反对的声音中,对这一问题的解释将成为精神分析理论是否能成立的重要前提。尽管弗洛伊德的“无意识”从一开始就面临太多的诘难,但众多学者的目的只有一个,那就是为精神分析的一般方法论提供基本合理的本体解释。在这里,我们无意对太多杂乱的资料进行过分复杂的对比,因为对于弗洛伊德的“无意识”概念及其本体解释实在存在太多似是而非的见解,这些见解中的绝大部分都与精神病学毫无关系。本节主要从临床医学的视角分析弗洛伊德的“无意识”,并说明它的本体解释困难。

---

① 〔奥地利〕西格蒙德·弗洛伊德等:《心灵简史——探寻人的奥秘与人生的意义》,陈珺主编,高申春等译,北京:线装书局,2003年版,第288页。

弗洛伊德本人并非哲学家，他是从临床医学的视角解释和治疗精神病的。在他所提供的精神病病因学理论中，他并非只立足于某一个概念进行解释，而是立足于一系列的概念来进行建构。并且，这些概念与概念之间存在着十分重要的关联，使得它们一方面看起来是互译的；另一方面又各自发挥着自身不同的作用，共同构成弗洛伊德完整的精神分析理论的一部分。对于这一点，麦金泰尔的分析十分到位。他认为，弗洛伊德同时在两个不同的意义上使用“无意识”概念：1. 作为一种心理现象的直接描述；2. 作为一种理论用以解释“童年事件”与“成年行为”之间的关联。麦金泰尔对这一概念的澄清实际上有助于消除精神分析理论中的许多误解，有利于帮助研究者们区分在何种意义上解读弗洛伊德的“无意识”概念不具有学术价值，在何种意义上解读却具有永恒的学术价值。无疑，如果仅将他的“无意识”概念当作是一种心理现象来解读，它的学术价值是不明显的；如果将其当作是解释“童年期心理创伤与成年期的异常行为之间关联”的核心概念，那么它将显示为一种独特的学术价值。尽管如此，麦金泰尔并不认为精神分析是一种科学的医学理论，他甚至认为精神分析者们所面对的人只能被称为“接受精神分析的人”，而不是“病人”。他的理由是，尽管当时的精神分析者中的一部分人接受过医学培训，但他们对待那些来找他们治疗的人的方式并非标准的医患关系模式。尽管这一论断似乎更多地增加了精神分析理论的不确定性，但至少可以将其与当时占据主流地位的生物精神病学完全地区分开来。从麦金泰尔的观点来看，精神分析就是精神分析，它并非一般意义上的精神病临床治疗学。尽管弗洛伊德也撰写了《治疗学入门》这样的专著，用以阐明实施精神分析的实际问题，但他的治疗实际上指的精神分析治疗，它与一般的临床治疗存在根本差别。

值得提出的是，无论是弗洛伊德，还是麦金泰尔，他们都未能明确地提出医学与哲学的区分与关联。即使在精神病学领域存在着这两种学科的深度交叉与纠缠，在看似医学又似哲学的理论体系建构中，他们看到了这两种不同理论体系在精神病解释中的同等重要地位，却无法从根本上分清楚哪一种理论更具有基础性的地位。从弗洛伊德本人的学科结构来看，他尽管在维也纳医学院修习过一些哲学类的课程，但很明显的是，相较于那些试图从传统形而上学哲学理论中分离出来的存在论或现象学哲学家们来说，弗洛伊德在哲学方面的修为相对欠缺。但这不意味着他提出的精神分析理论因而失去深度，因为对于疾病的解释本身就无法只立足于哲学来进行概念和逻辑上的分析。从另一个角度来看，临床医学如果缺乏哲学性的理论基础，又如何让人信服它在理论上的合理性或解释性？关于这一点，麦金泰尔就提出了一个精神病本体解释中的逻辑性难题,那就是:如何可以从偶然的事件中推导出行为解释的一般逻辑?① 对于这一疑问的更详细的解释应该是:如果童年期的创伤只是人的生命历程中发生的偶然事件,如何从这样的偶然性事件中推导出它对个体异常人格或精神状态形成的一般原理?

麦金泰尔提出,在亚里士多德关于人性和人的行为的描述中也存在着明显的逻辑性困难,因为亚氏声称"我们能够通过反思来发现我们作为理性动物受本性所驱动的终极追求目标是什么,而实践理性可以指导我们实现这一目标"②。拉康就坚持认为亚里士多德的说法是错误的,因为人类作为具身的主体受到无意识意念所告知的破坏性欲望的支配。约翰·拉杰奇曼(John Rajchmann)在他对拉康观点的总结中说到,我们的身体被"超越了我们灵魂中可能倾向于我们的善的东西所驱动"③。这意味着理性确实可以将人导向善的终极目标,但基于人的身体需求而产生的无意识的欲念可能超出这一理性的控制而产生恶的行为。例如,对于一个饥饿的人来说,理性可以告诉他此时去偷食物是不道德的,但是身体上的饥饿感仍然会驱动他不由自主地去获取本不该属于自己的食物。因此,理性的善并不一定导致行为上的善,人基于身体需求而产生的无意识的欲望极可能导致人行为上的恶。拉杰奇曼认为弗洛伊德表明了同样的观点:"无意识通过身体与理性联系在一起,这与亚里士多德的观点——人像哲学家一样用他的灵魂做出思考,存在着明显的矛盾"④。正因为如此,麦金泰尔指出:

> 我们需要学习如何正确地理解我们的欲望,以及如何正确地引导它们。……任何未被精神分析洞察力影响的道德或政治哲学都将存在严重缺陷,任何精神分析对人性和发展的理解,如果没有其他方面的整合和补充,都将是严重不完整的。⑤

从他的观点来看,对人自身欲望的理解确实可以作为对人性理解的一

① Alasdair C. Macintyre. *The Unconcious: A Conceptual Analyse*. Routledge, New York and London, 1958, p.30.

② Alasdair C. Macintyre. *The Unconcious: A Conceptual Analyse*. Routledge, New York and London, 1958, p.30.

③ *Truth and Eros: Foucault, Lacan, and the Question of Ethics*. London: Routledge, 1991, p.48.

④ *Télévision*, Paris: Éditions du Seuil. 1974, p.16, quoted by Rajchman, p.47.

⑤ Alasdair C. Macintyre. *The Unconcious: A Conceptual Analyse*. Routledge, New York and London, 1958, p.27.

种必要补充。尤其是在道德与政治哲学领域，如果缺乏对人的偶然性欲望的必要解释，只是以一般的人性作为理论基础，必然导致极其不完整的理论解释，在实践中也无操作性可言。但是，人的欲望就可以成为精神病本体的解释基础吗？无疑，欲望是偶然性的，它有力地指引着人的行为。在中西方哲学史上，哲学家们对人的性、情、欲及其关系的探讨是广泛的，他们的不同之处就在于将欲望放置于人的意识中探讨。因此，如果无意识的欲望可以成为精神病的本体，那么，如何解释人的欲望确实可以成为精神病本体研究的核心问题。

拉康认为，问题的关键不在人的意识，而在“那潜伏在普遍命题之下的欲望”①。拉康的“欲望”是模糊的，它并非主体所实际需要的或需求的东西，它看似就处在主体需要或需求之间，但又说不清楚是或不是。在拉康晦涩难懂的语言中，很难理解他的本意。但在拉康哲学中，“无意识”概念本身就拥有明显的“难以言说”的特点，“我们永远无法说出所有我们想说的东西，无意识就是无法爆发，被压抑、停留在朦胧中，只有通过‘它说’才涌现出来，而主体却对‘它说’没有任何认识。”②无疑，拉康对“无意识”概念的解析对理解弗洛伊德的“无意识”有着重要的帮助作用。可以说，意识的欲望是一种目的性欲望，比如人对物的欲望就具有明确的指向性，必然由物对人造成的刺激而产生。无意识的欲望却是无目的性的欲望，它表现为不指向任何确定性的目标。从这个意义来看，弗洛伊德强调的其实就是一种自然的、无目的性的欲望，它体现为一种“无意识自然”。“自然”的意思是它并非受外在刺激产生的欲望，无目的性的意思是它不具有明确的目标。然而，相对于老庄和禅宗的“无意识自然”，弗洛伊德的“无意识自然”是一种欲望自然，它本身具有偶然性，是不包含主体的任何动机的。同时它也是因人因时而异的，是不停地变化发展的，它不代表事物或人的本性，只是从某一个方面反映了事物或人的本性。老庄的“无意识自然”是本性自然，它不因事物的变化而变化，是植根于人性中的不变性质。尽管它也包含即时的行为动机，是无目的性的，但从老庄和禅宗所描绘的人的“本真”和“自性”来看，其中仍包含了对“道”或“禅”境界的长远动机。

难题仍然体现为：如果“无意识自然”是偶然性的，如何才能证明它可以被当作是精神病本体解释的一般原理？拉康的欲望并非对物的欲望，同样，在弗洛伊德的欲望中也不包含对物的欲望。可以说，弗洛伊德是完全脱离

① Jacques Lacan. *Évolution Psychiatrique et in Écrits*. Paris, Seuil, 1966, p.39.

② 〔法〕纳塔莉·莎鸥：《欲望伦理——拉康思想引论》，桂林：漓江出版社，2012 年版，第 4 页。

“外在自然”来研究人的内部精神的，他探索的始终是人的“内在自然”及心灵。因此，可以这么认为，弗洛伊德的“无意识”实际上指一种关系性欲望，是主体意图跟其他主体建立起关系的欲望。从这个意义上来说，它并非缺乏性需要，而是人的发展性需要。或者说，并非主体因为缺少某种东西而产生的欲求，而是主体的一种看似无目的性的、自然的关系性欲求，本质上却是一种积极的、发展性的欲求。人正是在这一发展性的关系欲求基础上建立起与他者的客观伦理关系，并生发出相应的伦理道德观念。

无疑，在麦金泰尔对比“心理词汇”与“心理概念”中可以发现一些真知灼见。在他看来，那些对弗洛伊德的“无意识”概念持反对意见的人实际上经常会提供以下论点，例如，像“希望”“动机”“恐惧”“欲望”这样的术语指普通心理，对这些术语的一般使用都是这样的。当谈论某人有不光彩的动机或萦绕心头的恐惧时，意思是（至少是）他们在脑海中体验了某些想法。正是因为他们有意图，我们才谴责或同情他们。当评估某种行为的道德与否时，我们经常询问他的意图，他想做什么？他的动机是什么？这里的“意图”是指：作为主体，他完全能够意识到它们，并能够宣布它们是什么。但是，如果这些术语必须以形容词“无意识”为前缀，那就没有意义了。这些术语本质上是指或描述意识状态，并暗示这些状态可能是无目的性的，是试图谈论“无意识的意识状态”①。换句话说，任何心理学的概念都可以使用“无意识”进行描述，如无意识的希望、无意识的恐惧、无意识的焦虑等，“无意识”可以被用来修饰任何动机明确的、目的性的意识行为。因而它体现为一种性质，可以用来修饰所有的意识活动，是一种说不清、道不明，似是而非、矛盾不已的状态。

无疑，继续纠缠“无意识”概念的哲学价值是毫无意义的。无论是从一般的哲学视角出发，还是从一般的心理学视角出发来理解这一概念，都体现出一种既难以理解又具有无限可理解性的特点。因而在这里，不再过多地解释这一概念，我们只立足于弗洛伊德的精神病学建构来分析它的特点及价值。无论如何，须回到弗洛伊德的初衷及临床医学来分析。医学具有不同于哲学与心理学的显著特点，在亚里士多德的《形而上学》中就有经典的论述。尽管他认为应该区分好“物理之学”与“伦理之学”，但医学仍应该被单列出来研究。这一点被笛卡尔重复提到。尽管他们并没有系统地论述医学，但已经意识到它的特殊性。在亚里士多德“本体之学”与“实证之学”的

① Alasdair C. Macintyre. *The Unconcious: A Conceptual Analyse*. Routledge, New York and London, 1958, p.73.

区分中，他虽强调“本体之学”的更基础的学术作用，但不否定“实证之学”的存在价值。我们在第一章中已经论述过这一点了。

值得提出的是，当前医学虽不存在比较系统的本体学，却拥有比较成熟的病因学和病理学。在某种意义上，它们存在着一定的相似性。病因学试图寻找疾病产生的原因，例如中医的“寒湿”和西医的“病毒”“细菌”“外伤”等都可以成为疾病的病因。但是，如成中英所提出的，本体是从本到体的动态发展过程，那么，病因只是疾病之“本”的一部分。病理学指的是疾病发生发展的一般机制或原理，它和病因学一起才能构成疾病的本体。在本书中，我们时而提到了病因学。在弗洛伊德的《精神分析导论》中，他专门探讨过精神病的病因学。尽管在翻译中使用了“病因学”一词，这跟现代医学的一些表达方式有关，但实际上，弗洛伊德不只分析病因，他还同时分析了精神病发生发展的病理机制。从这个意义上来说，弗洛伊德实际上论述了一个比较完整的精神病“本体”，他只是未能从概念上将其界定为“本体”，也未考虑它的哲学性。

基于以上认识，我们回到弗洛伊德的“无意识”概念做本体意义上的分析。弗洛伊德区分了描述意义上的“无意识”与动力意义上的“无意识”，并明确地提出自己是在后一种意义上来使用这个概念的，主要目的是通过它来分析患者的真实欲求。粗略地看，动力意义上的“无意识”正符合本体之“本”，弗洛伊德正是以此概念的过程性来凸显人精神的动态发展。但是，不能忽略，现有的各种本体都是立足于人的理性和意识来谈的，“本”的一个明显的特征就是具有明确的目的性和指向性。换句话说，“本”必须是以“体”为目的和指向的，否则就无法构成本体。显然，我们很难认为“无意识”具有这样的目的性和指向性。相反，它不具有任何目的性和指向性。从这个意义上来说，我们就很难认为“无意识”，即使是动力意义上的“无意识”，可以为精神病的本体解释提供大致合理的基础。在上文中，我们分析过麦金泰尔对这一概念的质疑，它似乎是一种属性，可以用来描述人的任何一种心理状态，例如无意识恐惧、无意识焦虑等。根据他的分析，“无意识”看起来是一种属性，与它相对应的便是人的“不自知”状态。在另一处，弗洛伊德强调，“无意识”主要指“被压抑的无意识”。或者，可以这样认为，这里的“被压抑”并非主体刻意地、有目的地压抑，而是无意识的压抑，这样就更加明确在各种被压抑的心理活动中，被无意识地压抑的心理活动才构成精神病解释的关键环节。显然，根据以上的分析，仍然无法判断出“无意识”概念是否可以被当作是精神病的本体。根据上文中病因学与病理学的综合才能构成本体的推论，“无意识”既非精神病致病的因素，也非精神病发展的一般机制和原理，它仅体现了精神病及其症状的一般属性。但是，这种属性充斥着精神病致病因素的全部与发展机制的始末，它无处不在。正因为如此，雅斯贝尔斯才认为，正是它的无限可理解性导致使用它来解释精神病的科学性匮乏，甚至滑入到一种无穷无尽的虚无与荒谬。

虽然很难找到充分理由证明弗洛伊德的“无意识”的本体性，但是，我们也可以清楚地看到，他并不将精神病的解释放置于意识领域。可以说，他自始至终都不从人的意识出发去解释精神病。尽管弗洛姆认为，弗洛伊德的理论仍体现为知性的、二元认识论的，但实际上他并不研究人的意识，所以也很难断定他的“无意识”与知性有何关系。他有关精神病治疗的一般方法论——将人的无意识引入到人的意识，只意味着他将人的“自知”当作是治疗所要达到的目标，并不旨在研究人的意识。因为根据他的方法学，只有人实现了从“不自知”到“自知”的转化，才能最终消除精神病症状。从另一方面讲，如果是人的意识出了问题，那么人的异常也应该体现在对物的认知上。但是，在现有的精神病学中并不存在患者对物认知异常的证明。精神病患者那些幻听、幻觉并不来自对客观物体的感知，而是患者主观上产生的感知觉。这意味着，精神病的本体并不存在于人与物(或外在自然)的关系中，而是存在于人与人的关系中。并且，精神病致病情境中的伦理冲突并不源自现实生活中的客观伦理，而源自患者主观想象中的伦理心理。

在第一章中，我们探讨了弗洛伊德的“性本能”，它本质上是一种关系性欲求。相对于“无意识”来说，“性本能”是更为本体性的概念，但这仍然不意味着“性本能”可以单独构成精神病的本体。因为它并非精神病患者独有的，而是人所独有的，“性本能的固着”才是精神病的致病原因。无疑，精神病患者虽然也体现为抑郁、焦虑、强迫等心理的病状，但他们并非在身体上出现一些病状。这意味着，尽管身体可以成为其他一些疾病的实体载体，但却不可以成为精神病的实体载体。那么，在精神病的本体解释中，何为精神病之“体”呢？从众多理论分析家的观点来看，如果一定要为精神病设定一个本体，那么，它所指向的不是人的身体，而是人的心理实体，如果它存在的话。关于这一点，在心理学史上确实也存在很多的争论，我们无意在这里进一步扩展。总的来说，弗洛伊德的“无意识”概念既无法成为精神病之本，也无法指向患者的心理实体，它只是精神病本体的一般属性。

(三) 作为“精神画布”的弗洛伊德的“无意识”

众多的批判者们认为，弗洛伊德的著作包含太多文学性的语言。在那些看似荒诞不经的临床案例中，他完全脱离正常的逻辑思维去解释患者的意义世界。尤其是患者的任何异常行为、生活物品都可与“性”联系起来解释,使得很多人认为弗洛伊德的理论如小说般离奇与富有想象力。然而,之所以能得出这样的结论,皆因弗洛伊德将所有不可理解的情感、行为和意义都归为“无意识”。可以说,“无意识”使得患者精神世界中一切不可理解的最终都被理解。根据麦金泰尔,被分析者与分析者是否真地达到理解是不可知的,因为正常人永远无法达到患者的精神世界。或者,任何人都无法进入到别人的内心世界。在第一章中,我们已经表明需要立足于“性本能”和“罪恶感”来分析精神病的本体。“性本能”是人无意识的关系性欲求。尽管拉康认为弗洛伊德的“无意识”关乎人的欲望,但“性本能”还未达到欲望的阶段。因为人的欲望是由外在刺激产生的目的性需求,“性本能”只能算是欲望的前身。并且,“性本能”指向的并非对物的欲望,也并非对人的欲望,而是对关系的欲望。“罪恶感”是人的“道德本能”,它仍然是无意识的。较少有学者热衷于讨论弗洛伊德的“罪恶感”,但它在本质上更能影响人的精神状态。如托马斯·亨利·赫胥黎(Thomas Henry Huxley, 1825—1895)在《进化论与伦理学》中指出:

> 最能抑制人类的反社会倾向的,不是对法律的恐惧,而是对其同伴舆论的恐惧。……人们宁可忍受肉体上的极端痛苦也不愿放弃生命,但羞耻感却能逼得最懦弱的人去自杀。①

弗洛伊德在《图腾与禁忌》中分析了精神病解释的核心——矛盾情感,但我们是无法将其放置于意识领域来思考的。在伦理学家们对道德本体的思考中,道德是否应该源于人的同情感、羞恶之心等,都无法证明。弗洛伊德并非立足于意识来寻找精神病的病因,而是立足于情感和欲望。但相较于情感主义伦理学家们来说,他的情感和欲望又有差别。在更本质上来说,弗洛伊德的“情感”并非正常人的理性情感,或者说,并非基于现实伦理关系的情感。现实生活中的人际关系都是靠情感来维系的,情感的破裂意味着关系的结束。弗洛伊德的“矛盾情感”并非用来维系人际关系的真实情感,而是作为关系性欲求的“性本能”与作为道德前状的“道德本能”冲突的结果,或可以称之为“情感”。从这一点来看,弗洛伊德的情感和欲望只是它们的原始基因,或可以被称为“元情”和“元欲”。它本质上是被人的道德观念压抑后产生的“变形的情”和“变形的欲”。

---

① 〔英〕托马斯·亨利·赫胥黎:《进化论与伦理学》,宋启林等译,黄芳一校,陈蓉霞终校,北京:北京大学出版社,2010年版,第12页。

在中国哲学中，性、情、欲是一组比较复杂的概念，常常交织在一起。在西方心理学中，知、情、意是一组比较复杂的概念，它们联系紧密。尽管弗洛伊德的精神分析理论一直被认为是心理学的，但他并不被当时正统的心理学派接纳。从他的“性本能”、“罪恶感”与“无意识”等概念来看，既不像西方心理学立足于知性来建构，也不像中国哲学立足于人性来建构。从方法上讲，弗洛伊德并未脱离实证方法。从研究的对象来看，他却是远离理性和意识的。因而，无论是将“无意识”当作是文学性描述，还是将其当作是科学假设（如麦金泰尔所说的），其方法和逻辑必然不同于意识领域的研究。尽管在近代道德哲学家们那里，关于道德的本体，理性主义和情感主义的激烈争论说明，要理解人的内部自然及其发展规律并非易事。但是，道德哲学家们寻找的是一般规律，是必须立足于人的一般性来谈的。精神病作为疾病的一种，它是极特殊的。可以说，立足于一般的哲学、心理学理论或方法来研究精神病，都难以自圆其说。因为精神病本身就不具有一般性，它只是极少部分人的所谓的“病态”。从这个意义上来说，医学研究，无论是立足于身体实体研究，还是立足于心理实体研究，实际上都是特殊性研究。这一特殊性并非人一般意义上的特殊性，而指与健康相对立的疾病的特殊性。关于“健康”与“疾病”的定义与区分仍缺乏充足证明，众多的医学解释常将两者互译，例如，将健康定义为“躯体或精神没有疾病的状态”；同时将疾病定义为“躯体或精神处在不健康的状态”。并且，根据剑桥医学史中的描述，有关“健康”的定义一直处在变化之中，因为健康本身也具有很强的道德文化性，这导致对“健康”的定义没有办法在不同的文化情境中完全一致。无可否认，当前医学尚缺乏充足的哲学来论证它们的确切含义。无论是从传统医学出发，还是从现代医学功能主义出发，疾病都只体现为人身体中的特殊症状。如果实在需要对“精神病”定义的话，它体现为更特殊的情况，因为很难从精神病患者的身体内部检查出异于常人的指标。尽管现代临床诊断仍通过脑部扫描来进行，但这种方法并未得到广泛认同。在美国历史上，曾多次因脑部扫描诊断暗杀者或杀人犯为精神病而宣布免除责任，这种诊断的理论基础是薄弱的，目前尚存在不足。

让我们再回到“无意识”作为精神病本体解释的困难：如何从偶然性的异常行为或心理事件中推断出一般的病态人格？从弗洛伊德早期的理论来看，他完全是从临床医学的视角进行理论建构与治疗的。换句话说，他早期仅着手于解释精神病的发病原因，并非归纳出精神病的一般性发病机理。尽管在前文中，我们也分析过弗洛伊德的“典型症状”的意义及学术价值，但这仍不代表弗洛伊德旨在建构一种一般化的理论。因为在精神病学领域不存在一般化的通用理论,无论是哲学的,还是科学的。从弗洛伊德的晚期理论来看,他增加了哲学的和心理学的内容,尤其是“自我”“本我”和“超我”等概念,有力地结合了心理学与伦理学的理论,为精神分析理论提供了更坚实的基础。但是,理论的完善或可以使得精神分析更具有一般性,但于治疗而言,不意味着会带来有效结果。现代临床医学的凸出特点是,它并不追求理论的完美,更追求临床实践的疗效。无疑,弗洛伊德的着重点在后者。但是,无论他如何从实际的临床案例中归纳与说明,他在理论上的说服力总是有限。这不仅导致精神分析理论本身的塌陷,而且导致他的临床治疗方法濒于流产。又因为他的治疗需长年累月才见效果,甚至效果不很明显,这使得他一度无法施展在他看来十分合理的精神分析方法进行治疗。

从精神病的具体治疗方法来看,弗洛伊德试图通过“移情”达成分析者与被分析者之间的理解。这意味着,作为主体的“分析者”和作为客体的“被分析者”之间并不构成简单的二元关系,它更多地强调通过移情实现主客体的“共通”。这一点,在近代道德哲学家那里同样存在难以解决的认识论问题。换句话说,在道德本体上出现了理性主义和情感主义的分歧,二者在认识论上陷入矛盾:理性主义很难证明主体是如何到达客体的;情感主义难以解决事实-价值的矛盾,因此,不可避免地陷入道德相对主义。尽管弗洛伊德在具体的治疗方法上诉诸“移情”,但他的理论与情感主义存在明显差别。他并没有论及哲学本体或认识论,只是试图通过一种可能的方法打开分析者与被分析者的精神通道。因而,“移情”并非情感主义伦理学的一种补充,而是一种独特的精神分析方法。弗洛伊德试图综合心理学、伦理学和生理学来解释,“移情”更多地倾向于心理学。但他不使用心理学实验方法,他使用精神分析方法。然而,站在当时的社会背景下,弗洛伊德的科学尝试也无可厚非。麦金泰尔说:

> 一方面,大量的实验和临床调查像“家常便饭”一样进行。从不同的方面建构起人类行为和情感之间的大量关系。但是,这一工作在很大程度上只是在一个很粗糙的理论背景下进行。同时,心理分析者们尤其凸显构建综合性理论的需要。①

可以看出,弗洛伊德在当时的社会背景下,不过是尽其所能地寻找解释

① Alasdair C. Macintyre. *The Unconcious: A Conceptual Analyse*. Routledge, New York and London, 1958, p.43.

人类行为与情感之间关系的方法。尽管他的理论和方法并不被当时的医学界所接受，同时也无法被纳入到心理学和哲学领域。可以说，他特立独行的精神分析方法正好与精神病本身十分对应。而在这一特殊方法背后，弗洛伊德也并非完全陷入到被分解的、无逻辑的零散见解中。相反，他找到了一个与人的理性、意识相对应的概念——“无意识”来诠释人精神的另一面。如麦金泰尔所洞察的，弗洛伊德的“无意识”犹如一张很大的画布，意识中的各种情感和欲望都可以在这张大画布中找到相对应的东西——“无意识”的情感和欲望。因此，“无意识”就如人精神世界的另一面。如果说意识是人精神世界的“阳面”，是显性的、清晰可见的和可理解的；“无意识”便是与人的意识世界相对应的“阴面”，它是隐性的、模糊的和不可理解的。基于以上分析，我们认为，“无意识”在弗洛伊德的理论中构成一个解释背景，任何心理的、伦理的和生理的概念都可以放置于这个背景中加以解释。例如，可以将一些典型的心理症状——恐惧、焦虑、压抑和抵抗等，放置于“无意识”的背景中解释，自然地成为“无意识的恐惧”、“无意识的焦虑”、“无意识的压抑”和“无意识的抵抗”等。弗洛伊德正是使用了这一被人讽刺为“万能概念”的“无意识”来解释一切意识中所无法解释的症状。例如，“性本能”与“罪恶感”，都不指正常人的显见的欲望与情感，而是一种被压抑的、无意识的欲望与情感。他正是在这个意义上使得所有看似不可理解和解释的情感和欲望都被合理地解释，这也是他针对“精神病”这一特殊疾病所提供的最好的治疗方法。

第四章　几个核心概念的伦理自然主义体现及其结构性

在第三章中，我们分析了弗洛伊德的“无意识”概念作为精神病本体的解释困难，它本身体现为一种属性，用来修饰一切与意识领域相对应的心理、伦理和生理的状态。在这一章中，我们继续分析弗洛伊德的三个核心概念：“无意识”、“性本能”和“俄狄浦斯情结”（Oedipus Complex）以及它们的结构性。值得提出的是，我们在这里讲的“结构性”不同于索绪尔、皮亚杰等人在语言结构主义框架中提出的“结构性”。尽管在弗洛伊德的理论中，无论是无意识、前意识和意识所构成的“地形结构”，还是自我、本我和超我构成的“人格结构”，似乎都体现出结构主义的一些特点。但我们在这里分析的三者的结构性并非作为整体的部分与部分的关系。我们的意思是，弗洛伊德的理论体系架构不是平面的、静态的，而是结构性的、动态的。无疑，在第三章中，我们已经指出，“无意识”因为与意识之间的相互转化和生成关系，以及“性本能”的人性原动力的性质，使得它们极容易被理论家们当作是精神病的本体。但实际上，它们完全不能就此独立地构成弗洛伊德的精神病本体。无疑，弗洛伊德的众多概念本身存在着疑点和难以解释的东西，例如“无意识”、“性本能”等。与此同时，很多学者也发现它们之间微妙的互译关系，似乎弗洛伊德就是通过这种互译使得这些概念在其整体的理论架构中能够相互补充。

我们旨在分析清楚弗洛伊德的理论体系的基本结构。这一结构不是他提出的意识结构或人格结构，而是精神分析理论体系建构的基础结构。弗洛伊德是立足于情感来建构精神分析理论的，但他的以“性本能”为中心的自然情感和以“罪恶感”为中心的道德情感并非休谟和康德等人提出的情感，它们在本质上是情感的前状。相对于理性意识中的情感，弗洛伊德的无意识情感对于精神病的解释具有更基础的意义。实际上弗洛伊德提出的意识结构或人格结构，只是他假设的精神结构模型，并非客观的、可以通过科学方法进行检测和评估的模型。因此我们要讨论的结构是他建构其理论体系的一个解释模型。

一、“性本能”中的自然主义与“伦理冲突”的本体解释

相对于“无意识”概念来说,“性本能”是弗洛伊德的精神分析理论体系中的另一个难以解释的概念。当然,并不是说,他提出的其他概念就是清晰易懂的,实际上他的任何概念都可能产生非常多的歧义,读者尤其容易将其与一些生活词语混淆在一起。麦金泰尔曾经指出,生活中的“心理词语”与研究中的“心理概念”是不同的。正因为如此,需要将这些概念放置于一个合适的理论框架中解释,否则就会陷入肤浅和荒谬。尽管弗洛伊德反复强调,他的理论与传统形而上学诉诸概念和逻辑分析的特点截然不同,但这只表明,他在研究方法上相对于传统哲学的创新,却无法因此忽略其理论中基本概念的界定的。可以说,“性本能”是他解释神经症的核心概念,但很难确定它的确切内涵。在翻译中,经常将 libido 翻译成为性欲、爱欲或力比多等,这容易造成它与生活中的性欲、爱欲等的混淆。实际上,“性本能”远远超出性欲、爱欲所能指的意涵。出于某些原因,弗洛伊德在解释这些关键概念的时候确实缺乏哲学与心理学视角应有的深度,但他本人并不想在这些概念上花费太多功夫。关于“性本能”,他在《性学三论》中承认它与柏拉图的“爱”十分相似,指的是弥合人与人关系的一种力量,但后世的研究者们却不这样认为。

弗洛伊德并非哲学研究者,也并非正统的心理学研究者,他是一个不折不扣的临床医生。他早期的研究主要是生理学和生物学的,因而他的理论更多地体现为一种建立在生理学或生物学基础上的精神病学。但又因他本人极力地试图开创区别于当时流行的生物精神病学的全新理论,因此,我们在这里所指的弗洛伊德赖以构建其理论的生物学或生理学并非现代意义上的生物学或生理学,而是他本人试图解释的生物学理论。这一点在他对“进化”或“退化”概念的诠释中就可见一斑。另外,弗洛伊德并不使用物理学或生物学的研究方法,尽管他在解释一些概念时使用了相关理论,比如“性本能”概念的解释,他就使用了牛顿的力学,但他只是说明“性本能”本质上体现为人性发展的动力。在某种意义上,这种使用更像是一种类比,而非使用牛顿力学中的一般原理来解释性本能的驱动力。关于“退化”一词,他也提出完全有别于当时的退化论者的观点,可以说,是一种他自己创立的全新的“退化”理论。这使得他的理论和相关概念在根本上需要重新解释才能更清楚,否则就会陷入到一种错乱不堪的境地。

L. L. Bernard 一百多年前指出,精神与社会科学未能发展出与物理学、

生物学同等水平可利用的稳定研究方法以应用于现象预测，也无法使用更早科学领域中用以设计复杂机器、构造合成物，或有选择性地培育新型蔬菜种类的方法去发明社会组织与控制系统，这些方法早已经被社会与精神科学所抛弃。新科学的信仰者们声称在更早的、更具体的科学中未呈现出同等水平的两种困难：难以处理的大数据和多变的研究主题。因此，很难建构确定可靠的定量分析理论并被成功地应用到建构性与发明性研究中，这导致大多数精神与社会生活中的逻辑结构仅仅只是被发现，而不是被有目的地预设与科学地建构的。早期的物理学家们从一开始就学会使用数学公式建造机器，现代社会心理发明正如这些早期经验性的物理发明或发现一样，试图找到那个可以运用的稳定方法或模型。精神分析理论在这样的时代背景中产生，它也是被发现的，而不是被发明的，它首先是用概念性的抽象理论建构的，而不是数学公式，然后简化成一种实践艺术或身体结构①。然而，正如 Brill 指出的，“性本能”更像是一个病理学概念，如果脱离了精神病这个视角，是很难从一般的哲学或心理学视角进行分析的。实际上，弗洛伊德也正是从精神病本体解释的视角进一步提出“性本能的固着”与“伦理冲突”这两个概念，试图进行精神病的科学理论建构，体现出一种集生理学、生物学、心理学和伦理学于一体的伦理自然主义。基于以上认识，在这一节中，我们首先分析“性本能”概念的结构性。

（一）“性本能”中的自然主义

在弗洛伊德的众多概念中，“性本能”是最具自然性的一个概念。在第一章中，我们已经摒弃了从正常两性关系的视角来解释这一概念，而将其解释为人无意识的“关系性欲求”。尽管众多的翻译者和研究者们都认为“性本能”本质上指性欲，并因此认为他的理论体现为“泛性论”的，因为弗洛伊德确实是在“性欲”“性倒错”和“性变态”等概念的基础上分析精神病的根源。尤其是在《性学三论》一书中，他将“性压抑”与精神病联系在一起，并立足于儿童性欲来讨论精神病的根源。必须承认，他虽然非常细致地分析了“性压抑”和“性变态”等与精神病的关系，也自始至终地强调儿童性欲对解释精神病的关键作用，但这不等于说，他的“性本能”就指人（正常的或精神病的）的性欲。实际上，“性本能”有着十分特殊的精神病本体含义，须首先澄清这一概念的实际内涵。

一般认为，“性本能”概念中的自然主义倾向十分明显，是否可以将其理

---

① L. L. Bernard. *A Criticism of the Psychoanalysis' Theory of the Libido*. The Monist, April, 1923, Vol.33, No.2. pp.240 - 241.

解为人身体里面的一种物质呢？尽管现代医学已经发现了“性激素”这样的物质决定着人的性欲和生殖能力，但在弗洛伊德的理论架构中，受当时的科学水平的局限，他显然未能提及这一意涵。在他的“本能”概念中，它首要的含义是指身体器官的一种活动能力，身体会因此产生相应的能量。全身器官所产生的能量汇聚在一起才产生“性本能”，它是最基础和原始的本能，因为它是人的生殖能力，是繁殖自身的能力。对于“性本能”的一般特征，弗洛伊德说：

> 它们为数众多，而且从各种不同的器官发放出来，起初各自独立，只有到达最后的阶段才能成为综合的整体。其中每一种本能所追求的目的都是‘器官快感’，只有当它们成为一个综合的整体时，他们才真正服从于生殖的功能，从而真正转变为众所周知的性本能。[①]

根据我们在第三章中所分析的“本体”概念来看，弗洛伊德实际上将“本能”当作是生命之“本”，“性本能”则是“本中之本”，而身体则是生命之“体”。弗洛伊德指出，如果只是从生物学的角度去研究人的心理生活，那么很容易将其当作是“一个位于精神和物质之间的‘边缘概念’，它既代表着来自机体内部（一直到精神领域）的刺激，同时又是衡量精神为了肉体的需要应付出多少精力（由于它与身体之间的关系）的一个尺度”[②]。这里的意思看起来并不明朗，但至少可以这么认为，作为生命之“本”的本能并非完全物质的，而是介于物质与精神之间的一种东西。这种东西既来自机体内部的需要（从这个意义上来说它是肉体的）；又是精神为了满足肉体需要而产生的自动调节的能力（从这个意义上来说它是精神的）。因而实际上，也可以将其视为既物质又精神的东西。当然，这样的解释仍很含糊，因为光从物质和精神的区别来解释“本能”似乎不够，其本质含义也显得含糊。对于人的身体包含的各式各样的本能，弗洛伊德指出了判别它们本源的重要路径，他说：

> 所谓本能的源泉，主要指某一组织或身体的某一部分的‘机体活动’，……我们现在还不知道，这种活动究竟是一种通常的化学活动，还

① 〔奥地利〕西格蒙德·弗洛伊德：《弗洛伊德文集2》，王嘉陵等编译，北京：东方出版社，1997年版，第195页。

② 〔奥地利〕西格蒙德·弗洛伊德：《弗洛伊德文集2》，王嘉陵等编译，北京：东方出版社，1997年版，第192页。

> 是一种同机械力的释放相类似的活动。……虽然发源于身体内部是本能的一个独特而重要的特征，但在心理生活中，我们只能通过它的目标才能认识它。[①]

可以看出，弗洛伊德已经认识到，本能对于人的机体活动产生的决定性作用，它是纯粹的“身内自然”造成的结果，与他所提出的由外在刺激和身体的感觉所引起的意识截然不同。但他又不认为这种机体活动是可以通过化学或物理的知识所能把握的，也超出了心理学研究的范畴之外，他说：

> 由于从意识方面对本能的研究有几乎不可逾越的困难，所以心理分析对心理失调的研究就成为探索本能的主要手段和源泉。……因为只有这种独特的研究方式，才能和病理分析那样单独进行观察。[②]

弗洛伊德的言下之意是“本能”并非意识领域的研究内容。正因为如此，心理分析作为一种特殊的研究方法就显得十分重要，即使无法通过某些科学手段直接地探寻到本能的来源，但仍然可以从本能所指向的目标来分析它的来源。这就如临床上的其他诊断，即使无法通过一定的检测手段检查出病因，也可以通过观察外在的病症推断出发病的“病根”。但弗洛伊德同时也表达了对心理分析的不自信，他本人认为这一方法也只是一种可能的尝试，并非一种成熟到可以自由地运用到任何医学领域的方法。当然，弗洛伊德的精神分析一直被当作是一种心理学研究方法，但从他的各种解释来看，他并非将其当作是一般的心理学研究方法。他自始至终试图综合心理学、生理学和伦理学的研究方法，开创出一种独特的、独立于生物精神病学的精神病解释和治疗方法。从这个意义上来说，弗洛伊德的理论在本质上更体现为一种独特的医学认识论。

尽管在现有的一些文献资料中，我们并未发现足够多的专门论述医学认识论的材料。李宁先撰写的《中西医学认识论》[③]虽然从中西医的视角解释了生命、健康和疾病的本质，但他并未从医学作为一门学科的视角凸显出它与哲学和心理学认识论的不同之处，更多的是在一定的哲学认识论（中国

---

① 〔奥地利〕西格蒙德·弗洛伊德：《弗洛伊德文集 2》，王嘉陵等编译，北京：东方出版社，1997 年版，第 193 页。

② 〔奥地利〕西格蒙德·弗洛伊德：《弗洛伊德文集 2》，王嘉陵等编译，北京：东方出版社，1997 年版，第 194 页。

③ 李宁先：《中西医学认识论》，北京：中国科技医药出版社，2014 年版。

的或西方的)的基础上对生命、健康和疾病进行再诠释。我们这里所指的独特医学认识论,意思是在本体和方法论上完全不同于哲学和心理学的认识论。目的在于解释“性本能”概念既非现代自然科学(物理的或化学的)所能研究的对象,也非心理学所能研究的对象,而是精神分析作为一种独特的医学认识论所能研究的对象。在这一认识前提下,继续对弗洛伊德提出的诸多概念做出分析。无疑,正如他强调的,“本能”概念犹如隐藏在地底深处的神秘之物,尽管看外在的症状尤其显得“枝繁叶茂”,却没有办法通过任何自然科学的或心理学的方法进行测量,只能通过精神分析的方法尝试着进行解释和推理。在这个过程中,也可能因为解释和推理不当而产生错误,但精神分析的好处就在于它可以不停地解释和推理。并且,无须担心它对精神病患者造成太多的身体或心灵两方面的创伤。

从生理学的角度对“性本能”进行解释,它关乎人体机能的动态发展,但弗洛伊德不承认精神分析的对象拥有一般意义上的时间性。这一点尤其凸显在“无意识”的心理过程中,他说:

> 康德认为,时间和空间是思维的必要形式,今天我们用从精神分析所得到的知识讨论这个问题,我们发现无意识的心理过程是“无时间的”。……我们关于时间的抽象概念似乎完全来自知觉-意识系统作用的方式,来自对时间的自我知觉。在这种系统的作用方式中,也许还有另外一种防御刺激的形式在起作用。[①]

弗洛伊德试图说明精神分析的对象完全区别于意识领域的研究对象。意识以自我的感知觉为基础,具有时空性质。自我每一次感知觉形成的意识都不同,它随人对时间和空间的抽象认知不停地变化。“无意识”却不需要时空思维作为必要的存在基础,它存在于另一个完全不同的认知系统——“无意识认知系统”之中。这意味着,尽管仍可以通过本能目的来推断它的根源,例如,如果它的目的是食物,那么这一本能即体现为人体的饥饿本能;如果它的目的是自我保护,那么这一本能即体现为人体的自我保护本能。但这不意味着这样的推理完全可以把握住“无意识”中的本能活动。总之,使用意识领域的认识方法是无法通达“无意识”的,只有建立起一个完整意义上的“无意识认知系统”,才能避开意识的干扰进入到人的“无意识”。

① 〔奥地利〕西格蒙德·弗洛伊德:《弗洛伊德文集 2》,王嘉陵等编译,北京:东方出版社,1997年版,第 217 页。

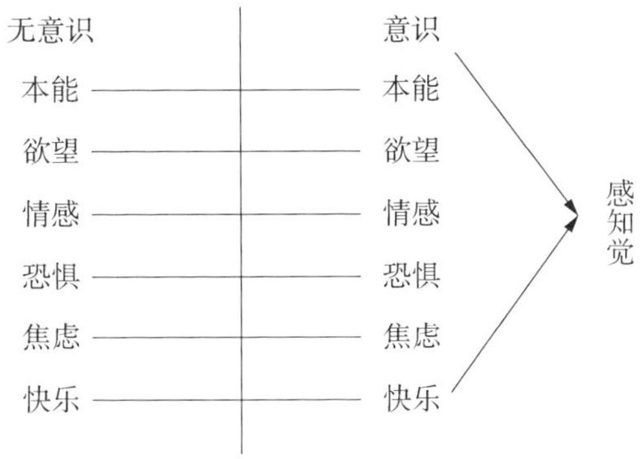

图 1　无意识-意识认知系统图

如上图所示，意识领域的本能、欲望、情感与恐惧、焦虑、快乐等情感都可以在“无意识”中找到，但是，“无意识”中的本能、欲望和情感等是完全不同于意识中的这些东西的。这意味着，精神分析就是需要使用与意识研究完全不同的方法才有可能进入到“无意识”领域。在这样的方法论前提下，“性本能”才能得到合理的诠释。它显然不是一般意义上的性欲，尽管弗洛伊德也并不排斥“性本能”中的性欲成分。但是，精神病患者的性欲显然不同于正常人建立在意识和理性基础上的性欲，这完全可以从性欲的对象（目标）来判断。正常人都是以一般意义上的异性伴侣为目标，精神病患者的性对象却呈现出各种变态模样，从物体、同性到兽类，都可以在人类的前史中找到活生生的例证。正因为如此，要理解“性本能”首先就需要立足于性欲的对象来解释它，这也是理解和解释精神病的关键之处。弗洛伊德说：

> 我认为性冲动是精神病唯一的、持续的，也是最为重要的力量源泉。因此精神病患者的性生活也就或多或少地会表现出某些病症。①

可以说，弗洛伊德一直尝试着立足于“性”来解释心理能量之间的关系，因为他在长期的临床实践中注意到神经症患者几乎都存在性方面的问题。他说：

> 所有精神病患者（无一例外）在潜意识中都具有性倒错倾向，他们的原欲一直停留在同性人群身上，……这种倾向对于解释歇斯底里症，

---

① 〔奥地利〕西格蒙德·弗洛伊德：《性学三论》，徐胤译，杭州：浙江文艺出版社，2015 年版，第 29 页。

> 尤其是男性的歇斯底里症具有十分重要的意义。[①]

"性本能"与"俄狄浦斯情结"成为他之后建构精神分析理论的两个核心概念。弗洛伊德认为,"力比多"(eros)是客观存在和无需证明的。尽管他多次表示公开地谈论性并不容易,对"性"的解释甚至比"无意识"要更艰难,因为人们习惯于将它与"道德败坏"联系在一起。无可否认,在几乎所有的社会文化中,性虽然如同吃饭一样是生理需要,但人们可以公开谈论吃饭并形成各种不同的饮食文化,却不能以同样的态度对待性。这使得弗洛伊德关于性的理论很难轻易获得认同。但他坚持以"性本能"来解释精神病的理由非常简单,因为"性"是人类繁衍后代的基本动因,如同人饥饿时产生的"营养本能",将它看作是人性发展的动因理所当然。并且,他提出,人的性需求从出生那一刻就已经萌生,要分析"性本能"及其对人格发展的决定性影响须从儿童性欲谈起,这使得他的理论遭受更多的抨击,一度被定义为"充满色情的"。尽管如此,他仍然没有放弃使用它来解释神经症。弗洛伊德说:

> 有些人对我的观点持反对态度,这是由于他们将被我视作精神病症状来源的性冲动与正常人的性冲动混为一谈。……精神病症其实源自反常的性冲动,它其实是性变态的负面表现。[②]

我们当然可以将正常人的性冲动定义为"生理自然主义"的,但弗洛伊德显然不是在这个意义上来谈精神病患者的性冲动的,它作为一种"反常的性冲动",拥有着与正常人的性冲动完全不同的意义。弗洛伊德的意思是,要正确地理解和解释精神病,首先要能够解释这一"反常的性冲动"。在他看来,精神病患者的性冲动体现为一种极度的压抑,它并不体现为以某一特定的对象为目标的性冲动,而体现为一种压抑状态中的性冲动。这种性冲动所产生的并非人正常的性欲,也不指向特定的异性对象,而是一种冲突及因此形成的"病症"。这些"病症"正是在极度压抑状态中性满足的替代品,因而需要解释的并非性冲动本身,而是"压抑"。当然,在弗洛伊德解释"无意识"的时候,他反复强调的是"被压抑的无意识"才是精神分析的对象,未

---

① 〔奥地利〕西格蒙德·弗洛伊德:《性学三论》,徐胤译,杭州:浙江文艺出版社,2015年版,第32页。

② 〔奥地利〕西格蒙德·弗洛伊德:《性学三论》,徐胤译,杭州:浙江文艺出版社,2015年版,第31页。

被压抑的无意识便不予理会。从这里来看，“无意识”并非一种实在而成为被压抑的对象，弗洛伊德真正要说的是“被压抑的无意识性冲动”。无疑，如果不将其与意识中相对应的欲望、情感和心理对比，就很难解释清楚这里面的差异。

实际上，正常人的性冲动是生理自然主义的，它的外显状态即人的性欲，是人的一种有目的性的欲望。精神病患者的性冲动因为压抑的作用使得它的外显状态不体现为正常的性欲，而体现为各种精神病症状。并且，这些症状及其产生的根源——被压抑的性冲动都是“无意识”的，因而它并不体现为生理自然主义的，而体现为“无意识的自然”，它的本质特点就体现为无目的性。当然，在第三章中，我们已经解释了“无意识自然”的本质特点及其作为精神病本体解释的困难。在这里，或多或少地存在着对“无意识”和“性本能”中的自然主义的“互译”嫌疑。但我们并不旨在解释“性本能”的精神病本体含义，只是说明它在弗洛伊德的理论中并不体现为生理的欲望，而是类似于一种“欲望的前身”的东西。尽管他分析了儿童性欲，但这种欲望仍不同于正常成年人的性欲，而是一种还未能被发展为正常人性欲的关系性欲求。

弗洛伊德多次表明性冲动源自人的“身内自然”，并非因外在刺激而产生的需求，但并没有否定“性冲动”作为人格发展动因的目的性。在精神病患者身上，这种“身内自然”却是没有目的性的，精神病患者的性冲动因为无目的性而使得它成为一种“无意识的自然”。它区别于欲望的本质特点在于：欲望是有目的性的，它以一定的对象为目标；精神病患者的“性本能”则体现为无目的性的、无特定对象的“无意识自然”。当然，“性本能”中只是有性欲的成分，并不指性欲本身。同时，在他对性欲的解释中，更多地强调它其中的“原欲”成分对精神病解释的关键作用。这一点，我们将在下一章中详细分析。因为在弗洛伊德复杂难懂的精神分析理论体系中，对这些概念的过分解读本身就已经造成困境。我们的目的是通过对“无意识”、“性本能”和“俄狄浦斯情结”三者的结构性分析来减少这种复杂性，以使得弗洛伊德的理论更清晰，而不是从概念开始就陷入困境。当然，也可以将意识领域的欲望、情感和心理等看作是社会性的，而与之相对应的无意识中的欲望、情感和心理等是完全自然性的。但我们仍需要为这样的区分冒很大风险，因为很可能将意识、理性领域中的欲望、情感和心理等误解为它们的结果。这一点，我们将在后文中做出详细的分析。

（二）“伦理冲突”的本体解释

在第一章中我们已经指出，“性本能”与“自我本能”之间形成的“伦理冲突”是弗洛伊德解释精神病的关键所在。但“伦理冲突”并非现实生活中建立在客观伦理基础上的冲突，而是患者主观臆想的“伦理冲突”。这种主观臆想可能来自父母的威胁、长辈在性道德方面的误导等。尽管如此，“主观臆想”仍不能充分表达它的意思，因为“主观臆想”无论如何是意识领域的东西，本能冲突却不是，这使得解释这一“伦理冲突”存在困难。因而在这一节中，仍需要对性本能中的“伦理冲突”做出详细解释。当然，在这里将其定义为“伦理冲突”，皆因为弗洛伊德除了从生理学视角之外，还极力地从伦理学或道德发生学视角来解释精神病。尽管这一冲突中的实质内容可能并非伦理意义上的，但它与人的羞耻感和道德感有关，因此我们将其定义为“伦理冲突”。但实际上，它可能更多地倾向于指一种情感冲突。弗洛伊德在《图腾与禁忌》一书中指出了人因“过分的良知”而产生的“矛盾情感”对于解释神经症的重要意义，这一点实际上贯穿了他的整个精神分析理论。

在上文中，我们已经指出了性冲动的“压抑”在解释神经症中的关键作用。可以说，弗洛伊德的“被压抑的无意识”在其根本上是指“被压抑的无意识性冲动”。很多学者曾经质疑，如果弗洛伊德将“性冲动”当作是人的心理力量产生的动因，那么，“压抑”的力量又来自哪里？无疑，对这一问题的解答将十分关键，因为在弗洛伊德的整个精神分析理论中，“压抑”在解释精神病的成因中占据着重要地位。在上文中，我们已经否定了将“性本能”当作是性欲的做法，因为后者是一种纯粹的生理自然，是目的性的；而前者体现为“无意识的自然”，是无目的性的。这意味着，如果我们从欲望的角度来理解“压抑”是很难成立的，尽管伦理学中更倾向于将人的欲望看作是非道德的起源。实际上，我们在第一章中已经分析过，除了“性本能”之外，他是立足于“罪恶感”来解释神经症的。可以说，如果不将这两者放在一起思考，单分析它们中的任何一个，都无法进行精神病本体的探索。在弗洛伊德的理论架构中，“性本能”犹如一种内生的活力或心理力量，不停地推动着机体产生各种各样的能量，这种能量决定了人精神发展的方向与健康程度。而“罪恶感”却体现为另一种心理力量，这种力量即“压抑”。必须指出的是，这里的“压抑”并非来自外力，也并非产生于意识中的感官刺激，它与本能中的力量一样皆来自人身体的内部，是一种内生的心理力量。可以说，正是“罪恶感”使得性冲动被压抑到无意识领域。在对歇斯底里症的分析中，弗洛伊德说：

> 精神病乃是内心诉求的替代品，其力量源自人们的性冲动。……患有歇斯底里症的人，往往表现出超乎常人的性压抑。他们的羞耻感、厌恶感和道德心极大地阻碍了性冲动的发展，甚至使他们本能地回避

性话题。①

无可否认，弗洛伊德无法像道德哲学家们那样去分析情感在道德发生中的作用，但他确实将人的羞耻感、罪恶感和良心等当作是分析神经症的重要因素。“过分的良知”与“矛盾情感”是他深入分析过的两个概念，其中的主要内涵是人的自然本性与道德发展的冲突，因而在根本上反映的是“自然与道德的关系”。当然，作为临床医生，弗洛伊德的目的不是去研究道德的发生，只是他刚好从神经症的发病机制中发现“罪恶感”作为一种特殊情感，既可以用来解释人的道德发生，也可以用来解释精神病的发生。无疑，在情感主义哲学家们那里，情感作为道德的本体一直存在论证困难。而在弗洛伊德这里，将“罪恶感”当作是性压抑的来源成为他理论的核心前提。为何“罪恶感”会导致人的性压抑？在前文中我们已经论述到，弗洛伊德将“性冲动的压抑”当作是神经症解释的核心。在这里，如果“罪恶感”继续成为性冲动压抑的来源，那么“罪恶感”应该是比性冲动压抑更具基始意义的概念。关于这一点，我们将在第五章中详细论述。在这里，我们的主要目的是解释“伦理冲突”，所以暂不再过多地论述“罪恶感”的本体含义。当然，我们将“伦理冲突”定义为“性本能”和“自我本能”的冲突，两者在本质上可以被看作是“自然与道德的冲突”。但实际上，这样的界定仍过于简单，弗洛伊德在描述人的内在冲突时要复杂得多。

如何理解性本能中的“伦理冲突”呢？弗洛伊德提出“发展”、“退化”、“挫折”和“本能的固着”等一系列概念来解释。他认为，力比多的机能“发展”是一个漫长的过程，有可能面对“停滞”和“退化”的危险。人的性机能“发展”在很早阶段就可能趋向于停滞，他称之为“本能的固着”。这一状态会产生两种可能的“退化”：1. 退化到力比多发泄的第一个对象，这种退化具有乱伦性质；2. 使整个性组织退回到更早阶段。弗洛伊德指出，这两种“退化”可以在“移情神经症”中找到，在“自恋神经症”中却需要重新讨论。他尤其指出，不能混淆了“退化”和“压抑”。“压抑”的作用是将本可以成为意识的心理改造成为“无意识”，因而“压抑”使得一部分心理活动无法进入到意识中。“压抑”是纯粹心理的，和性欲没有任何关系。“退化”的作用却是机体性的，常常与“压抑”共同起作用，“一种没有压抑的退化不会产生神经症，

① 〔奥地利〕西格蒙德·弗洛伊德：《性学三论》，徐胤译，杭州：浙江文艺出版社，2015 年版，第 30 页。

但它会导致倒错现象"[①]。由此可见,"压抑"对于神经症的形成起着关键性作用,"本能的固着"和"退化"如果缺乏"压抑"的作用只会产生"性倒错"。从这个角度来看,"压抑"是内在"伦理冲突"产生的中坚力量。如果缺乏"压抑"的作用,就很难解释神经症是如何产生的。总之,"本能的固着"是弗洛伊德提出的神经症产生的第一个因素。

弗洛伊德进而分析神经症产生的第二个因素:个体因性不满足遭到的"挫折"及其可能结果。一般来说,人们可以有许多的方式来获得性满足,"忍受"或"替代"这两种方式都不至于使得主体发病,尤其是替代。如果主体放弃生殖的满足目的,而以社会性的满足来替代,就会产生"升华"。在《达·芬奇的童年记忆》一书中,弗洛伊德以列昂纳多·达·芬奇的经历为例进行分析:

> 人们不能将这种压抑的结果看成是一种唯一可能的结果。也许,另一个人没有成功地将受压抑的力比多升华为求知欲望。他们受到了和列昂纳多同样的影响,却不得不承受着智力上的永久缺陷以及无法克服的强迫性精神病的倾向。[②]

因性不满足而遭受的"挫折"可以导致两种不同的结果:神经症或出众的才华。尽管后者的可能性十分渺小,但达·芬奇的事例足以证明它确实存在。更多的人在遭受"挫折"后产生的结果是神经症,弗洛伊德称之为"替代性满足","症状正是其挫折满足的一种替代"。从弗洛伊德的分析来看,"本能的固着"是机能性、生理性的,"挫折"则是外在的诱因。但这两者并不能单独起作用,更多的时候是相互起作用,单纯的性构造不足并不会造成神经症,同样的,单纯的"挫折"也不足以使主体发病。只有两者综合起来才能导致神经症,弗洛伊德称之为"精神冲突"。这种冲突强烈地体现为"充满愿望的冲动的争斗",即人格的一部分拥有这一个愿望,另一部分则强烈地反对它。除此之外,还存在着另一组冲突:"性本能"和"自我本能"的冲突。这意味着,在两种不同的性趋向之间也会产生冲突,其中一个为"自我调谐"(ego-syntonic);另一个则引起"自我防御"(egos defense)。因此,"在自我和

---

① 〔奥地利〕西格蒙德·弗洛伊德:《弗洛伊德文集 4》之《精神分析导论》,车文博主编,长春:长春出版社,2004 年版,第 201 页。

② 〔奥地利〕西格蒙德·弗洛伊德:《达·芬奇的童年记忆》,李雪涛译,北京:社会科学文献出版社,2017 年版,第 88 页。

性欲之间仍然存在冲突”[①]。这里的“自我本能”不是性的本能力量，精神分析研究“性本能”的力量，但不否认“自我本能”的重要性。“自我本能”的发展以“性本能”为基础，同时也影响“性本能”的发展，两者须达到一种“发展的平衡”，才不至于因为不适应而诱发神经症。

神经症产生的第三个因素：“冲突的倾向”。“冲突的倾向”是“自我本能”和“性本能”发展双重作用的结果，但相比较而言，“自我本能”的发展对于“冲突的倾向”起着更关键的作用。在某种程度上，“自我本能”与“性本能”的发展会产生冲突，高度道德与理智发展的个体会更容易陷入到这一“冲突”中。弗洛伊德认为，代表理性的自我发展要更容易通过教育达到目的，但“性本能”却难以教育，它在根本上是非理性的。“性本能”从开始到结束都趋向于获得快乐，“它们毫不改变地保持其原始机能”。“自我本能”最开始也是遵从快乐原则，但在“必要性”（生存需要的压力）的影响下，“自我本能”学会用其他的原则来代替快乐原则。自我代表人的理智和道德发展，它会根据现实的条件调整自己的满足需要，因而最终自我发展遵循的是“现实原则”。可以说，从遵从快乐原则到现实原则的转变是自我发展中最重要的一步，但在神经症患者身上，这却是很难实现的一步。

（三）“性本能固着”在精神病本体解释中的作用

关于神经症的病因，弗洛伊德提出，症状即“性本能”发展受挫后的“替代性满足”。它是“性本能”和“自我本能”冲突的结果，未满足的力比多被现实所压抑，它不得不寻求其他的满足途径。如果现实过于残酷，那么它被迫选择倒退，这便是“性本能固着”，即“努力在一种以前曾经克服过的组织或已被放弃了的对象中获得满足”。如果这样的倒退不会引起“自我本能”的反对，那么也不会产生神经症症状，力比多也将获得一些不正常的满足。如果“自我本能”不仅能控制意识，还能控制产生躯体行为的神经系统和心理需求的实现，只要它不同意这样的倒退并试图阻止，冲突就必然发生。与此同时，力比多也不会“坐以待毙”，它必然试图逃脱阻止并找到可以发泄其精神能力的路径。总之，力比多如果能够得到满足它便易于控制。但是，在“自我本能”和“挫折”的双重压力下，力比多变得难以驾驭，这是它难以改变的特性。尽管如此，力比多的逃避由于“性本能的固着”而变得可能，它巧妙地避开压抑的作用并获得满足，这是一条迂回曲折的路线。

由此，弗洛伊德将“性本能的固着”当作是神经症产生的核心因素，接下

① 〔奥地利〕西格蒙德·弗洛伊德：《弗洛伊德文集 4》之《精神分析导论》，车文博主编，长春：长春出版社，2004 年版，第 201－205 页。

来无法回避的问题是：为何产生“性本能的固着”？在不排除遗传因素的情况下，弗洛伊德提出“幼儿期性经验创伤”的假设并试图证明它的科学性。他认为，儿童期神经症很常见，但又往往被忽略，“幼儿经验的力比多发泄（并因此而具有致病的意义）已极大地由力比多的退化作用增强”。这种退化来源于幼儿性经验中的创伤，成年期的神经症往往是幼儿期神经症的延续。尽管如此，弗洛伊德不得不承认，神经症的成因极为复杂，无法只诉诸单因素来进行病因学分析，通常情况下，需要结合多种因素进行分析。其中的一个重要环节是“与梦的形成一样，症状的形成有同样的潜意识过程在起作用，也就是凝缩作用和移置作用，和梦相同，症状也表示一种幼稚的满足；但是，由于极端的压缩，这个满足可以转化为一种单独的感觉或冲动；或由于多重的移置，这个满足可由整个力比多情结而转化为一小段的细节”①。正因为如此，弗洛伊德坦言，要从症状中判断出力比多是否满足是很困难的，尽管症状本身常常是外显的。精神分析不得不要面对幼儿经验的真假难辨。如果外显的症状是真实可信的，那么，将神经症归因于“性本能的固着”才能说得过去。如果外显的症状是患者伪装的，那就很难找到一条妥善的处理办法。

弗洛伊德进而提出，“幻想”在神经症的形成中起到重要作用。在第二章中，我们解释弗洛伊德的“道德心理”概念时，已经讲述过儿童时期的性幻想的形成原因，以及成人父母的过分责骂导致的不良后果——极端的性压抑。可以说，这种“幻想”在儿童的心理以各种形式存在，它有力地影响着个体人格的发展。当然，“幻想”成为儿童性欲发泄的“后花园”，那些被极度压抑的性欲正是通过“幻想”找到暂时的缓解。那么，“性本能的固着”是怎样产生的？弗洛伊德解释，力比多退回到“幻想”之中便能找到出路，即退回到被压抑的固着之处。“幻想”和“自我”是相反的，“幻想”代表的是非理性，“自我”却是理性的。“幻想”是不被自我所容许的，力比多退回到“幻想”之中，必然造成两者不可避免的冲突。“无论幻想先前是前意识的还是意识的，它们现在一方面要受到自我的压抑，另一方面又要受到潜意识的吸引。力比多从现在的潜意识幻想的东西退回到潜意识中的幻想的起源——即退回到力比多自己固着的点之上”，荣格称之为“内倾”。这是一种反求于内的倾向，艺术家和神经症病人有着同样的症状。“他受不了本能需要的驱使。他想要赢得荣誉、财富……妇女的爱等，但缺乏现实的满足途径，……他逃

① 〔奥地利〕西格蒙德·弗洛伊德：《弗洛伊德文集 4》之《精神分析导论》，车文博主编，长春：长春出版社，2004 年版，第 210－215 页。

避现实，并把他所有的一切兴趣和力比多转向对其幻想生活的愿望构建。这条道路有可能导致神经症。”[①]但艺术家的禀赋常常赋予他们以极强的升华能力，由此可以在产生冲突的压抑中保持一种弹性，他们能在极富创造性的艺术作品中获得“幻想”的满足。而对于那些没有艺术修养的个体来说，其“幻想”的满足是十分有限的，其压抑作用也是十分强烈的。

在前文中，我们已经指出，弗洛伊德的“性本能”包含性欲的成分，但不体现为性欲，与正常成人的性欲存在差别。它更多的是指人性发展中的自然本能或天性，与代表社会道德要求的理性是不相容的。“性本能”是个体人格发展的原始动因，它受到压抑便会形成“退化”并产生“本能的固着”，形成神经症产生的核心因素。在弗洛伊德看来，“性本能”代表人性中非理性的部分，它与理性的“自我本能”总是产生冲突，正是它导致“性本能的固着”并最终导致神经症的发生。因而人性中的自然本能与理性道德意识的冲突才是问题的症结。追求快乐是“性本能”的终极使命，它必然与代表道德的理性意识产生冲突。正因为如此，弗洛伊德将“俄狄浦斯情结”建构成人无法改变的终极宿命。我们将在下一节中论述这个问题。弗洛伊德认为，神经症症状是个体在现实中无法获得性满足的情况下所寻求的“替代性满足”，这种满足在幻想中也能被部分地实现。只有那些禀赋异常的个体才能够将幻想升华为艺术或创造力，普通人因为受创造力的局限，只能在各种神经症症状中获得满足。由此，弗洛伊德为“性本能”的受阻提供了两种可能的替代性满足：神经症症状与个体的创造力发展。

因而，在弗洛伊德的神经症病因学的建构中，“伦理冲突”反映了自然本能与道德发展的激烈抗争，它形成于人的无意识领域，是人的理性所无法把握的。相反，那些理性发展程度越高的个体，其内在的“伦理冲突”越容易激烈。无疑，“性本能”使得精神分析呈现出强烈的自然主义，但弗洛伊德对人性中自然-道德张力的论述并不止于“性本能”，在对现代社会文明的批判中，他深化了对这一冲突的研究。在《文明及其缺憾》一书中，弗洛伊德探讨了引起主体“罪恶感”的外在原因——社会文明。他提出，现代社会文明进步并没有带来人的幸福，相反，在人的本能（自然需求）和社会文明（道德要求）之间产生激烈的对立。这种对立引起人的各种精神性疾病和不适应，他称之为“社会神经病”。并且，他认为有必要为社会提供一门“文化集体的病

---

① 〔奥地利〕西格蒙德·弗洛伊德：《弗洛伊德文集 4》之《精神分析导论》，车文博主编，长春：长春出版社，2004 年版，第 219－220 页。

理学”[1]。他的理由是科学技术只带来“廉价的享受”，本质上无异于“在寒冷的冬夜，把大腿裸露在被子外面然后再抽进来得到的那种享受”，它背后隐藏着对人的残酷压抑。总之，在弗洛伊德的视界里，社会文明的发展彻底导致本能的压抑，以牺牲人的本能需求为代价的文明导致各种神经症，在本质上牺牲了人。无疑，弗洛伊德将“伦理冲突”从个体扩展到群体，文明是“群体自我”的体现。归根到底，现代社会的人无论是作为个体存在，还是作为群体存在，都无法协调“自我发展（道德）”与“本能发展（自然）”的矛盾，因而产生严重的精神性疾病。

在《图腾与禁忌》一书中，弗洛伊德提出，强迫性神经症的一个重要特质是“过分的良知”，“这是一种在潜意识里与潜伏的企图斗争所产生的症状。如果它们的疾病日益恶劣时，他们将受到强烈罪恶感的压迫”[2]。人类在宗教中获得的“良知”与神经症存在极度类似，都源于人内心深处无意识的罪恶感。它类似于人内在的道德萌芽，正是它使得人性由自然走向道德。由此可见，道德良知的起源与神经症的病因都体现出强烈的伦理主义特点。庞俊来提出，精神分析学派体现着“自然-道德”的中间状态，它“难以理解的原因也在于这种‘自然-道德’世界观的中间状态的难以言说”[3]。弗洛伊德承认，本能是心理学中最重要又最模糊不清的内容。在《自我与本我》一书中，他将“本能”概念扩展到其他领域，不局限于“性本能”来谈问题，“本能代表了所有产生于身体内部并且被传递到心理器官的力”[4]。它可能以各种形式出现，如生的本能、死的本能、爱的本能、自我本能等。“本能是有机体生命中固有的一种恢复事物早先状态的冲动”，它代表了人性及其发展中的原欲，是人生命力和创造力中的“种子”[5]。尽管很多人坚信“人类具有一种趋向完善的本能，这种本能已经使人类达到了他们现有的智力成就和道德境界的高水平，它或许还可能将人类的发展导向超人阶段”。但弗洛伊德并不相信这种本能，尽管少数个体身上会体现出这种“趋向完美境界的坚持不懈的冲动”，但也“只是一种本能压抑的结果，这种本能的压抑构成人类文明中

---

① 〔奥地利〕西格蒙德·弗洛伊德：《文明及其缺憾》，傅雅芳、郝冬瑾译，合肥：安徽文艺出版社，1987年版，第97页。

② 〔奥地利〕西格蒙德·弗洛伊德：《图腾与禁忌》，文良文化译，北京：中央编译出版社，2015年版，第110－111页。

③ 庞俊来：《道德世界观视野下“精神分析”诠解》，《江海学刊》2019年第1期。

④ 〔奥地利〕西格蒙德·弗洛伊德：《自我与本我》，林尘、张唤民、陈伟奇译，上海：上海译文出版社，2011年版，第43页。

⑤ 〔奥地利〕西格蒙德·弗洛伊德：《自我与本我》，林尘、张唤民、陈伟奇译，上海：上海译文出版社，2011年版，第47页。

所有最宝贵财富的基础”,因为这种本能压抑从来都未曾停止过,始终在为求得完全的满足做斗争,任何替代性满足或升华作用都无法完全消除这种本能斗争的坚持不懈的紧张状态。因而“本能的压抑”实际上构成个体心理发展的动力,它如诗人所描述的,“无条件的只是向前猛进”①。在此前提下,弗洛伊德更多地强调人性发展中消极的必然性,而非积极的可能性。

综合以上,“升华”并非精神分析理论关注的焦点,“压抑”以及由此产生的神经症才是它的落脚点。在弗洛伊德看来,由“性本能的压抑”导致的神经症或可能成为社会人普遍存在的“病”。通过对社会性精神病的分析,能够更深刻地透视到社会文明发展中的缺陷。因而精神病犹如人性中的一个“放大镜”,它将自然本能与道德发展中的“冲突”放大成个体的病理性症状,以使得人们能够从外显的行为中洞察到人心灵深处的“压抑”。从这个意义上来说,精神性疾病并非人存在的缺陷,它恰恰是理解人类社会文明的“指路明灯”。正是从这些神经性症状中,可以更好地理解和把握人无意识中的尖锐“冲突”,并以此来调整自我与社会发展的伦理导向。

二、“俄狄浦斯情结”中的自然主义与伦理隐喻

在第一章中,我们提出“罪恶感”是一种包含本能力量在内的矛盾情感。但实际上,如果我们将“罪恶感”放在意识领域思考,很难解释它为何能够成为神经症发生学的核心概念。只有将其放在无意识领域思考,才能够解释清楚。当然,这样的推论仍建立在一个基本的假设基础之上,那就是:人内在有自然的本能和情感力量,并且能够成为人的精神之本,甚至是“本中之本”。在上文中,我们也区分了“无意识”和“意识”的认知系统。实际上,拉康在他的结构主义中,已经从语言学的角度将弗洛伊德的“无意识”定义为不同的系统。我们无意从拉康的“能指”和“所指”(S/s)这样的复杂和抽象的语言中去分析,我们的目的只在于从“俄狄浦斯情结”出发解释“罪恶感”的来源。在弗洛伊德的理论中,它是如何可以构成神经症发生学的核心部分的。无疑,这一点应该是弗洛伊德理论中最难以令人信服的部分,也是最精彩的部分。

然而,“罪恶感”作为生活中的一种常见的情感,它是否一定促进道德意识的发生,这仍需要作出进一步论证。也可以这么认为,在人达到了一定的目的之后,为何产生的是“罪恶感”?而不是得逞之后的快乐?弗洛伊德在

---

① 〔奥地利〕西格蒙德·弗洛伊德:《自我与本我》,林尘、张唤民、陈伟奇译,上海:上海译文出版社,2011年版,第54-55页。

《图腾与禁忌》中所描述的原始人对死亡的敬畏之心，导致他们即使是砍下了敌人的头颅也无法掩饰内心所自然流露出来的悲悯与同情（罪恶感），而不是战胜敌人后的喜悦。无疑，这一复杂的人类情感贯穿了弗洛伊德的理论。但是，仅仅是情感不足以说明问题的。换句话说，如果将情感当作是人内生的东西，它的自然本性仍不足以说明现实生活中的客观伦理，最起码的，它无法从反面证明人的非道德感是如何产生的。这一点，弗洛伊德在后期进行了修正，他提出"俄狄浦斯情结"来解释情感中的伦理及其作用。但是，这一伦理并非康德意义上的客观伦理，而是以父母与子女为原型的无意识关系性欲求。

在《图腾与禁忌》一书中，弗洛伊德声称，神经症的病因与人类宗教、道德的起源有着共通之处，都源自个体内心深处的"罪恶感"。他进而提出一种假设：人内心的罪恶感来自"俄狄浦斯情结"，要深刻理解神经症的发病原因，首先需要理解植根于人性深处的这一情结。在此前提下弗洛伊德提出，儿童的人格发展最初就处在"俄狄浦斯情结"的掌控之下：一方面体现出对异性父母的强烈依恋以寻求性满足；另一方面又在心理上产生强烈的"罪恶感"而不得不在无意识中产生抵抗。如果到了青春期还没有能够摆脱这个抵抗，也就是"不能使其力比多转向外部的性对象"，神经症就会形成。必须指出的是，尽管"俄狄浦斯情结"只是一种建构性理论，但弗洛伊德坚信，在精神分析理论产生以前，蕴含在这一情结中的两种罪恶（杀父和娶母）"就被看作是无法阻止的本能生活的真正体现"①。以此可以推断，从纯粹的"性本能"到"俄狄浦斯情结"的转化，弗洛伊德试图消除的是精神分析理论中"自然本能"与"道德本能"之间的隔阂。虽然他极力想摆脱生物自然主义的影响，但单纯地从"性本能"出发来构建精神分析理论是无法达到这一目标的。相对于"性本能"而言，"俄狄浦斯情结"因其内含的伦理关系使得精神分析理论向伦理主义倾斜。

尽管弗洛伊德反复强调"俄狄浦斯情结"对于理解精神分析的重要意义，但他也清醒地预估到反对的声音将更为强烈。根据居飞的考证，这个术语的起源要追溯到 1897 年，弗洛伊德因父亲去世而进行自为分析（auto-analyse），他开始意识到"无意识"中对父亲的恨和对母亲的爱。此后，他放弃了早期提出的"诱奸理论"，因为他意识到此理论更多的是基于幻想的产物，所呈现的并非现实生活中的实在事件，更多地是儿童对双亲幻想出来的

---

① 〔奥地利〕西格蒙德·弗洛伊德：《弗洛伊德文集 4》之《精神分析导论》，车文博主编，长春：长春出版社，2004 年版，第 197 页。

俄狄浦斯式的情感。随后，经由《性学三论》(1905)、《幼儿性理论》(1908)等一系列著作，最后通过小汉斯个案，他于1910年提出“俄狄浦斯”术语[①]。相较于将“俄狄浦斯情结”的来源归为莎士比亚的悲剧《俄狄浦斯王》来说，这样的考证更能说服读者接受弗洛伊德的建构是基于客观生活感受，而不是文学想象。站在现代人的角度，无论此概念是源自文学作品，还是源自生活经验，或是弗洛伊德试图从古希腊时期恩培多克勒的爱、恨哲学中借鉴相关因素，都不影响它的建构性。我们的目的只在于分析弗洛伊德使用这一概念的真实用意和它本身的合理性。在弗洛伊德极为复杂的概念体系里，无论是生理学概念，还是心理学概念，都无法诠释“无意识”的全部意涵，尤其是伦理的意涵。但“俄狄浦斯情结”以人与父母元始性的伦理关系原型来解释内生的复杂情感，不得不说，弗洛伊德对它的建构是经过深思熟虑的。

（一）“俄狄浦斯情结”中的自然主义

作为一个心理学术语，“情结”一词很复杂。“Complex本来被译为‘心的复合体’，后来被泛化为现在日常生活中所讲的‘情结’”。[②] 在现代语言中，“情结”一词使用广泛，比如，土地情结、乡土情结、初恋情结等。但这些与俄狄浦斯情结是不一样的。生活“情结”指的是对某物、某事或某人的浓厚情感，它长时间控制着人的心理，是人有意识的心理。俄狄浦斯情结的不同之处在于它是无意识的，是一种道德隐喻。它并非不可排解的心理，拥有复杂得多的哲学含义。亚里士多德在《动物的历史》中记载了同样的道德隐喻：

> 有一个故事说，西西亚国王有一匹有着卓越繁殖能力的良种母马，她生下的所有的小马都很漂亮。为了把它产下的最优良的年轻雄马和这匹母马交配以产下更为优良的后代，国王把它带到马厩里试配，但那匹小马却拒绝了。然而，在母马的头部被包裹起来之后，它在完全无知的情况下与母马交配了。但是，当母马头上的包裹被移除之后，小马认出了自己的母亲，它羞愧地转身就跑并跳下了悬崖自尽。[③]

无论是古希腊时期的神话传说，还是亚里士多德记载的故事，都不存在

---

① 居飞：《无意识：性欲还是性别？——从弗洛伊德到拉康》，《哲学动态》2016年第4期。

② 张日昇、陈香：《“情结”及其泛化》，《齐鲁学刊》2000年第4期。

③ See James Phillips, Anti-Oedipus. *The Ethics of Performance and Misrecognition in Matsumoto Toshio's "Funeral Parade of Roses"*. Vol. 45, No. 3, Issue 141: Cinematic Thinking: Film and / as Ethics (2016), pp. 33 – 48.

"恋母情结",但以一种独特的方式说明了"性"在亲子关系中的严重忌讳。无论是人,还是动物,在不自知的状态中并没有因乱伦而产生羞愧之心。但在意识和理性当中,这种乱伦的羞愧心足以让人舍弃性命。这说明人伦意识既可以是后天的,也可以是先天的。性本身是纯粹的自然本能,却包含了勿须太多的后天教育就能领悟的人伦道德。然而并无太多的科学依据证明动物的伦理意识,站在现代科学的角度,动物杂交的情况仍十分常见。但至少可以说明,人类在很早就注意到了"性"在亲子关系中的忌讳,这可以成为人原始的"羞恶之心"。可以肯定的是,它并非社会舆论的压力导致的,而是主体内在自生的罪恶意识。从这一点来看,我们暂且可以将其定义为自然主义的。需要指出的是,这里的"自然主义"并非生理或生物意义上的,而是与人的社会属性相对应的"自然主义"。当然,我们可以从孟子的"羞恶之心"中找到同样的本体含义。必须重复的是:弗洛伊德的目的不是解释道德的本体,而是精神病的本体。在众多"俄狄浦斯情结"的解读中,都将其归因于童年的"心理创伤",它要么基于客观的"心理事实",要么基于"心理实体"。无论如何,我们不赞同这样的观点,因为弗洛伊德并不立足于任何客观伦理或心理事件来分析,即使他提到,也只是作为一种假设。他重点强调的是这一"原型"的生理基础——本能的退化。当然,荣格和阿德勒之后提出的"情结"理论不在我们的参考范围之内。荣格认为,"情结的核心是'心理外伤',它是由于一系列的负性体验而形成的。"[①]情结也是"一种心理上的魔鬼,它会打破心理过程的平静,使定向流动的无意识动作自发激荡,它是一种难以驾驭的力量,它仿佛向人们证明无意识对有意识的权力"[②]。例如,孩子受了父母的严厉训斥之后并被赶出家门,这样的客观事件会在记忆中留下心理事实,这使得孩子会常常产生不安全感和恐惧感。这便是荣格提出的"心理外伤"概念。如果得不到及时医治,并在心灵中造成压抑,就会在内心形成一个无意识的"能量核",在之后的生活中不断释放能量,进而影响到之后的情感和行为。阿德勒在谈情结时使用"自卑情结",因为他个子较矮,这导致他从自卑的角度建构心理理论。他认为,自卑情结源自人感受到了自身的劣势,想超越却又不停地遭受挫折,进而变得不能很好地自我接纳。

无疑,以上都不足以解释"俄狄浦斯情结",重要的原因在于它们并未凸

① 张日昇、陈香:《"情结"及其泛化》,《齐鲁学刊》2000年第4期。

② 〔苏〕B·R·雷宾:《精神分析和新弗洛伊德主义》,北京:社会科学文献出版社,1988年版,第77页。

显出此情结中的"无意识"。一句话,客观的心理事实无法说明它的深意,相反,它们可能导致无穷无尽的肤浅解释。反过来说,它与心理事实无关,它只是弗洛伊德基于自然本能的伦理建构。无疑,它并不包含因客观生活而产生的真实情感,尽管有学者将"杀父娶母"解释为"恨"与"爱"的情感,以此分析人内在的伦理冲突。如果是这样,"俄狄浦斯情结"必然陷入到同样的本体解释困境。实际上,"娶母"代表的是人本能的关系性欲求。人最初从母体中分离出来,在未能发展出客体性对象的阶段,仍选择以母体作为性对象。从这个意义上来说,"恋母"与"自恋"在本质上是一样的。从弗洛伊德的"退化"理论来看,"本能发展的停滞"、"返回到原始阶段"和"升华"是三种可能性,其中"本能发展的停滞(或固着)"是最常见的结果。此时的主体并未发展出客体的性对象,自恋或恋母是其必然选择。而"杀父"在精神病患者的无意识中代表着一个客体角色,它意味着主体对客体性对象的拒绝。换句话说,父亲作为母亲的客体性对象始终被主体在无意识中拒绝,此时的"杀父"并不意味着排斥竞争者,而是在无意识中排斥客体性对象。

无疑,"杀父"和"娶母"都会带给主体罪恶感,是主体十分畏惧去做但最终又本能地做下的事情。在《图腾与禁忌》一书中,弗洛伊德形象地描绘了人的这一情感,因"极度想做某事但又不敢做"而产生的恐惧和焦虑。实际上,对于"矛盾情感"的表述应该是:主体本能地做下畏惧的事。因为"极度想做"只代表了行为的动机,无法描述出本能中的无意识。本能地做下了某事意味着它已经有了行为的结果,它是主体所畏惧的,因而才产生"罪恶感"。当然,"本能地做下了某事"指无意识的行为,它的外显症状是口误、笔误和遗忘等,它的内隐状态便是本能固着在自体之中。总之,尽管"俄狄浦斯情结"包含人伦的原型——父子关系,弗洛伊德使用它主要为了引申出情感的伦理意义。尽管在道德哲学家那里,情感是否可以成为道德的本体仍是一个难题,但在弗洛伊德这里,他以"俄狄浦斯情结"成功地构建了精神病的综合本体。尽管这一情结中的伦理并非客观伦理,但它包含的人伦关系的原型已经有了伦理的萌芽。

(二) 精神分析理论中的"情结"与"情感"

在上文中,我们已经分析了"俄狄浦斯情结",它相对于情感来说的凸出特点在于它的无意识。尽管后来 C G. 荣格(Carl Gustav Jung, 1875—1961)提出,无意识和意识领域都可以找到情结,但这是将"情结"泛化后得出的。我们无意过多地分析"情结"的内涵,只分析它与"情感"相比较的建构性。在中西方哲学史上,"情感"是否可以作为道德的本体难以定论。在儒家哲学中,情与性、情与理、情与欲等构成不同的张力。在西方哲学中,同情心、关怀等都被哲学家们讨论过，但将它们当作是道德的本体都遇到不同程度的诘难。虽然弗洛伊德也探讨人的道德意识，但他的目的在于解释神经症的发生学，而非道德的。除此之外，心理学中的“情感”是无法脱离感觉-意识系统的，因而立足于情感来研究，必然无法解释无意识领域的心理内容。“情结”恰好可以弥补“情感”的不足，至少在精神分析理论中是如此。

然而，弗洛伊德并未过多解释“情结”，是荣格系统地论述了“情结”概念，因而后世学者认为荣格的理论可以被称为“情结心理学”。荣格首先肯定“情结”的无意识特征，他在词语的联想测验中发现，当一定的“刺激词”与患者所认为的不愉快的事物联系在一起的时候，患者回答问题所需的反应时间就会延长很多。此时，如果将导致患者产生“延迟反应”的词语选出来进行甄别，就会发现潜藏在这些词语中的深层含义。换句话说，很容易根据这些词语发现一种充满着激情的“情结”。于是荣格总结：人的无意识之中隐藏有成组的彼此连接在一起的情感、思想和记忆等，任何能够联系到这一“情结”的语词或暗含有此意的词汇都会引起患者的“延迟反应”。由此可知，“情结”的主要特征是它所包含的无意识力量，而非意识中的情感及其心理力量。

那么，“情结”和“情感”到底有何差别呢？或者说，“情结”中是否可以完全排除情感的成分？根据荣格的解释，“情结”这东西“是一种经常隐匿的，以特定的情调或痛苦的情调为特征的心理内容的聚集物”①。无疑，荣格特别凸显的是“情结”中的情感或心理创伤。这样来看，“情结”有点类似于心灵创伤留下的疤痕，但它在机能上又不似疤痕，因为疤痕无法表达“情结”的隐主体性。在荣格看来，“情结就像完整人格中一个个彼此分离的小人格，不仅是自主的，有自己的内驱力，而且可以强有力到控制我们的思想和行为”②。从这个意义上来说，“情结”虽然是无意识的，但它又是如此地富于自主性，由“情结”而产生的主体行为就如人的另一个自我，它与意识自我常常产生冲突。因此，“情结”实质上展现了两种意愿冲突中的个体：一个是无意识意愿；另一个是自我意愿。从这一点来看，“情结”与“性本能”有着同种机能和作用，都可以被当作是心灵或精神的“本中之本”，它们作为心理或精神发展的原始动力，都代表着机体内部所拥有的动态发展的生命活力，而非某种静止的生命样态。从这一点来看，把“情结”看作是一种经由历史遗传下

---

① 〔瑞士〕C.G.荣格：《分析心理学的理论与实践》，成穷、王作虹译，北京：生活·读书·新知三联书店，1991年版，第49页。

② 赵书霞、刘立国：《荣格的情结理论及其对情结概念使用的修正》，《河北理工大学学报》2009年第1期。

来的“心灵实体”也说得过去。

当然，我们所认为的“情结”拥有的类似于本能的作用并非主观臆测，很早就有心理学家提出在“心灵意象”与“外在真实”之间可能存在着某种密切的相对应关系，某些“外在真实”虽然是主体的“心灵意象”从未经验过的，但主体却能够根据本能感觉到它并做出反应。著名的奥地利动物行为学家康拉德·劳伦兹(Konrad Lorenz, 1903—1989)的研究发现，某些动物能根据对特定刺激的回应做出反射本能。例如，当老鹰凌空而下捕捉小鸡时，只要鹰的影子投射在地面上，从未见过老鹰的小鸡就懂得马上迅速逃跑。甚至是当使用某种电动机投射出类似老鹰的影子在地面时，小鸡也能够一看到影子就本能地逃跑或寻找遮蔽物。由此可见，对猎食者产生的防卫性反应是小鸡生理系统中的本能，而猎食者及其影像是小鸡天生就具备的“心灵意象”。荣格认为，“情结也是以类似本能的方式运作”，说“类似本能”是因为它们“对特定的情境或人物会产生立即的、直接的、特指性的反应”。与本能不同的是，“它们不完全是与生俱来的，而更大程度上是创伤、家庭互动模式、文化制约等经验的产物，这些经验再综合了集体无意识原型的原始性要素才产生了情结。所以，情结是心灵将经验重建为内在客体后的产物”[①]。当然，荣格所指的“原始性要素”可以追溯到人类的前史，甚至前前史，他的意思是这种“情结”是人无意识的历史遗传。无疑，荣格已经将“情结”扩大为文化的产物，也有哲学家专门探讨过“文化无意识”概念，在这里，我们不再拓展，我们的目的只在于弄清楚精神分析理论中的“情结”与“情感”的异同。

从以上的分析来看，“情结”的形成充满了人作为类存在与个体存在的生命历史。也是从这个意义上来说，我们大致上可以将“情结”定义为历史性的，而“情感”却是即时性的或阶段性的。在《图腾与禁忌》一书中，弗洛伊德以人类学的方法考察了“图腾”和“禁忌”的发展历史，以此来说明人类道德意识的起源与社会集体心理意识的形成。在某种意义上，“图腾”和“禁忌”也代表了人类以崇拜和敬畏情感为主的“集体情结”，它对于人类社会的法律与道德规范的制定具有极为重要的作用。在荣格的分析心理学中，他实际上将人的心灵分为三个不同的层面：第一层是处于表层的意识；第二层是最深层的集体无意识；第三层是处在这两个层面之间的个人无意识。莫瑞·斯坦(Murray Stein)认为，荣格的“情结”主要指处在第三层的“个人无

---

① Kirsch TB. *Cultural complexes in the history of Jung, Freud and their followers. Aprimer of Terms and Concepts*. Toronto: Inner City Books, 1991, p.491.

意识”，具体是指“对造成意识干扰负责任的那部分无意识内容。或者换句话说，指带有个人无意识色彩的自发内容，通常是因为心灵伤害或巨痛造成”①。这一点，荣格无疑继承了弗洛伊德的童年创伤理论。他们的不同在于，荣格指的是现实生活中因真实的心理事件造成的心灵创伤，弗洛伊德所指的是以“本能的固着”为特点的无意识心理创伤。荣格尽管也强调它的无意识性，但它在根本上是意识领域的。弗洛伊德所指的心理创伤并非源自客观生活，从一开始就是无意识的。这意味着，弗洛伊德的“心理创伤”和“情结”等从一开始就是无意识的，它可能来源于祖辈留传下来的集体无意识，也可能源自个人生命历史的早早期。

荣格的“情结”是无处不在的，它是经常性的生活用语，有自卑情结、性的情结、钱的情结，“年青一代”的情结等，“我们谈论人有的几乎一切情结”②。这种将“情结”泛化的做法导致它与“情感”概念的混淆，在某种意义上，有将“情结”概念情感化的趋势，这导致“情结”本身的哲学含义肤浅化。另外，荣格难以解决的问题是：既然“情结”源自现实生活中的心理创伤，那么，它是如何进入到人的无意识领域的？或者说，如何证明“情结”既是意识的，又是无意识的？根据荣格的观点，每种“情结”背后又隐藏着根深蒂固的一种“原型”。正是“原型”概念的提出使得荣格的“情结”得以在无意识领域中成立，它的形成既包含人与生俱来的内在原因，又包含人在后天生活经验中获得的外在原因。无疑，荣格的“情结”的产生机制相对来说要复杂得多，主体在经历客观的心理创伤之前，“原型”以某种“心理意象”或“心理趋力”的形式存在，但缺乏“情结”所拥有的那种干扰和制造焦虑的特质。这意味着，心理创伤的发生如果缺乏“原型”的内在驱力是很难发生的。外在的诱因可能导致创伤，但无法形成“情结”。因而“心理创伤”必须与“原型”相关联，并在此基础上产生充满情绪的记忆意象，两者综合起来并凝结成一个相对稳定的结构。在这个由原型和情绪、情感等组成的结构中存在着一定的能量，这种能量的组合可以把其他心理意象综合进来形成情感和情绪的网络。“情结”的内涵由此变得丰富，并会因主体的类似的经验的增多而不停地延展。这样的话，荣格的“情结”概念因为“原型”的作用力而产生情绪和情感等的内化，那些外在的、多变的、流动性的情感和情绪由此有了着落点。但是，荣格进一步提出，并非所有的心理创伤都来自外界的影响，有的心理

---

① 〔美〕莫瑞·斯坦：《荣格心灵地图》，朱侃如译，蔡昌雄校，台湾：立绪文化事业有限公司，1989 年版，第 285 页。

② 〔美〕卡尔文·S. 霍尔：《荣格心理学纲要》，张月译，郑州：黄河文艺出版社，1987 年版，第 29 页。

创伤就来自心灵的内部，“情结”可能是基于“人类终究无法成为完人的道德冲突”所造成和触发的①。不得不说，荣格最终也将“情结”引向伦理学的领域，尽管他和弗洛伊德一样，本身的目的不在于论证道德的发生学，却无法回避道德的本体来谈论人无意识的“情结”。尽管如此，荣格仍无法解释清楚心灵的内伤是如何产生的，弗洛伊德却使用“俄狄浦斯情结”将荣格所提出的内容全部纳入其中。

可以说，“情结”拥有比“情感”丰厚得多的哲学意蕴，但两者是不能被分别看待的。心理学中的“情感”概念极易容易跟“情绪”混淆在一起，例如，弗洛伊德的“唯乐原则”中的“快乐”到底指的是一种情感，还是一种情绪？如果将“快乐”当作是一种短暂的情绪，必然没有任何道德价值可言。但如果将其当作是一种情感，又如何定义它呢？当然，我们并非要集中于“情感”做文章，我们的目的只在于说明，相对于“情感”来说，“情结”拥有更明显的本体意义。但这不等于说，“情结”可以离开“情感”独立地成为本体。在某种意义上，甚至可以认为，“情感”是被包含在“情结”之中的。换句话说，在人的精神或心灵内部，必然包含了很多种不同的“情结”，也包含了很多种不同的“情感”。但某一种“情结”内部必然包含有一种或几种核心的“情感”在内，正是这些“情感”的内聚力使得“情结”能够成为无意识的本体存在。或者，可以将“情感”看作是一种液体的存在，它是流动性的，随时可以发生变化。“情结”却是固态的，它是稳定的，植根于人的“无意识”之中。如果依照之前所区分的“无意识”和“意识”认知系统，情感既可以存在于意识领域，也可以存在于无意识领域，但“情结”只可以存在于无意识领域。如果“情结”出现在人的意识领域，这意味着它已经被打开了。因此，某一种“情结”必然有与它相对应的核心情感，共同构成一种本体力量。

（三）“俄狄浦斯情结”中的“伦理记忆体”及其临床困境

无论如何，笼统地谈“情结”是无法理解“俄狄浦斯情结”的。这一点荣格也已察觉，他之后提出“情结”中无意识的道德冲突，对它的解释才是关键。否则，它就被无处不在的情感和情绪等掩盖，导致读者很难触及它的本质。荣格已在他的“原型”中点出了“俄狄浦斯情结”的本质。在这一情结中，“俄狄浦斯”故事中的伦理隐喻即这一情结的“原型”，它蕴含了“杀父”“娶母”这一心理创伤背后的伦理（乱伦）本质。在前文中，我们已经多次提出，这一“乱伦”并非客观现实的乱伦关系，而是一种植根于“本能”和“应然”

① Stein M. *Jung's Map of the Soul*. Open Court, Chicago and La Salle, Illinois. 1998, p.54.

冲突的伦理隐喻。无疑,在客观现实生活中,父子关系与夫妻关系构成最原始的伦理,它们是一切其他伦理关系的"原型"。"俄狄浦斯情结"即以这一伦理关系的"原型"为基础进行建构的。当然,弗洛伊德对"俄狄浦斯情结"的建构离不开他本人的生活经验及哲学思考。

古希腊悲剧中的伦理故事是虚构的,很多学者因此质疑弗洛伊德理论建构的科学性,因为它是无从考证的。"情结"作为一种心理现象可以通过一定的实证方法进行检验,它在一定程度上体现出科学性。同时,上文中提到的情结的泛化形式中,如乡土情结、自卑情结、初恋情结等,都可以被人直观地理解。但"俄狄浦斯情结"以一种近乎惊悚的方式揭示了人性的冲突与恶,并以一种正常人无法接受的结果隐喻人的终极命运。无疑,弗洛伊德选择使用这一"情结"的目的就在于它在常人世界的不可接受性,它就如精神病患者的心灵世界一样是常人所无法理解和接受的。从这个意义上来说,"原型"虽展现了客观现实的伦理关系——父子的和夫妻的,但它在更大程度上是建构性的。总之,"俄狄浦斯情结"与日常生活情结是截然不一样的,不仅因为它存在于人的无意识领域,而且因为它包含的伦理关系及冲突都是建构性的。它更像是弗洛伊德出自研究需要而设计出来的理论模型,本身并不具有任何实在性,也无需通过科学方法进行考证。

当然,弗洛伊德并非完全不考虑它的科学性,在《图腾与禁忌》一书中,他考证了宗教禁忌和道德意识的起源,并反复阐明它与神经症的起源存在相似性。可以说,人类思想意识中的任何东西都可以从人与自然的关系中找到答案。或者说,人的思想意识正是人在认知外在自然的过程中留下的印记。因此,任何意义或问题实质上都可以在对自然的认知中找到相对应的答案。反过来,人也可以使用他们思想意识影响对自然的认知。例如,弗洛伊德曾经举例说明,农夫为了获得丰收而拉着妻子夜间在田头发生性关系,他的目的是想用某些类似行为作用于自然并影响自然的发生或发展规律。从这个意义上来说,尽管我们可以接受弗洛伊德的理论假设,在意识的认知系统之外,还存在一个独立的无意识认知系统。并且,这个认知系统的存在与人对外在自然的认知毫无关系,它看似一个先验的存在,是人自身所不自知的隐秘领域。尽管它常常包含有十分强烈的隐主体性,但是,除非它以某种异常的症状(神经症的)显现出来,否则,人是很难发现这一精神系统的。弗洛伊德将这一精神系统归因于人类记忆的社会遗传,它是历史性的。换句话说,无意识系统中的任何东西就如人的胳膊和腿一样,既是人先天的某种功能(如本能)导致,也是在漫长的历史长河中发展而来的。因而它拥有产生的"原型",又在"原型"的基础上不停地改造。根据弗洛伊德,这种经由历史和文化的塑造并积淀在人性中的东西不仅可以像实体般存在，而且是可以遗传的。同时，它其中的伦理也如它本身一样，是经由若干年的历史和文化化育形成的、类似于“伦理记忆体”的东西。从这个意义上来说，那些道德哲学家们所热衷讨论的人的道德意识是先验的还是后天的都将变得毫无意义。因为在弗洛伊德的理论中，“先验的”和“后天的”是不可分离的。这一点也体现在他对“同性恋”的探讨上，他不认为区分同性恋产生的先天和后天的原因有实际的意义，因为这个问题本身就是不成立的。

综合以上，“俄狄浦斯情结”就如这样的一个产物：它的“原型”即我们所熟知的最原始的伦理——以父子、夫妻关系为基始的伦理。尽管将这一情结放在现代文明社会理解，它已经完全脱离了“杀父”“娶母”的错乱关系。但在弗洛伊德对原始人的伦理记忆的考证中发现，这一情结中的“乱伦”意味与神经症患者存在类似的地方。这意味着，是无法立足于现代的伦理关系来解释“俄狄浦斯情结”的，同时，也无法回到原始社会进行相关考证。对于这样的理论难题，弗洛伊德一方面试图对原始人的伦理观念进行解释；另一方面试图立足于儿童性欲及其心理创伤进行论证。在他看来，两者都代表人存在的早期，一个是人作为类存在的早期；另一个是人作为个体存在的早期。因为人在早期并未能打上太多伦理文化的印记，它反映的就是弗洛伊德提出的本能与“伦理记忆体”的综合。

荣格的“情结”是一般的心理学概念，弗洛伊德的“俄狄浦斯情结”却包含了一个类似于“伦理记忆体”的东西在内，因而它本身并非一般的“情结”概念所能解释得清楚的。正因为这一概念的独特性，弗洛伊德才得以将伦理的和心理的因素有效地综合起来解释精神病的本体。可以说，“俄狄浦斯情结”因为它自带的“伦理记忆体”而成为一个伦理意义上的情结，也正因它包含的伦理“原型”使得弗洛伊德在解释神经症的发生学时，能自然并合理地将伦理的东西纳入进去。尽管在某种程度上，弗洛伊德的这一创举也更好地解释了道德的发生学，相较于道德哲学家单从概念和逻辑出发的论证来说，他的解释似乎要更为合理。但这不是我们的重点，不再赘述。

尽管如此，仍需要提出的疑问是：“俄狄浦斯情结”的临床意义在哪里？荣格认为，“情结”的病理学意义表现为“高强度的情结”由于集聚了过多的心理能量而扰乱了心理结构的平衡，从而促发了神经症的无意识后果。在某种程度上，患者的各种“情结”深深地缠绕在他们的神经症的病情里面，“不是人占据了情结，而是情结占据了人”。或者说，当患者身上的心理能量被“情结”激活之后，他或她就完全无法控制自己的情感或行为。精神分析治疗的目的就在于帮助患者解开各种“情结”，把被“情结”占据的心灵彻底解放出来。荣格完全从心理学的视角来分析“情结”，它本身不带有任何伦理的意味，这一点，在弗洛伊德的“俄狄浦斯情结”中是不足以说明问题的。我们在前文中已经讨论到，现代临床实践的意义在于找到症状产生的原因并设法消除。弗洛伊德将神经症症状解释为“替代性满足”，神经症因内在的“伦理冲突”（无意识的）所产生的情感压抑（无意识的）导致。因而关键在于理解和解释患者的内在“伦理冲突”和情感压抑。弗洛伊德使用“俄狄浦斯情结”，实质上是方便将内在的“伦理冲突”和“情感压抑”都纳入其中。正因为如此，“俄狄浦斯情结”犹如人自带的、静止的精神“病灶”，但它只构成神经症产生的内因，如果一直都不存在任何外在的诱因使得这一“病灶”发病，那么它就如深埋在人精神内部的深层无意识；但如果存在一定的外在诱因使得这一“病灶”发病，那么它就会产生相应的神经症症状。用弗洛伊德的话来说，深层“无意识”是没有任何研究意义的，精神分析只研究被压抑的无意识，也就是最接近意识领域的“无意识”。当然，我们不必去深究他的这种区分是否科学，或者说，对于他的研究来说是否有意义。这里的问题是：即使包含在“俄狄浦斯情结”中的伦理假设成立，但因其中的伦理不道德性是任何理性主体所无法接受的，那么，弗洛伊德又是如何才能证明它的临床实践价值的？换句话说，弗洛伊德所建构的这种独特的病因学理论，即使在理论上我们可以将“俄狄浦斯情结”当作是神经症解释的一般模型，但在实践中，又如何能够立足于个人的生命历史和伦理认知来消除症状呢？它的可行性在哪里？更确切一点说，如何能够让患者自动地接受并承认自身无意识领域中的“不道德”？

在弗洛伊德使用的精神分析法中，无论是释梦，还是自由联想，他的目的都在于引导患者发现隐藏在自我人格中的深层次伦理冲突。也就是将患者的无意识领域中的伦理冲突引向意识领域，以此方法使得患者从“不自知”的状态走向“自知”状态。但是，一个很难解决的问题在于：意识领域中的伦理冲突常常包含有明确的道德价值评价和文化差异性，神经症患者并非失去智力或理性判断能力，因此，在患者的意识领域必然存在着对“俄狄浦斯情结”包含的“伦理冲突”的本能拒绝和抵抗。尽管这一“情结”本身是没有任何道德评价意味的，但是放在意识领域，它却是理性人所不能接受的“不道德”的东西。这意味着，“俄狄浦斯情结”及其所包含的可能的“伦理记忆实体”并非患者的意识或理性所能接纳的。因而在临床上，患者如何可能在自我意识中接纳自身存在的本体上的“不道德”？在精神分析的实践案例中，弗洛伊德确实发现了很多患者在分析的过程中会产生本能的“抵抗”。他这样描述：

> 患者以各种方式来逃脱它的束缚。一会儿他表示他什么也不知道，一会儿又说想到的事情太多，以致无从选择。……随后，他承认他确实有某种东西不能讲出来——即他感到很羞愧，……我不可能会让他想这样的事情，就这样用各种方法拖延着时间。他只是不停地说要讲出一切，结果什么也没有讲出。①

对此，弗洛伊德并未能够从伦理的角度对患者的"抵抗"进行分析，尽管他试图在精神病的本体解释中加入伦理的内容，但却无法避开患者意识中正常的道德评价。患者在意识中始终选择逃避问题的本质，他们的问题可能并非不自知，而是对性本能中"不道德"的不接纳。或者说，患者坚持对自身本能中对"不道德"的喜爱和欲求。这意味着，患者一方面因本能中的"不道德"而感到羞愧；另一方面又无法控制自身对本能快乐的执着欲求，并且，后者成为患者无意识中无法放弃的坚定选择。患者在意识中表现出来的逃避态度越强烈，在他无意识中的隐主体性程度就越高。从这个意义上来说，无论分析者如何引导被分析者去正视自身内在的伦理冲突，都有可能被无情地拒绝。因为患者无意识中的"不道德的存在"正是他的意识和理性所极度排斥并需要压抑住的东西。弗洛伊德将这一"抵抗"看作是神经症临床治疗中的难题，他说：

> 患者也知道如何在分析的框架之内坚持这种抵抗，对这种抵抗的征服乃是技术问题中最为困难的一个。患者不是记起而是重复过去生活中的某种情感和心境，并使它们复活起来，通过所谓的"移情作用"(transference)来反抗医生和治疗。如果患者是一个男子，他时常从他与其父亲的关系里选取一些材料，并用医生来取代其父亲的位置，他以这种方式努力争取个人独立与思想独立。②

从以上来看，患者的反应充分说明：他们并不想接受分析者的引导(或包含伦理上的评价意味)，并因此意识到自己的问题所在。他们不但不这样做，甚至通过"移情作用"将分析者置入他想要的"替代角色"当中，并以此满足自己永不放弃的快乐欲求。在弗洛伊德看来，患者的这种抵抗是比较顽

---

① 〔奥地利〕西格蒙德·弗洛伊德：《弗洛伊德文集 4》之《精神分析导论》，车文博主编，长春：长春出版社，2004 年版，第 168 页。

② 〔奥地利〕西格蒙德·弗洛伊德：《弗洛伊德文集 4》之《精神分析导论》，车文博主编，长春：长春出版社，2004 年版，第 169 页。

固的,他们以“唯乐原则”为基础的欲求及其在此基础上产生的隐主体性十分强烈。一句话,他们在潜意识中并不想接受分析者的暗示和帮助,而是以各种各样的方式表达他们自身“无意识”之中的欲求和主体性。从这个意义上来说,弗洛伊德实际上在其理论建构中埋伏了一个较大的难题,即让患者自己主动承认和接纳自身内在欲求或情感的“不道德”。这恰恰也是弗洛伊德预设的神经症患者发病的主要原因:患者极度想做本来不应该做的事情并因而产生本能与道德的激烈对冲。精神分析方法使得患者本来隐藏在“无意识”中的“不道德”变得昭然若揭,这在分析者看来是一种不得不使用的治疗方法,但在患者看来便是本能自我的完全暴露,因而它必然遭到患者本能的抵抗。但弗洛伊德并不认为应该对“俄狄浦斯情结”本身所包含的伦理预设和他所使用的精神分析方法进行道德评价,他仍然将这些当作是一种纯粹的心理现象来对待,这一度使得他的理论陷入到极度的困境。因为他不得不花费大量的篇幅进一步说明患者的“抵抗”心理是如何产生的,这相对于他对“压抑”这一心理术语的解释来说更有难度。当然,我们在这里并非要批判弗洛伊德的理论建构中的一般方法论错误,而是说明他以“俄狄浦斯情结”为核心进行理论建构的合理性及其在临床实践中的不可行性,这一点实际上在他后期的精神分析实践中已经得到一定的证实。相对于生物精神病学将精神病归因于“脑部的退化并认定它的可遗传性”的不可接受性来说,“俄狄浦斯情结”以其内含的“不道德”同样使得患者无法轻易接受。概括起来说,弗洛伊德实际上是在理论中试图综合心理学和伦理学的内容,但在临床治疗实践方法上,却又忽视了伦理评价本身可能对患者造成的心理作用。换句话说,他在临床实践中采用的将心理和伦理分离的方法在一定程度上暴露了理论本身的弱点,这导致他在后期的理论建构中不得不更多地吸纳伦理学的内容。

三、“无意识”、“性本能”与“俄狄浦斯情结”的结构性

尽管很多学者提出,弗洛伊德的理论本身呈现出一定的结构主义特点,主要体现为他提出的无意识、前意识和意识等形成的“地形结构”,以及后期提出的自我、本我和超我等形成的“人格结构”。但是,我们在这里所讲的“结构性”并非以语言为中心的结构主义哲学,而是弗洛伊德所力图构建的理论体系的结构。我们的目的是说明,在弗洛伊德建构的精神分析理论体系中,这三个关键概念的关系及其构成,它们是如何相互作用并形成一个综合性的架构,以使得弗洛伊德的理论建构更科学和更具有解释力。尽管在很多学者看来,弗洛伊德理论本身的科学性是很让人怀疑的。关于这一点,

我们不做太多辩驳。借用保罗·利科的话来说，弗洛伊德的理论在一定程度上更接近于“文化解释学”，因而其“解释力”相较于“科学性”(侧重于实证和测量意义上来说的)来说更为重要。但是，正如雅斯贝尔斯所批判的，弗洛伊德提出的概念如“无意识”具有无限的可理解性，这使得他的理论看似可理解的，实际上却是无法理解的。这一点，我们在第三章分析“无意识”概念时已经探讨过，在这里，我们进一步明确这样的观点：弗洛伊德所提出的诸多概念的基本含义都存在解释不清的问题，例如，关于“无意识”“性本能”等概念的界定至今仍然存在很多争论。并且，这些概念存在着互译的嫌疑，它们相互纠缠，存在“孪生”关系，却又无法知道它们之间到底是何种关系。例如，关于“无意识和意识之间关系”，到目前为止，仍然是个难题。在弗洛伊德所能提供的众多解释中，其语言上的晦涩难懂或模棱两可仍然制造了很多的疑问。鉴于以上认识，在这里不得不重申我们的核心观点：单凭某一个概念是无法理解弗洛伊德的理论中的逻辑的。尽管他反复强调精神分析理论将完全抛弃传统形而上学哲学的研究方法，他的意思是不立足于概念与逻辑分析来建构其理论。但实际上，他最终还是无法逃脱概念与概念之间的关系纠缠，也无法不厘清楚众多概念之间的逻辑与结构。从这一点来看，弗洛伊德只是试图说明他所建构的理论相较于传统形而上学哲学的创新性，但于理论建构本身及所使用的方法，仍无法脱离语言，而语言的基本构成就是概念和其中的逻辑与结构。在他提出的众多概念中，“无意识”、“性本能”与“俄狄浦斯情结”处在核心位置，我们的主要目的是厘清楚这三个概念的结构性。

(一)“无意识”是结构性的吗?

在前文中，我们已经初步地将“意识认知系统”与“无意识认知系统”区分开来。我们的假设是：如果存在“无意识认知系统”的话，那么它就如“湖水的平面构成的一面镜子”，意识领域中的任何欲望、情感和心理都可以在这面若隐若现的“镜子”中找到相对应的东西。但实际上，这样的比喻仍然是不够贴切的，因为在弗洛伊德的很多论述中，无意识和意识的关系并不像是一条线或一个面可以分割开来的两个不同部分，它们更像是交织在一起的共同体，如禅宗里面所说的“意识的无意识，无意识的意识”，精神分析理论中也包含有这种概念的纠缠关系。换句话说，那些在人的意识领域中不够明朗或无法理解和解释的东西，都可以将其放在“无意识”的背景中加以理解和解释。在第三章中，我们已经探讨过，“无意识”就如麦金泰尔所比拟的一块“精神画布”，它如人的意识一样是无处不在的。但它却没有明确的意指，它看起来更像是语言和逻辑所无法触及的精神的“阴面”。

当然,任何一个精神分析理论的研究者都可以很容易地发现:无论选择何种语言去描述"无意识"本身,似乎都不能够尽其全意。这一点正如弗洛伊德本人在建构精神分析理论之始的定位,它本来就不是建立在概念和逻辑分析基础之上的。当然,我们不止一次地强调过这一点,在这里,我们并不意在重复论证"无意识"概念本身的解释性,我们的意图是从理论建构的视角出发来分析弗洛伊德的思想框架中的核心概念。"无意识"当然是这些概念中处在更基础与核心位置中的一个,因此,我们首先要对这一概念的结构性进行分析。当然,我们提出这一问题的主要原因在于:众多的学者认为,在弗洛伊德的精神分析理论中包含有无意识、前意识和意识的"地形结构"或自我、本我和超我组成的"人格结构"。这种"结构性"特点在某种程度上看似已经深入人心,任何人都能够对"无意识""意识"等组成的"冰山假说"进行一番描述,似乎每个人都能够说出意识的底部即那说不清、道不明的"无意识"。正因为如此,"无意识"尽管包含明显的隐性特征,但任何主体仍可以通过某种方法感受到它的位置,无论这种位置是在底部、深处,还是阴暗处或不明显处。弗洛伊德列举了"无意识"的五个基本特征:1. 无意识的核心是一系列本能冲动,它们可以在不相互影响的情况下共存;2. 不能用任何否定、怀疑和确定程度来理解无意识;3. 它是原初过程的领域,在这个领域中心理能量借助移置(displacement)与凝聚(condensation)在各个观念之间自由地流转;4. 它不具备时间性;5. 它关注的并非外在现实,而是实现快乐及避免不快。在弗洛伊德看来,"无意识是混乱的、盲目的、不可理喻的,而且是一种与外在现实无关、先于语言而存在的本能,它似乎成了一个无法透视的黑洞"[①]。

然而,"无意识"是包含某种结构的,或者说,它至少是处在某种结构之中的。"无意识"因为这样的结构性变得如一种有形的心灵实体,它如一切外在自然的物体一样,是可以被划分成不同的部分并形成一定架构的。但是,这在本质上与我们之前对"无意识"概念的界定是违背的。无疑,"'无意识'概念本身到底是不是结构性的?"这个问题关乎本书的研究主题,尽管在第三章中,我们已经否定了"无意识"作为精神病本体解释的作用,它本身并不构成任何实体或本体性的东西。在某种意义上,它类似于人精神状态中的某种属性,诚如自然主义伦理学家们对"善"的定义:"善"在本质上如红色、黄色等颜色的含义一样,本身并无任何实际的意义,只代表事物本身拥有的一种性质或属性。亚里士多德在《形而上学》中区分了"本体"和"属性"

① 黄汉平:《拉康与弗洛伊德主义》,《外国文学研究》2003年第1期。

概念，“无意识”实质上完全可以被界定为一种属性。然而，即便如此，仍需要继续提出的问题是：无意识是何种属性？或者说，无意识到底是何物的属性？在弗洛伊德提出的本能、情感和欲望等组成的概念群中，“无意识”是可以用来修饰任何一个意识领域中的概念的。“无意识”看似一种语言上的比喻或喻指，它并非指某一物的实在属性。例如颜色，我们仍然可以通过肉眼看得到，同时，我们也可以通过一定的方式感觉到他人的“善”，但“无意识”却不是任何感官可以感知得到的。尽管如此，“无意识”并不因为它的“无”而不存在，它的特征是很难用语言描述的。如果一定要使用一个概念或某种语言来描述它，那也就是“无”。但它并不意味着不存在，它的本意更接近于“无目的性的”或“无意图的”。

作为弗洛伊德的得意门生，拉康强烈要求要“回到弗洛伊德”对精神分析理论进行再探索，他先后递交了《精神分析学中的言语和语言的作用和领域》(1953)和《无意识中文字的动因或自弗洛伊德以来的理性》(1957)两篇论文。他首次把以索绪尔为代表的现代语言学引入到精神分析学，试图对弗洛伊德主义做出全新的阐释。他详细地探讨了无意识与语言的关系、主体的符号建构及其与他者的关系等，形成拉康式的“结构精神分析学”。拉康在其结构主义精神分析理论中更多地将“无意识”看作是一种欲望，是主体“欲望着他者的欲望”，它“总会在语言结构的缝隙中，在漂浮的能指链上流露出来。无意识并非无规律可寻，它是具有文化性质的话语结构，因此必须深入到结构语言学的领域去进行探讨，而不是停留在生物学层面上的解释”[①]。无疑，在弗洛伊德对神经症症状的描述中，这种语言的无意识特征是十分明显的，在那些口误、笔误、遗忘和梦境中，其实包含着某种难以言说的语言。换句话说，“无意识”似乎包含了一个独特的语言系统，它似乎处在意识的反面，又似乎处在意识的对照面。从弗洛伊德所描述的种种语言的“错误”来看，这一错误并非语言结构本身的错误，而是语言所反映的“意指”的错误。从这一点来看，“无意识”是必须经由他者翻译才能使人明白的语言，或者说，它本身并不是依赖主体所拥有的既定的语言系统来表达的，因为它并非主体意识领域中所要表达的目的和内容。使用拉康的话来说，“无意识的话语具有一种语言的结构，……无意识是他者的话语。”[②]无意识是必须通过他者的语言来解构的，无论它本身是否包含有某种结构在内，它本身并不构成任何实质性的东西。只有当它经由他者的语言解构之后，它才在意识

---

① 黄汉平：《拉康与弗洛伊德主义》，《外国文学研究》2003年第1期。

② 刘放桐等：《新编现代西方哲学》，北京：人民出版社，2000年版，第421页。

语言的参照下拥有自身的表达方式和系统。正如弗洛伊德说的:“在精神分析的治疗中,除了患者和治疗者之间的言语交流之外,别无其他。……话语和巫术最初本是一回事。……话语引起情感,并常被用作人们之间相互影响的工具。”[1]尽管如此,弗洛伊德仍不对医患之间的交流抱有过分乐观的态度,因为患者意识中的语言常常处在封闭之中。正如我们在上文中分析的,基于意识中的理性伦理判断,患者作为主体并不愿意展现或承认自我中“不道德”的内容,因而“抵抗”是他们面对分析者时的一般选择。除非他们能够通过“移情”在分析者身上找到“替代角色”的满足,弗洛伊德说:

> 只有在患者对医生有一种特殊的情感联系的条件下,他才能畅谈分析者所需的东西。在他看到有一个与他无关的人在场时,他会变得沉默无语。因为这些东西涉及他最隐秘的精神生活,作为一个社会上独立的个人,他必须对他人有所隐瞒。不仅仅如此,作为一个纯一的人格,有些东西连他自己都不愿意承认。[2]

当然,“不道德”并非客观意义上的不道德,它只是患者因本能“想做”和道德“不应该”的冲突而产生的无意识不道德感。或者说,尽管在分析者那里,对患者的任何心理事件或事实是不做出“不道德”的判断的,但在患者的无意识之中,“不道德”正是他难以启齿和造成情感压抑的主要原因。当然,在弗洛伊德分析过的经典案例中,如《少女杜拉的故事》《达芬奇的童年记忆》等,神经症患者甚至臆想了自己与他者的关系,尽管这些关系在现实生活中并没有发生过。在这些关系中,包含患者极度强烈的心理欲求与伦理冲突。但从弗洛伊德后面的分析来看,某些患者所认为的“事实”常常是无从考证的虚构。从这一点来看,立足于语言的结构来分析弗洛伊德的理论是很容易犯错误的。尽管荣格后来也提出“文化的无意识”,试图以文化中道德差异性来解释神经症的起因,他说:“如果我们想要用东方的华丽服饰来掩盖我们的赤裸,……我们就是在玩弄我们自己的历史。”[3]这意味着,站在西方文化的某些价值立场上,东方女性的“羞涩”或“含蓄”也可能是一种

---

① 〔奥地利〕西格蒙德·弗洛伊德:《弗洛伊德文集 4》之《精神分析导论》,车文博主编,长春:长春出版社,2004 年版,第 8 页。

② 〔奥地利〕西格蒙德·弗洛伊德:《弗洛伊德文集 4》之《精神分析导论》,车文博主编,长春:长春出版社,2004 年版,第 9 页。

③ C G. Jung *Archetypes of the collective Unconscious*. In: the collected works of Jung CG. Volume 9. Princeton: Princeton University Press, 1980, 14(3), pp. 286 - 287.

精神病。

当然，我们也无法完全排除“无意识”概念本身的虚构性。或者，更确切一点说，“无意识”本身包含或包含在一个虚拟的结构之中。它不像物体的结构一样是可以清晰地用线、面等描绘的，也不像概念的结构一样是可以根据一定的逻辑画出它们之间的层次或种属关系，因为它本身并不依赖形状或逻辑而存在。在某种意义上，它更像是一个不规则的存在，是无形和多变的。当然，如果我们以同样的语言去形容人的精神、心灵或任何属于人“身内自然”的部分，如欲望、情感和情绪等，似乎都说得过去。因为对于这些东西我们是无法不使用象征性的语言的。但是，尽管如此，“无意识”概念比起任何其他“身内自然”的部分都要更为抽象，这是因为任何主体都能够通过感觉、记忆和想象等方式感受到自己的欲望、情感，都能通过一定的语言向他者描述自我的感受。哪怕是不能用语言描述，那些非语言的方式如表情、手势和动作等，都能够很直接地表达自身内在的想法。但“无意识”却不是主体所能表达的，它必须是通过他者的分析和解构才能显现出来。“无意识”本身的结构性只有在拉康那里才能找到。于拉康来说，它有两个核心的含义：1. 无意识具有类似于语言的结构；2. 无意识是他者的话语。在他看来，精神分析在“无意识”中发现的是“超越语言之外的语言的整个结构”，语言则是“精神分析独一无二、不可离弃的中介”，与其说“无意识先于语言而存在”，倒不如说“语言先于无意识而存在”[①]。正是语言创造出了“无意识”，语言作为一种象征符号决定了人从生到死的全部意义：

> 象征符号以一个如此周全的网络包围了人的一生，……在他出生时，它们给他带来星座的秉赋，或者仙女的礼物，或者命运的概略，……以至他死后，依照象征符号他的终结在最后的审判中获得意义。[②]

在拉康看来，除了语言之外，不存在任何其他的结构，无意识却是既超出语言之外又需要借助于语言才能存在的。拉康详尽地探讨“语言”和“无意识”这两个系统之间可能的关系。他借鉴并修正了索绪尔对语言符号的“二分法”：任意性联想关系中的“能指（signifer）”与“所指（signified）”。他使用了一个简单的公式：S/s（即能指/所指）标示语言与无意识系统之间的可能关系，两个符号中间的那道“杠”十分生动地表明了“能指”与“所指”作

① 黄汉平：《拉康与弗洛伊德主义》，《外国文学研究》2003 年第 1 期。

② 〔法〕雅克・拉康：《拉康选集》，褚孝泉译，上海：上海三联书店，2001 年版，第 290 页。

为两种不同的系统所处的不同位置。在拉康看来,“语言”和“无意识”之间本质上存在着某种无法被轻易抹去的“裂缝”,它们并不像索绪尔的理论中所说的那样是分不开的。于是在拉康这里,“能指”在某种意义上成了“漂浮的能指”,“所指”也相应地成了“滑动的所指”。可以说,这个简单而又逻辑明确的公式构成拉康关于“无意识结构”的一种语言修辞学上的解译,大写的“能指”实质上就是指人心灵中的“意识”部分,小写的“所指”即是指心灵中的“无意识”部分。在某种程度上,心灵中的“无意识”部分总是受到来自“意识”部分的压抑,但它又总是能够极其狡猾地潜藏在“能指”之下。

拉康所使用的抽象语言并未能够使得“无意识”与意识之间的关系更为明朗,如果说,意识是借助于语言来表达的,但它却永远无法触及主体内心最真实的意图。而“无意识”是无法通过正常的语言来表达的,它却常常击中了主体的真实意图。在“能指”和“所指”之间隐藏的是主体的“真实意图”和“社会意图”的差别。无论拉康如何试图回到弗洛伊德主义,他的解译实际上已经远离精神病本身,远离临床治疗的视角。拉康是站在一般心理学的视角分析的,他提出的“无意识”与意识之间的“裂缝”恰恰不是正常人精神状态的一种反映,但拉康认为这是弗洛伊德理论本身的谬误。从一般的人格理论出发,“无意识”和意识之间的裂缝似乎是难以弥合的,这一点弗洛伊德本人也无法解释清楚。当然,我们也可以认为,对于精神病这种特殊疾病现象,如果一定需要一般性的理论作为解释的基础,那么,一般的心理理论或人格理论的建构是必不可少的。弗洛伊德不得不在晚年对其理论进行修正,提出自我、本我和超我等构成的人格结构理论。然而,拉康并不认为这样的修正就可以说明问题。在他看来,人的“主体性自我”与“社会性自我”之间存在着永远无法弥合的“鸿沟”。可以说,在拉康看来,前者才是“本真的我”,后者却是“伪自我”。自我并不是晚年弗洛伊德指认的由“现实的原则”组织而成的意识实体,“自我实为一种超现实的幻象,因为它恰恰是以一系列异化认同为基本构架的伪自我”。无疑,在弗洛伊德的晚期理论中,“自我”取代了意识的地位,“本我”取代了“无意识”的地位。拉康认为,从“原生的”本我到自我的个人主体是不存在的,它只不过是“一个幻觉意义上的想象骗局”,从一开始“我”就是一个空无,它不过是“一个操作性的观念”。弗洛伊德假设的自我的发生实为“一种意象中的开裂”,“我”实际上是“一种以想象为本质的反映性幻象”。拉康因此宣判:“过去人们自觉不自觉作为个人主体的那个我,笛卡尔作为理性之思起点的那个我,还应该包括第一个新人本主义先驱斗士施蒂纳的那个‘唯一者’的我,克尔凯郭尔的‘那一个’

真实的我，海德格尔的'此在'之我，都不过是一种想象中的'理想我'"[①]。然而，拉康的"无意识"中包含的即存在主义哲学家们所讲的那个"真我"，而意识中的"我"已经在"无意识"之中杀死了真正的自己。正常人"伪自我"的建构过程与精神病患者的发病机制是一样的，都经受着主体的解构（精神主体的分裂），它直接表现为身体的断裂与语言控制权的丧失。换句话说，意识的建构过程便是"无意识"的解构过程，意识的建构性越是强烈，"无意识"的解构性就越明显。与其说精神病患者的主体意识在某种程度上体现为"自我分裂"，不如说它在本质上体现为一种无意识"真我的回归"。

可以说，拉康以语言的结构主义彻底地分裂了"意识"与"无意识"的关联，或者说，自我与本我的关联。在意识或自我的建构过程中，"无意识"与本我已经被无形地解构，它们不再是弗洛伊德理论体系中的那层含义——人性发展的原始动力，而是被意识的建构所扼杀的自我的"残渣"。从这一点来说，拉康在本质上并未真正地回到弗洛伊德主义。当然，我们并不是要研究拉康对"无意识"概念的解构，我们的目的是分析弗洛伊德的"无意识"概念的结构性。综合以上，"无意识"确实是包含或包含在某种结构之中，但这种结构性是无法立足于它本身来描述的，这正是它总是处在一种幻象中的主要原因。从这个意义上来说，无意识是"超出语言之外"的。尽管在弗洛伊德和拉康的各种描述中，他们都不约而同地使用了过分文学性的描述，不得不给人留下了语词夸张的深刻印象。即便如此，任何研究者都无法证明"无意识"的不存在。

（二）"性本能"的物质与意识的双重结构

在上文中，我们已经探讨过，弗洛伊德作为生命之"本"的"性本能"并非完全物质的，它更像是介于物质与精神之间的东西。它一方面源自机体的内部需要，是肉体的；另一方面它是精神为了满足肉体需要而产生的一种活动能力，类似于精神上的。因而实际上可以将"性本能"看作是既物质又精神的东西。或者说，"性本能"实际上拥有物质和精神上的双重结构。在《精神分析导论》中，他详细地分析了"力比多"作为人体物质，其形成与发展要追溯到婴儿期。弗洛伊德在长期的生理学研究中发现，动物的性腺含有丰富的神经组织，主导着机体的很多活动。之后他将这样的实验方法应用到人体研究，并主要集中于神经症的病理学探索。他提出"性本能"概念并将其当作是人格发展的动力源泉，然后提出性欲发展的阶段说。关于"性本能"的形成过程，他说：

---

① 张一兵：《从自恋到畸镜之恋——拉康镜像理论解读》，《天津社会科学》2004年第6期。

目前你们应坚信性生活(我们称作力比多机能)不是一经发生就有其最后的形式,也不是按照自己的样子发展起来的,而是经过了各种各样的不同阶段。……这种过程从一个组织阶段过渡到随后一个更高的阶段。我们随后会知道力比多发展所经过的许多时期对于了解神经症究竟有什么意义。①

从以上来看,弗洛伊德首先承认“性本能”是生理的、物质的,它正如身体中的其他器官的发展一样,要经历一个从不成熟到成熟的发展过程。从进化论的角度出发,弗洛伊德实际上承认了人的进化本质,但他强调的是这一“发展进程”对于理解神经症的意义。他的意指是先承认有进化的存在,然后才能在此基础上提出基于“退化”的神经症的发生机制。然而,如果仅仅将“性本能”当作是物质的,那必然陷入到与生物精神病学同样的理论困境。例如,如果将“性本能”的发展归因于性激素,又如何才能证明这样的物质可以产生一定的机体能量并决定着人的意识?或者更为直接一点地说,物质是如何决定人的意识的?当然,在哲学探讨中,“主体的意识是如何达到物质世界?”的问题同样困扰着哲学家们,如W.C.丹皮尔(Dampier W.C.)所说的:

阿奎那及其同代人和亚里士多德一样,以为实在的世界是可以通过感官觉察出来的:这个世界是色、声、热的世界,是美、善、真或其反面丑、恶、假的世界。在伽利略的分析下,色、声、热化为单纯的感觉,实在的世界只不过是运动中的物质微粒而已,表面上同美、善、真或其反面毫无关系。于是,破天荒第一次出现了认识论的难题:一个非物质的无展延的心灵何以能了解运动着的物质。②

无疑,在西方二元认识论中,物质与意识(精神)的分裂成为难以解决的理论困境。在中国哲学中,孟子将道德意识的产生归因于人的良知良能(人先天拥有的本能),他说:“人之所不学而能者,其良能也;所不虑而知者,其良知也”(《孟子·尽心上》)。他又说:“恻隐之心,仁之端也;羞恶之心,义之端也;辞让之心,礼之端也;是非之心,智之端也。”(《孟子·公孙丑上》)人天生具有认知能力已经得到普遍认同,但是,人是如何通过这种能力形成意识

① 〔奥地利〕西格蒙德·弗洛伊德:《弗洛伊德文集4》之《精神分析导论》,车文博主编,长春:长春出版社,2004年版,第191-192页。

② 〔英〕W.C.丹皮尔:《科学史及其与哲学和宗教的关系》,李衍译,张今校,桂林:广西师范大学出版社,2001年版,第11页。

的却仍然难以证明。换句话说，人的社会性到底是如何产生的？可以说，弗洛伊德并不旨在推进哲学认识论的进步，他本人并不认为哲学可以解决实际问题，他的目的是建立真正科学的精神病学。但他恰恰是在对神经症的研究中部分地解决了哲学中难以解决的问题。当然，在这里下结论有点为时过早，因为关于“性本能”概念存在太多争议，必须对它做出更深层次的解析。

一般认为，弗洛伊德的“性本能”指人的性欲或性冲动，这使得他的理论被无限地“肤浅化”。尽管他在多本专著中使用到性欲、性冲动、性倒错和性变态等，但他不止一次地说明，“性本能”确实包含有性欲的成分，也体现为一定的性冲动，但它确实不指欲望层面的东西。在《性学三论》中，弗洛伊德分析了众多“性倒错”和“性变态”的行为，以此为基础分析神经症的病因。但这并不意味着，这些概念所反映的具体现象或行为就能成为“性本能”的本质内涵。实际上，他反复强调需要将“性本能”与性欲、性冲动等区别开来，他提供的主要区别方法关乎性的“对象”和“满足”。性欲和性冲动等是人体的一种生理的或物理的反应，“性本能”拥有更抽象的意义，是无法使用物理的和化学的方法来研究它的。它确实与人体的性组织发展及其机能有关系，体现为生理的、物质的一面，但它又不是科学手段可以研究的，它拥有精神属性的另一面。在第一章中，我们将“性本能”界定为人的一种“关系性欲求”，但它更本质上的意义指人的“关系性能力”。正是物质和精神的双重结构使得它能够在自我与“对象”之间建立起关系。根据弗洛伊德，神经症正是源于人的这一“关系性能力”的错乱，他说：

> 我们的心理活动一般来说，向两个相反的方向运动：或者从本能出发穿越无意识系统到达有意识的心理活动，或者在受到外界的刺激时，它穿过意识和前意识系统而直接到达自我及其对象的无意识发泄。这第二条道路一定，姑且不论已经发生了的抑制，还清楚地保留着，在一定的距离内没有什么东西能阻碍神经症重新获得其对象的努力。①

当然，必须指出的是，弗洛伊德并非意在说清楚个体意识产生的科学机制，更确切一点说，它仍然表现为一种神经症发生学理论。因为在此过程中，他的目的不在于说明意识的产生，而在于说明神经症的发生。他是以“意识和无意识的转化关系”来说明的，所以看起来他在解释神经症的时候，

① 〔奥地利〕西格蒙德·弗洛伊德：《弗洛伊德文集 2》，王嘉陵等编译，北京：东方出版社，1997年版，第186页。

也解释了意识、无意识及其关系。可以看出,“性本能”是以“对象”为目标的,是以“满足”为目的的。在弗洛伊德的描述中,本能是各种各样的,它遍布了人身体的各个部分,产生营养本能、自我保护本能、爱的本能、生的本能和死的本能等。但是,除了“性本能”之外,其他的本能都有明确的、直接的目标,“性本能”则是这些本能的综合产物,是“本中之本”的本能,是以“关系”建立为目标的本能。因为“性本能”发展到最后才产生人的生殖功能,这是“性本能”发展的完全成熟的结果。但是在这一过程中,最重要的任务是要获得正确的性对象,神经症患者的主要表现在于无法获得能够产生生殖功能的性对象,并以其他非正常的物体或人作为“对象”,以此获得“替代性满足”。因为在其发展的过程中,神经症患者的“关系性能力”受到压抑,并因而产生“性本能”的退化,以倒退、固着或升华的形式出现。众多研究者对“压抑”概念产生疑问,因为“压抑”作为一个心理学概念,更多地指向情感。但如果仅仅以“情感的压抑”来解释,自然存在着本体困难。当然,我们会在第五章中专门讨论,在这里,我们只说明它的双重结构。无疑,弗洛伊德的“压抑”更多地指“性本能的压抑”。这一“关系性能力”在无法找到正确的对象时,只能被压抑并产生生理“退化”。因而神经症的生理病症并非身体的指标异常,而是以“性本能”为中心的功能异化。简单地说,“性本能”的退化即因性对象的错乱而产生的功能异化,并因而产生一系列的生理症状作为“替代性满足”。但是,以上解释仍未能触及最关键的部分,“性本能”的压抑如何影响人的意识才是关键。在他看来,人的意识是需要借助于语言来表达的,这是人作为主体存在区别于动物的关键能力。因而在神经症的诸多病因中,仍需要立足于最关键的语词来发现通往患者无意识的路径。在他看来,压抑并不会改变患者主体因性本能的动力而产生的寻求快乐满足的进程,相反,它会以各种可能的形式寻求发泄。其中“言语发泄”对神经症的康复有着非凡的临床意义,弗洛伊德说:

> 言语观念的发泄不是压抑活动的一部分,而是代表第一次试图康复或痊愈,这个意图如此明显地支配着精神分裂症的临床情况。这些努力意在重新获得失去的对象,很有可能的是,要达到这个目的,他们就必须借助于属于他的言辞来打开通往对象的道路。于是,他们就不得不用言辞来满足自己,而不是用事物来满足。[1]

---

[1] 〔奥地利〕西格蒙德·弗洛伊德:《弗洛伊德文集 2》,王嘉陵等编译,北京:东方出版社,1997年版,第186页。

由上可知,弗洛伊德所要解决的问题并非物质是如何决定意识的,而是为了说明“性本能”在其发展的初期表现为一种物质的东西,它是如何进入到人的无意识领域并影响人的意识的。可以说,“无意识”成为联结物质与意识的中介,“性本能”被压抑到人的无意识领域成为神经症解释的关键。然而,这一切都要借助于意识中的语言的中介作用才能完成。换句话说,“无意识”本身是无法通过任何手段去检测的,但也正如我们在上文中所说的一样,同样无法找到证据证明它的不存在。无论如何,即使它只是一个假设,我们也可以知道,“性本能”要完成从物质到意识的转化,或者说,“性本能”作为一种物质的东西要影响到人的意识,必须通过“无意识”的中介作用才能达成目的。为了说明这个问题,我们不得不引用弗洛伊德比较长篇幅的详细解释:

> 让我们把这些考虑和在精神分裂症里放弃了对象性发泄这个结论联系起来。我们必须把这个假设改变为,仍然保留着与对象一致的言词观念的发泄。我们允许称之为对象的意识观念的东西,现在可以分成言词观念(言语观念)和事物观念(具体观念),后者存在于精力发泄之中,假如不是对这种事情的直接记忆想象的精力发泄的话,至少也是从这些想象中获得的间接的记忆痕迹的精力发泄。①

无疑,在弗洛伊德的精神分析理论中,语言及其意义解释是通达患者“无意识”领域的主要途径,也是神经症治疗的主要方法。因而“言词发泄”在弗洛伊德这里应该是一个比较重要的术语,它是一个与“对象性发泄”相对应的术语。确切一点说,精神分裂症患者如果放弃了“对象性发泄”(对象之物),就会转向“言词发泄”(与对象之物一致的意识观念)以获得满足。因而实际上在人的意识中,包含有“言语观念”和“事物观念”两个不同层面,后者是更为具体的观念,前者是抽象的观念。以抽象观念为基础的“言语发泄”依靠的是直接或间接的记忆想象,它是患者主体在未能获得对象性发泄时的精力发泄的主要形式。无疑,在弗洛伊德的描述中,要区分清楚意识与无意识认知系统的关键之处就在此。但是,“对象”仍然是理解这些概念的中心。可以说,言语观念和具体观念的分叉之处恰是意识与无意识的分别之处。换句话说,对于“对象之物的观念”可以被分为“具体的观念”(事物观念)与“言语观念”,两者都是对“对象之物”的反映。但是,人的意识系统包

---

① 〔奥地利〕西格蒙德·弗洛伊德:《弗洛伊德文集 2》,王嘉陵等编译,北京:东方出版社,1997年版,第 186 页。

含两者在内,无意识系统却只包含对象的具体观念。因而在"对象性发泄"无法获得的情况下,患者主体在其无意识系统中将其转化为"对象性事物发泄"(与对象性事物一致的具体观念)。弗洛伊德认为这是理解意识与无意识之间差别的关键之处,他说:

这两者不是像我们假定的那样,对位于心理的不同部位的同一内容的不同记录,也不是同一部位的精力发泄的不同机能状态。而是意识观念包含着具体观念和与它相应的言语观念。而无意识观念只是事物观念本身,无意识系统包括对象的事物性发泄,这是第一种,也是真正的对象性发泄。①

因此,压抑的作用就是帮助患者在"无意识"中找到"对象的事物性发泄"(事物的具体观念)以取代"对象性发泄"(具体事物)可能提供的满足。为了使得以上的论证更清晰易懂,我们使用下图来表达弗洛伊德提出的众多概念及其关系,具体如下:

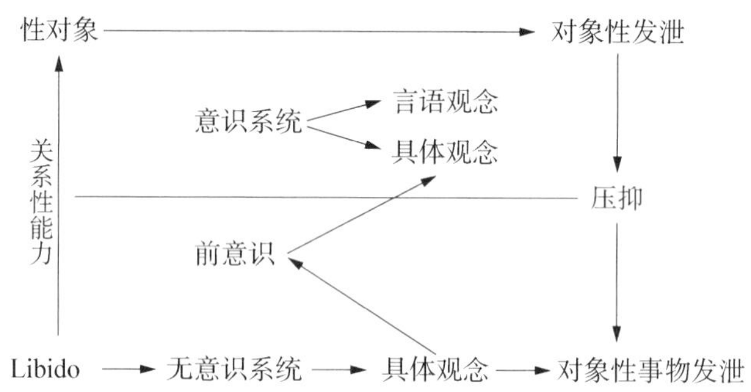

图 2 "性本能"动态发展结构说明图(1)

如上图所示,尽管我们在意识系统和前意识、无意识系统之间使用了一条横线,我们的意图只在于更好地说明压抑的作用,而不是以此横线将意识和无意识系统分成完全不相干的两个部分。正如弗洛伊德指出的,意识与无意识系统的差别并非对应于"心灵的不同部位的同一内容的不同记忆",也不是"同一部位的精力发泄的不同机能状态"。这意味着,两者是通过某一种东西的过渡而联系在一起的,它便是弗洛伊德称之为"前意识"的东西。当然,我们在这里需要对弗洛伊德提出的"具体观念"和"言语观念"做出进

① 〔奥地利〕西格蒙德·弗洛伊德:《弗洛伊德文集 2》,王嘉陵等编译,北京:东方出版社,1997年版,第 186－187 页。

一步的说明。根据他的描述，实际上，“具体观念”接近于事物的形象及形象记忆基础上形成的观念，而“言语观念”则是关于事物的纯粹抽象的观念。患者在无意识中通过前意识的过渡作用将“具体观念”与“言语观念”联系起来，以此完成“无意识系统”与“意识系统”的联结。尽管这样的解释仍然可能引起很多的争议，但在本研究中，我们选择将其当作是弗洛伊德精神分析理论解释中比较关键的一步。因此，在引用他的原话之时，我们使用了加粗字体以表示它的重要性。弗洛伊德说：

> 前意识系统通过把具体观念和与它相应的言词的言语观念联系起来，而引起了这种具体观念的过度精力发泄。正是这种发泄，我们可以假设在心理上产生了较高级的组织，并使它能用支配着前意识的次要过程来接替主要过程。①

当然，弗洛伊德在解释“无意识”的时候不止一次地指出，只有那些能够进入到“前意识”的东西才能真正地进入到意识，而那些不被“前意识”接纳的“无意识”是没有办法进入到意识系统的。然而，精神分析的对象正是“那些能够进入到前意识的无意识”。实际上，这里所说的“前意识”和“无意识”在内容上都指事物的形象观念（或事物的具体观念）。从这个意义上来说，神经症患者主体在“对象性发泄”缺失的情况下，仍然能够借助于“对象性事物发泄”来达到目的，这种替代实际上是以“事物的形象”代替事物本身完成的。“前意识”的作用是将具体观念与言语观念联系起来，使得形象观念上升为抽象观念。弗洛伊德认为，在这个过程中会导致“过度的精力发泄”。当然，这样的描述仍然显得模糊与晦涩。联系上下文来看，弗洛伊德在前文中实际上是将“言词发泄”当作是患者主体的“康复或痊愈意图”，因而这里的“过度精力发泄”实际上代表主体从具体形象到抽象的转化过程中所真正达到的目的——替代性满足。从神经症患者的各种病症来看，口误、笔误和遗忘等是弗洛伊德试图分析的重点，而这些病症在本质上即“言词发泄”的重要形式。而那些不能转化为“言词发泄”的具体观念仍然会被压抑到“无意识”之中，以“对象性事物发泄”的形式满足患者主体。基于以上分析，我们实际上可以将前文中的“性本能结构说明图”优化成如下形式：

---

① 〔奥地利〕西格蒙德·弗洛伊德：《弗洛伊德文集 2》，王嘉陵等编译，北京：东方出版社，1997年版，第 187 页。

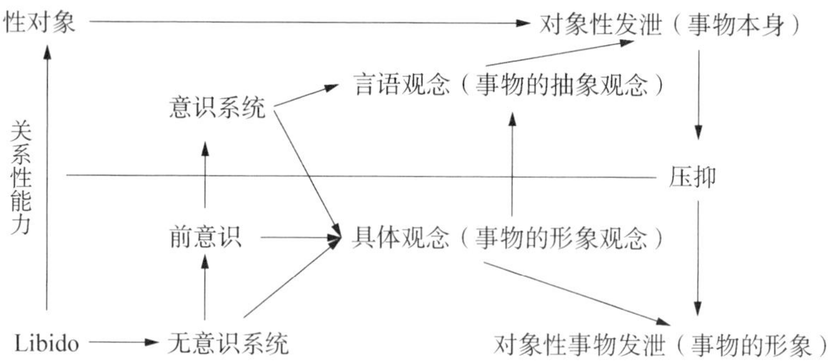

图 3 “性本能”动态发展结构说明图(2)

从上图可以看出，联结无意识、前意识和无意识系统的是人的“具体观念”，也是弗洛伊德所描述的“事物的形象观念”。在“对象性发泄”无法实现的情况下，神经症患者主体是通过压抑的作用将事物的具体形象观念保存在“无意识”之中，通过“对象性事物发泄”来获得替代性满足。如果前意识系统能够将“具体观念”变成“言词观念”，那么，神经症患者将会获得一次康复或疗愈(这在本质上是一种语言疗法或叙事疗法)。精神分析方法的一般原理便是将患者心理中的“无意识”引入到意识。如果无法做到这一点，那么，神经症患者只能通过被压抑的事物的形象观念来获得“对象性事物发泄”。在弗洛伊德所分析的达芬奇案例中可以说明这一点。在达芬奇的那些画作中，他正是通过出奇的形象思维来达到“无意识”中的“替代性满足”，弗洛伊德称之为“升华”(也可以被看作是一种绘画疗法)。“压抑”本质上是患者拒绝将“具体观念”转化为“言语观念”，或者说，拒绝将两者联系起来。弗洛伊德说：

> 对移情神经症里的被拒绝的观念来说，压抑所拒绝的是什么——是观念转变成附属于对象的言词。于是，没有转变为言词的那些观念或尚未得到过度精力发泄的那些心理活动就保存在无意识里，处在一种压抑状态下。①

需要指出的是，弗洛伊德提出的“言词发泄”仍不是严格意义上的意识系统中的有逻辑性的“言词”。或者说，它不是反映具体事物或事物的具体形象的言语，而是患者尝试以言词的形式完成的、第一次以“对象性发泄”为

① 〔奥地利〕西格蒙德·弗洛伊德：《弗洛伊德文集 2》，王嘉陵等编译，北京：东方出版社，1997年版，第 184－185 页。

目标的自我疗愈。也正是在这个过程中,“无意识”得以进入到意识领域,使得原本属于“无意识”的某些东西脱离“无意识”而成为意识中的内容。然而,除了“被压抑的无意识”之外,弗洛伊德同时也指出了神经症的另一种形式:意识与“无意识”的分离。他认为,如果哲学家在进行抽象思维时,完全脱离了它与事物的具体观念之间的联系,在某种程度上,就类似于精神分裂症患者。而在精神分裂症患者的世界里,将那些“具体观念”当作是抽象事物来对待是其思维的主要特点。弗洛伊德的言下之意是:在思维方式上,某些只局限于抽象概念进行思考的哲学家在本质上无异于精神分裂症患者。他说:

> 哲学化的表述和内容已经开始类似于一种不受欢迎的精神分裂症患者的思维方式。另一方面,我们可以通过说明精神分裂症患者对待具体事物时就好像这些事物是抽象的,以此来尝试刻画病人的思维方式的特点。①

当然,从弗洛伊德晚期的理论建构来看,他并非排斥哲学思维方式,他的目的主要在于说明“无意识”和“意识”的不可分裂性。或者说,思维方式上的“具象思维”与“抽象思维”的不可分割性。实质上也表明了他试图综合生理学、心理学和伦理学的理论目标。神经症患者的主要症结在于无法自己完成从“具体观念”到“抽象观念”的转化。我们将在下一节分析这个内容。

(三)“俄狄浦斯情结”的三种可能的意义结构

在弗洛伊德的精神分析理论中,“无意识”、“性本能”和“俄狄浦斯情结”存在严密的结构性,有着它一以贯之的理论线索。可以说,这样的“结构性”充分地体现了弗洛伊德的理论应有的自洽性。并且,如何理解这三个概念的“结构性”是解释精神病本体的重要前提。这里的“结构性”并非结构主义哲学中的“语言结构”,而是一种“意义结构”。很多学者注意到“释梦”方法中包含了很多的意义解释。正如利科指出的,不使用意义解释,研究者是无法触及精神分析的底部的。但弗洛伊德始终都未脱离患者的形象记忆来分析。因而实际上,“形象”“语言”和“意义”是精神分析中不可分割的三个部分。但是,相对于“语言结构”来说,“意义结构”是更重要的部分。正是“意义解释”将患者那些看似毫无逻辑的形象记忆、语言和梦境的“碎片”联系、

① 〔奥地利〕西格蒙德·弗洛伊德:《弗洛伊德文集 2》,王嘉陵等编译,北京:东方出版社,1997年版,第186-187页。

组合在一起,形成一个看似异常、实际上却十分完整的患者的精神世界。在《论释梦的理论与实践》一书中,弗洛伊德曾经以"拼图游戏"来比拟精神分析过程中的意义联系。他说:

> 它被分成大量极不规则的奇形怪状。如果一个人能成功地把这些令人迷惑的"碎片"排列起来,每一片看起来都像是框架图中的一个"不可理解的部分"。于是,这幅画因此获得了一种"意义",它的设计中不再有任何缺口。①

意义都是需要依靠言词来表达的,"言词发泄"过程中患者主体由"具体观念"进入到"抽象观念"(言词观念)。或者说,由"无意识"进入到意识领域,实际上就是从"具体的形象世界"进入到以语言为中心的"意义世界"的过程。从这个角度来说,"意义结构"与"语言结构"是无法完全分离的,它们即使不能完全替代彼此,也是相互包含的关系。换句话说,"意义结构"应该包含"语言结构"在内,同时,"语言结构"也应该包含"意义结构"在内。当然,这样的解释有可能制造另一种混乱,使得我们的分析看似在"绕弯子",但我们也只是想更多地体现弗洛伊德的本意。正如他本人指出的,过多抽象的语言分析只会导致意识与"无意识"的分离。这种"抽象观念"与"具体观念"的分离在某种程度上恰似精神分裂症患者的思维方式。因此,"意义结构"应该包含"语言结构"与语言所指的具体内容。单纯的"语言结构"容易陷入过分的抽象当中,"意义结构"相对来说要丰富得多。我们并不意在对两者做过多的辨析,因为精神分析理论的自洽性并非一种形式概念的和谐,而是概念与实质内容的相辅相成,即语言及所指内容的意义之间的和谐。有学者提出,弗洛伊德的"理论体系的自洽不仅仅是形式的,它的内容是事实本身的自洽。事实的有机联系和整体性反映在理论中,必然会体现为理论的自洽"②。如果只局限于概念的表面形式进行分析,必然在概念与概念的矛盾纠葛中理不清楚方向。因而必须深入到概念及所指内容进行意义的解析,才能在这些看似复杂难懂的概念群中找到弗洛伊德致力于建构的理论架构图。鉴于以上认识,我们将在这一节中详细地分析"俄狄浦斯情结"的三种可能的意义结构。在这里,使用了"可能的"用以表达我们的谨慎态度,

---

① Translated from the German under the General Editorship of James Strachey, In Collaboration with Anna Freud, The Standard Edition of the Complete Psychological Works of Sigmund Freud. The Hogarth Press, London, 2001, vol 19. p. 116.

② 白新欢:《试论弗洛伊德俄狄浦斯情结理论的哲学意蕴》,《兰州学刊》2008 年第 6 期。

因为如何理解“俄狄浦斯情结”是比较关键的，因而也无法过于武断地认为肯定能得出何种结论。我们旨在根据文本所提供的线索得出可能的结论。

在上文中，我们已经初步地分析了“俄狄浦斯情结”中的伦理假设，它是一种类似于“伦理记忆体”的东西，是人作为类存在经由历史的发展遗传下来的、类似于伦理基因的东西。在弗洛伊德的描述中，它是保留在人的“无意识”中的一种伦理冲突的“原型”，其中包含了神经症病因解释的一般原理。我们将以此为基础分析“俄狄浦斯情结”的第一种意义结构：“情结-情感”关系中的意义结构。尽管在前文中，我们已经多次分析了“罪恶感”在神经症病因解释中的核心地位，但这种情感单独作为本体仍难以成立。弗洛伊德正是增加了“俄狄浦斯情结”这一伦理假设，使得“罪恶感”（过分的道德良知引起）成为本体变得可能。它们的关系及结构如下图所示：

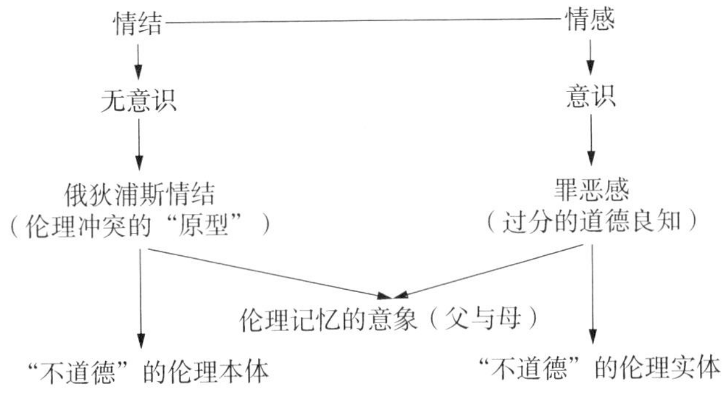

图 4 情结-情感关系中的“俄狄浦斯情结”的意义结构图

如上图所示，根据弗洛伊德的论述，大致上描绘出“俄狄浦斯情结”的第一种意义结构：以“情结-情感关系”为基础的意义结构。“情感”是意识领域的，因过分的道德良知引起的“罪恶感”是神经症解释的核心。“情结”是无意识领域的，“俄狄浦斯情结”是解释神经症的核心，它是人因“罪恶感”而产生的内在伦理冲突的“原型”。当然，“罪恶感”与“原型”之间很容易混淆，因为它们的关系就类似于意识与“无意识”的关系。“罪恶感”存在于意识之中，它因具体的事情而产生，体现为现实的心理的实体。“俄狄浦斯情结”中的伦理冲突的“原型”存在于无意识之中，它只是一种类似于“记忆的意象”的东西。如果一定要对它们的关系进行描述，也只能使用一个可能相对贴切的比喻句：“罪恶感”和“原型”之间就像实体与影子的关系。或者，如某些研究者比喻的，类似于照片与胶卷的关系。但是，“罪恶感”作为情感存在的主要特点是“不道德”的，“俄狄浦斯情结”作为情结存在的主要特点也是“不道德”的，它们在本质上是一致的，两者以“伦理记忆的意象”为中介产生“意识与无意识”意义上的联结。在伦理记忆的意象中“父”与“母”分别代表两种不同的伦理关系(自然的和应然的)的具象,“母”代表自然本能的具象;“父”代表应然道德的具象,“杀父娶母”的伦理隐喻是放弃“应然道德”追求“自然本能的快乐或满足”。两者在“俄狄浦斯情结”中以伦理冲突的形式构成“不道德”的伦理本体,在现实中以“罪恶感”的形式构成“不道德”的伦理实体。因而情感中既包含以“俄狄浦斯情结”为原型的伦理本体,也包含现实伦理关系与情感的实体,共同构成“不道德”的伦理实体。

在以上意义结构图中,“罪恶感”与“俄狄浦斯情结”的关系仍然很难解释,这也是第一种意义结构可能的价值所在。尽管在前文中,我们已经集中解释了“俄狄浦斯情结”中的“伦理记忆体”及其临床困境,它犹如植根于人性中的伦理冲突的基因。弗洛伊德正是依赖这一点来解释人性的。其临床困境主要体现在它的“不道德”,因为人的本性是无法接受自身的“不道德”的。正如俄狄浦斯知道真相后刺瞎自己的双眼,小马知道真相后自动跳下了悬崖。它们共同隐喻的是人在本质上很难接受人性的“不道德”的真相。在临床治疗实践中,弗洛伊德发现患者主体会因为不接受自身的“不道德”而产生顽固的心理抵抗,使得无意识中的东西无法进入到意识领域。“罪恶感”相对于其他的情感来说,更具有内隐性。但我们在这里并不旨在分析它的这一突出特点。我们的目的在于说明“罪恶感”是“俄狄浦斯情结”在意识领域的映现,或反过来说,“俄狄浦斯情结”是“罪恶感”在无意识领域的沉淀与痼结。当然,确实找不到一个很好的词语来说明二者的同一性。可以说,意识中的“罪恶感”也包含了激烈的伦理冲突,它通常源自主体做了“道德上不应该做的事情”而产生的良心的自责。但是,依照弗洛伊德的理论,如果主体只是产生良心的自责,那就无所谓精神成“病”了。神经症的产生正是体现为主体一方面拥有过分的道德良知;另一方面又在本能中产生强烈的心理抵抗。这两种力量本身越是强烈,它们之间的对冲力量也将会越强烈,弗洛伊德在《自恋导论》中说到:

> 本质上,良知的形成最初是因父母亲的批判,随后是社会的批判——当来自外部的禁令和阻碍发展出压抑的倾向,这个过程会反复发生。……对这个‘监察部门’的反抗产生于个体从所有这些影响中解放出来的愿望(依照其疾病的基本特性)。[①]

---

① 〔英〕约瑟夫·桑德勒等:《弗洛伊德的〈论自恋:一篇导论〉》,陈小燕译,北京:化学工业出版社,2018年版,第36页。

伦理冲突的实质在于主体行为的目的与实际的结果之间产生极度的反差,因而主体的目的并非道德的自责,而是本能上无法停止想做"道德上不应该做的事情",因而产生伦理冲突。相比之下,如果只是以"罪恶感"来解释神经症是很难令人信服的。尽管某些进化论伦理学家也提出过人可能因为羞耻心而自杀,但显然这不是神经症患者的诉求,神经症患者的诉求是永不停止地寻找"替代性满足"。并且,因为"罪恶感"来源于人的理性与意识,如果承认人的理性是无法控制自身去做道德上不应该的事情的,无异于承认人的本性的低劣。这一点,弗洛伊德恰恰以无意识的"俄狄浦斯情结",以蕴含在其中的非理性及可能产生的神经症规避了人(正常人)本性低劣的风险。他只是将其当作是一种精神的"病"。

无疑,弗洛伊德自始至终只是将"俄狄浦斯情结"作为一个研究的假设来探寻精神病的本体,而非道德的本体。从这个意义上来说,那些认为弗洛伊德用无意识的本能解释人性在本质上降低了人性的说法是值得再考究的。在弗洛伊德的理论预设中,"俄狄浦斯情结"确实蕴含了人的自然本能与应然道德的冲突。但这种冲突并非必然产生的。在第一章中我们已经分析了"罪恶感"作为一种道德情感的前状,它只是偶然地发生在本能发展的进程中,而非本能发展的必然结果。因而在这里,我们也认为,弗洛伊德虽预设了"自然本能"比"应然道德"的在人性发展中的更主导的地位。但他并不认为这是社会"正常的理性人"的特点,相反,它只是一种精神的病。当然,我们也可以从文化精神分析学派的视角出发来解释这一点。例如,弗洛姆就将人的自然性与社会性严重地对立起来。他认为,在社会精神文化严重异化的状态下,那些看似精神有病的人恰恰是本质上正常的人,那些看似适应社会的正常人在本质上恰恰是精神有病的人。当然,我们在这里不旨在从一般人性论的角度来分析弗洛伊德的"俄狄浦斯情结"。我们的意思是,如果脱离了精神病本身,脱离了临床治疗的视角,很容易误解弗洛伊德建构精神分析理论的本意。因此,在这里我们不得不重申我们所要研究的主题:精神病的本体,而非一般意义上的人性。

以上关于"俄狄浦斯情结"的第一种意义结构因为"无意识"的作用而显得更融洽,但它的问题仍然在于:这样的研究假设可以促进理论的自洽,但却无法在临床治疗实践中奏效。当然,不得不承认,在弗洛伊德理论中,"无意识"是完全无法避开的一个理论前提。在"俄狄浦斯情结"的第二个意义结构中,仍然需要诉诸"无意识"进行分析。从"性本能"的结构性分析中我们实际上可以引申出"俄狄浦斯情结"的第二个意义结构:自体-客体关系中的意义结构。在上文中我们已经指出,弗洛伊德的"性本能"并非性欲、性冲动等，尽管它包含有性欲的成分在内，但它在本质上是人因“关系性欲求”而产生的能动力。区分“性本能”与性欲、性冲动的主要标志是它的对象。“性本能”是以性对象为目标，以快乐的满足为目的的。神经症患者主要表现为无法获得正常的性对象，而是以对象性事物来获得“替代性满足”。基于以上认识，我们将“俄狄浦斯情结”的第二种意义结构描绘如下图：

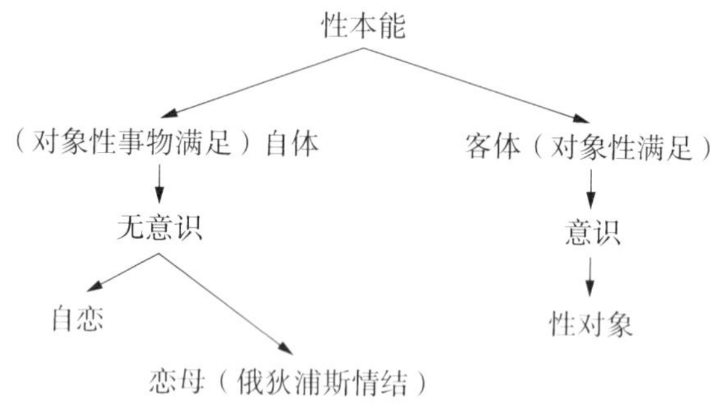

图 5　自体-客体关系中的“俄狄浦斯情结”的意义结构图

如上图所示，“性本能”的发展过程可以被简单地分为两种：一种是以性对象为目标的正常满足。这是人基于理性意识产生的一种以客体为对象的“对象性满足”，是弗洛伊德描述的正常人的“性本能”发展过程。另一种是以对象性事物达成的“替代性满足”，这是人无意识中的以自体为对象的满足。包括“自恋”和“恋母”两种形式。在弗洛伊德看来，后者是一种精神的病态，它的主要症状体现为“性本能的退化”。他重点指出，神经症患者在生理上体现为“性本能”发展的退化，它仍可能出现三种情况：退行、固着和升华。在前文中，我们已经分析过，这里不再赘述。从性对象的获取的视角来看，“性本能”的退化体现为无法获得正常的性对象，患者只能通过自体满足（对象性事物满足）获得快乐。这种自体满足通常是无意识的，也存在两种不同的情况：自恋和恋母。“俄狄浦斯情结”就包含在自体满足的“恋母”方式中，此时的患者主体并未将自我从母亲的形象中分离出来。从这一点来看，“俄狄浦斯情结”实际上也可以被称为“恋母情结”。无疑，这种解释缺乏人性中固有的伦理冲突的成分，因而在理论上仅仅以一个“恋母情结”解释了“俄狄浦斯情结”。更为确切一点说，它只是一种生理和心理上的解释，缺乏伦理学的视角。这使得“俄狄浦斯情结”成为一种纯粹的心理病理学的解释。但是，从弗洛伊德的描述来看，“恋母”和“自恋”在产生的机理上又是一样的。弗洛伊德将“自恋”界定为“自体性欲”与“对象性性欲”的中间阶段。前者是一种原发性自恋，是对自我的力比多的“投注”，常发生在儿童阶段，体现为将自己当做性欲对象。后者是一种继发性自恋，体现为与母亲关系的力比多的“折身返回”。自恋由此成为自我发展中的无意识强制力量，是人一生中都无法摆脱的“人格基因”。可以说，人在他生命的整个过程中都不可避免地遗留了一定程度的“自恋”。有人认为，弗洛伊德放弃了对物质世界的普遍性结构探求，坚持了方法论上的还原主义，“他对自恋力比多的无意识结构的把握试图超越经验认识和反思语言的封闭性而达致某种科学的客观性，但仍然是一种停留在心理沙地之上的海市蜃楼”①。

从弗洛姆对弗洛伊德的“自恋”理论的解释来看，他同样不打算探究物质结构与意识的本体关联，他也不赞同以性欲论为基础来解释人的行为。弗洛姆推崇马克思主义哲学中人的本质学说，试图在此基础上构建精神分析的伦理学理论。他认为，“人的基本感情并不是植根于他的本能需要，而是产生自人类生存的特殊环境。”②人的本质体现在能够成为“自己力量的主体和动因，能把握自身之内及之外的现实（即能够发展客观性和理性）”③。但是，“自恋”意味着，或与世界彻底分离，或将世界假想成为自己的主观感受。前者体现为婴儿的自恋，后者是精神病患者的自恋。在婴儿的自恋中，外界是压根不存在的，处在不能区分“我”与“非我”的状态。婴儿的存在就是他自身，他对于外界丝毫不感兴趣。精神病患者的自恋却表现为外界的不真实状态，经常害怕有人恨他、迫害他，这种“怕”已经成为了心理的事实。他铭记的是他对外在世界的主观体验，并将其假想为客观事实，而对真正的客观存在漠不关心。

可以说，弗洛伊德及其后来的批判者拉康都试图将婴儿期的经验当作是自恋产生的本体性来源。弗洛姆所要剖析的是作为精神病患者的自恋，通常能够在一些具有非凡能量的人物身上发现它，例如埃及的法老、罗马的凯撒、希特勒等。他们的共同特征是拥有绝对的权力，他们将自己的价值当作是判断一切事物的标准，包括生与死的最高标准。他们具有无限度地做任何事的能力，除了受生、老、病、死的限制，他们是不受任何限制的“上帝”。这是一种精神上的狂想症，“他们试图通过超越人类生存限度的极端来寻求对人类生存问题的解答”④。他们一方面感到孤独的恐惧；另一方面又想通

---

① 汪炜：《卢梭与作为哲学问题的自恋》，《现代哲学》2019 年第 5 期。

② 〔美〕埃希里·弗洛姆：《健全的社会》，孙恺祥译，北京：人民文学出版社，2018 年版，前言，第 2 页。

③ 〔美〕埃希里·弗洛姆：《健全的社会》，孙恺祥译，北京：人民文学出版社，2018 年版，第 55－56 页。

④ 〔美〕埃希里·弗洛姆：《人之心——爱欲的破坏性倾向》，都本伟、赵桂琴译，赵永波校，沈阳：辽宁大学出版社，1988 年版，第 52 页。

过扩张自恋来克服它。自恋中的他感觉不到自己是与世界分离的，他创造一个异常高大的“自我”取代了客观现实并陶醉其中。这种自恋是极权主义产生的根源，被无限放大了的自我价值通过权力成为控制社会的强制力量。这种病态的自我意识是如何产生的？弗洛姆完全抛弃对人幼年时期经验的探索，试图从一般的“人”的概念中建构其理论。他赞同将“人”看作是社会生活中现实的人，是社会实践的主体。人既是身体的实体存在，也是社会的关系存在，“人就是他实际上呈现出的那个样子，人的‘本性’展现在历史之中”[①]。因而要对“人”做出精神分析，必然离不开“人”所依赖的社会，“健康的人”和“健全的社会”是相互作用的。自恋是不健康人格的一个“缩影”，它并不来自弗洛伊德理论中的“无意识”冲动，也不来自拉康提出的虚构“镜像”，而来自人与世界现实的关系与互动作用。

拉康批判弗洛伊德的“自我”是一个无所不能的“感觉-意识”的功能体系，它不仅植根于“本我”之中，又不停地外化为“超我”。但是，“这个自我就像一个堆满了杂物的抽屉，有用而蒙人”[②]。拉康因而直接否定了自我的存在。“我”从一开始就是一个虚无，它不过是一个“操作性的观念”，即“我们将一个开端上就是假相的镜像误以为真实存在的个人主体。”[③]。自我的“镜像”才是它发展的本体，它标志着“‘自我’原型的诞生。以后主体通过一系列的认同，自我逐渐地就会获得一种身份或统一性”[④]。弗洛姆提出，即使在弗洛伊德的理论中，力比多也不只体现为原始的性欲，在某些地方已经显示为推动人格发展的心理动力。弗洛姆需要为自己的理论体系选择一个动力概念，“自恋”是他选中的目标。“自恋”首先体现为人生存中的动力，“自恋是生存所必需的，同时又是生存的一种威胁”[⑤]。这种矛盾性体现在个体人格发展的全过程中。与弗洛伊德不同的是，弗洛姆的“自恋”并非自我的“无意识回归”，而形成与自我的对立。“自恋”无论有多少种形式，“缺乏对外在世界的真正兴趣是他们共同拥有的形式”。“自恋”是自我发展的一种局限，是我-他关系中的失败。“自恋”不意味着极端自私，自私意味着完全不关心他人的需求，“自恋”则是完全不关心客观事实。弗洛姆借用歌德的话来说，“人只有在认识世界的同时才能认识自己，同时，也只有在认识自己中认识

---

① 〔美〕埃希里·弗洛姆等著：《西方学者论〈一八四四年经济学—哲学手稿〉》，复旦大学哲学系现代西方哲学研究室编译，上海：复旦大学出版社，1983 年版，第 15 页。

② 〔法〕雅克·拉康：《拉康选集》，褚孝泉译，上海：上海三联书店，2001 年版，第 405 页。

③ 张一兵：《从自恋到畸镜之恋——拉康镜像理论解读》，《天津社会科学》2004 年第 6 期。

④ 李怀涛 徐小莉：《镜像：自我的幻象》，《马克思主义与现实》2016 年第 5 期。

⑤ 〔美〕埃希里·弗洛姆：《人之心——爱欲的破坏性倾向》，都本伟、赵桂琴译，赵永波校，沈阳：辽宁大学出版社，1988 年版，第 59 页。

世界。"①弗洛伊德的"自恋"是一种"无意识"中与生俱来的本性，弗洛姆则提出，"自恋"于个体而言，是一种生物学本能，它并非来自人的无意识，而来自人生存的需要。原始社会的人依照本性生存，他们的生存威胁全部来自大自然，并不能感受到社会的压力。当人能够征服大自然之后，人因脱离了自然而"超越了自然"，拥有了社会属性。正是人的社会属性使得人面临另一种生存威胁，即如果不与他人形成统一或保持高度一致，就会被孤立，陷入到生存的高度危机状态。因而人一方面是生存需要的渴求；另一方面是自我的无比压抑。

"无意识"代表了人性中本真的东西，是人真正的本性。意识只是个体为了生存而不得不保留下来的思想和感觉等。人类意识中的文化、思想、技术和宗教等，都只是人为生存而发明的"虚假意识"，它们成为人逃避生存危险的"避难所"。"自恋"是对这种虚假意识的过分自信，无论是上帝，还是现实生活中的领袖人物，他们都将这种"自恋的膨胀"当作是唯一的价值推崇。在任何一个小共同体中，群体成员都试图通过与他者保持一致而获得生存的自由，但那被压抑在"无意识"中的东西才是符合人性的、具有创造力的东西。社会成员共同被压抑的东西构成社会的无意识。然而"自恋"并非绝对意义上的自私，而是价值领域的无法统一。弗洛姆提出："最正常的人就是病得最厉害的人，而病得最厉害的人也就是最健康的人。"②这里的"病"体现为人存在的无法自洽：一方面完成自我与外界的分离，获得了自由与主体性；另一方面又陷入到孤独和不安全，逃避因分离而获得的自由。这看起来是人精神中去留两难的"彷徨之地"，是弗洛姆哲学中"致死的病"。"自恋"是个性发展的不完全状态，是一种病。它最直接的表现是价值上的"唯我论"，体现为将"我"看作是一切价值的归属，无需考虑"我"之外任何他者的需求，如同一种"伦理的忧郁症"③。表面上看起来他对他人、外界都十分关心，但实际上他只关心自己、关心自己的道德良心。

弗洛伊德的"自恋"象征的是原始自我，意味着还未能从本我中抽离。人的自我遵从现实原则，"自恋"是对自体欲望的"依依不舍"。拉康认为，弗洛伊德的原始"自我"是一种"无"之本体，但他提出的"镜像"却不过是另一种象征，虽不来自自体的情欲，但来自自体的镜像，如"婴儿能兴奋地将镜中

① 〔美〕埃希里·弗洛姆：《在幻想锁链的彼岸》，张燕译，长沙：湖南人民出版社，1986年版，第71－72页。

② 〔美〕埃希里·弗洛姆：《弗洛姆文集》，冯川等译，北京：改革出版社，1997年版，第567页。

③ 〔美〕埃希里·弗洛姆：《人之心——爱欲的破坏性倾向》，都本伟、赵桂琴译，赵永波校，沈阳：辽宁大学出版社，1988年版，第55页。

的形象归属于自己”。这一自我成像的原理延续到成年期,他者便成为自我的一面“镜子”,我只有从他者那里才获得自我的认同。因而“认同”成为自我产生的源泉,他者成为自我建构的本体。弗洛姆放弃自我的本体性探索,直接立足于人的一般本性,从人与世界的关系中进行剖析,“精神错乱的人失去了和世界的联系,他完全陷入了自我;他不能体验现实,无论是身体上的还是真正意义上的人的实在,只能体验由他自己内心活动所形成和决定的‘现实’。他从不对外部世界作出反应,……自恋是客观性、理性与爱的对立物”①。“自恋”是我与他者关系的断裂,是我与外界之间的一道“墙”,我只在“我”之内存在,无论是身体的实体存在,还是心灵意识的存在。自恋者只有自体的存在,没有作为客体存在的世界。“自恋”作为一种精神的病态,“最危险的结果是对于理性判断的歪曲,……对于他本人或占有物评价过高,对于外在世界评价过低,这非常严重地损害了理性和客观性”②。“自恋”禁锢了人的理性,个体无法真正地实现爱或拥有爱的能力,他们只是把各种“爱的幻象”当作爱,“对于自恋者,他的恋人从来不是真实的名副其实的伴侣,而仅仅是一个与对方自恋的膨胀的自我的幻影”③。这样的关系必然是虚假的,只要自恋者不再把自身所认可的价值投射到特定的对象上,便会立刻失去对对方的兴趣。因而自恋的个体是体会不到真正的爱的,他们只对自身感兴趣,对外界毫无所知。

不得不承认,在以上解释中,我们较少提到“俄狄浦斯情结”本身,主要立足于“自恋”来进行解释,同时借助了较多的弗洛姆的“自恋”或“社会自恋”理论来解释。尽管仍不太透彻,但在这里已无法再过多的铺陈了。在“俄狄浦斯情结”的第三个意义结构中,仍然以“无意识”为前提进行分析。以弗洛伊德的“无意识”和意识的转化机制为基础,将其界定为形象-抽象思维关系中的“俄狄浦斯情结”的意义结构。在上文中,我们已经分析过“无意识”与意识的转化机制,两者共同的部分是关于事物的具体观念(具象观念或形象观念)。意识中包含“无意识”中没有的抽象观念(或语词观念),两者通过具体观念实现转化。在以上分析基础上,可将“俄狄浦斯情结”的第三种意义结构描绘如下图:

---

① 〔美〕埃希里·弗洛姆:《健全的社会》,蒋重跃等译,北京:国际文化出版公司,2003年版,第30页。

② 〔美〕埃希里·弗洛姆:《人之心——爱欲的破坏性倾向》,都本伟、赵桂琴译,赵永波校,沈阳:辽宁大学出版社,1988年版,第59-60页。

③ 〔美〕埃希里·弗洛姆:《人之心——爱欲的破坏性倾向》,都本伟、赵桂琴译,赵永波校,沈阳:辽宁大学出版社,1988年版,第74页。

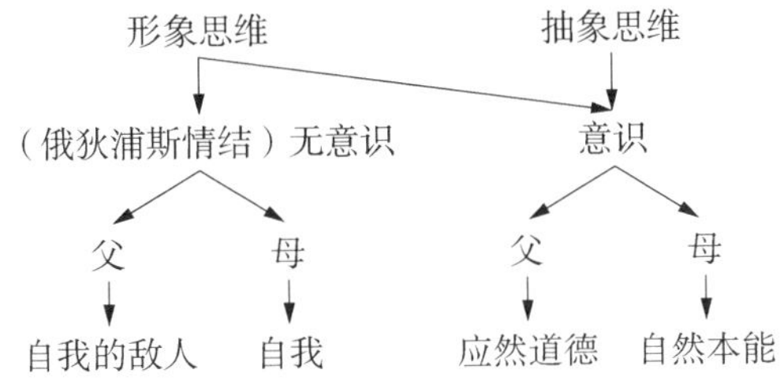

图 6　形象-抽象思维关系中的“俄狄浦斯情结”的意义结构图

如上图所示，“俄狄浦斯情结”处在只拥有形象思维的“无意识”之中。在这一形象思维中，母亲是患者“自我”形象的同一，父亲则是患者“自我的敌人”形象的同一。根据弗洛伊德的论述，精神分裂症患者在思维方式上体现为形象思维与抽象思维的断裂，也是“无意识”与意识的分裂。当然，弗洛伊德也提出过，精神分裂症患者与移情神经症患者存在差别。但在这里，我们不打算以病理学为基础做出过于详细的区分，我们的目的只在于对“俄狄浦斯情结”的可能的意义结构进行解释。在人的理性意识中，人来到社会上最初拥有的伦理关系就是与父母的关系，因此，父与母代表人的伦理关系的萌芽或原型。在第一种意义结构的解释中，我们将父与母分别代表的“应然道德”和“自然本能”放在“无意识”中解释。我们提出，“俄狄浦斯情结”中的伦理冲突的原型是“杀父娶母”。在“无意识”中，母亲代表人的“自然本能”，父亲代表人的“应然道德”。当然，必须指出，这只是“俄狄浦斯情结”的隐喻。无疑，这样的解释可能产生误解，似乎第一个意义结构和第三个意义结构存在矛盾。但是，这里要重复指出的是，在第一个意义结构中，“俄狄浦斯情结”中的“父与母”代表的并非客观的伦理关系，而是一种经由人作为类存在的发展演化而来的“伦理记忆体”。因而尽管在前文中，我们也以“应然道德”和“自然本能”分别指代“父与母”所包含的伦理隐喻，但它们和这里的“应然道德”和“自然本能”不是一回事。这里是抽象意义上的，前文中所指的是一种伦理的意象。

然而，我们在这一个意义结构中要说明的核心问题不在意识领域中的“父与母”所意指的东西，而是无意识中的“俄狄浦斯情结”所意指的东西。无可否认，“无意识”中的患者主体只有具体观念或形象思维。这意味着，在神经症患者的思维方式中，他们并不具有抽象意义上“父与母”及其伦理或自我概念，他们只有形象意义上的“父与母”及其心理的意象。从这个意义上来说，母亲在神经症患者那里只是“自我”的另一个形象，而父亲则是“自我的敌人”的形象。在神经症患者的思维过程中是不存在任何真实伦理评价的，它只是一种以“父与母”的形象为主的伦理意象。正是在这一无法上升到抽象层面的伦理意象中，患者主体以自然本能的伦理意象为主导，在“无意识”中形成了“杀父娶母”的伦理冲突，实质上是一种病态自我的形成。弗洛伊德以“俄狄浦斯情结”中的“父与母”的伦理隐喻完成了对神经症患者发病机制的解释。因而，在第三个意义结构中，弗洛伊德将神经症患者的病态思维方式归因于他们无法进入到抽象思维。更确切一点说，无法进入关于伦理关系的抽象思维。神经症患者的思维方式是典型的形象思维。在弗洛伊德看来，正常人是可以通过形象思维顺利地进入到抽象思维的，而神经症患者却无法做到这一点，因而他们的语言通常是毫无逻辑的。或者说，他们的语言通常是缺乏结构性的。在拉康所提出的能指/所指（S/s）的公式中也包含了这样一种义解：精神分析的目的就是通过分析者的语言帮助神经症患者从那些梦境中零散的形象记忆和口误、笔误中的“非逻辑性语词”中重塑道德抽象思维能力，以此获得道德观念的“自明”。

第五章 “罪恶感”与“俄狄浦斯情结”作为精神病本体的解释性

弗洛伊德多次强调，他所要建构的精神分析理论，在理论基础上既不同于生物精神病学（以人体的脑部退化作为精神病的本体解释），也不同于传统形而上学哲学（以纯粹抽象的概念与逻辑分析作为认识世界的一般方法论）。因而必须承认，我们要研究的“精神病本体”必然也不同于两者所论及的“本体”概念。它是弗洛伊德试图开创的“疾病本体”概念。在分析“性本能”的结构性时，我们提出过，弗洛伊德认为它是无法使用物理和化学的方法进行测量的，因而科学对于研究它来说并不凑效。但是，在对“科学世界观”的描述中，弗洛伊德认为，“科学”本身是不停发展的，它需要经历漫长的历程才能完善。他开创精神分析理论的本意是综合科学与哲学的方法，创立适合于临床研究的医学本体论。

无疑，医学本体论的目的是解释疾病（身体的或精神的）的本质，而不是一般的人性或人的生理和心理。从哲学的视角来分析，前者是人的身体或精神上的特殊性的体现，后者是一般性的体现。尽管从哲学上讲，特殊分析无法脱离一般方法论基础，但在临床医学领域，立足于经验所做的特殊分析是其认识论的主要特点。必须承认，对于学习生物学出身的弗洛伊德来说，他的精神分析理论的基础仍是生物解剖学与实验研究。不同之处在于，他不局限于这些方法来研究，其主要特点是增加了心理学和伦理学的内容。尽管现代社会已经有了比较系统的精神病理学，但主要立足于生理学和心理学解释的，伦理学的内容相对较少。例如，对于人的“不自知”状态的描述，现代精神病学也提出了“人格自知力”概念，但较少能够从伦理学的视角分析，更不可能将其当作是精神病病理解释的主要机制。我们要分析的弗洛伊德的精神病本体，主要凸显出它的伦理学视角。或者说，凸显出它的伦理自然主义的视角。尽管弗洛伊德反对传统形而上学的一般方法，但不意味着他排斥使用哲学方法，相反，他试图弥补哲学方法的不足。当然，在哲学本体论领域，物质是怎么决定意识的，意识又是如何反映物质的，或者说，物质和意识之间是怎样发生关系的，一直是争论不休的问题。在伦理学领域，人的道德意识是从哪里来的，是先天的还是后天的，一直很难定论。尽管在中西方哲学史上，很早时期的中西方哲学家们就已经谈到了人具有认识世界（物质的或精神的）的“本能”，比如孟子的“良知良能”；亚里士多德的本能论等。但他们仍都无法证明这样的“本能”是如何联结物质世界与人的意识的。如亚里士多德说：

> 种子尚未实现成为一个人，这因为它还需要进入另外某些事物中经过一番变化（发育）。至于它自己的动变渊源（内因），确已具备了必要的性能，按这情况来说，它已潜在的是一个人；按前面一情况来说，它还需要另一动变原理，恰像土（矿石）还不能潜在地算作一个雕像。①

根据亚里士多德，内在的本能只是事物或人得以生成的“内因”，这只意味着它具备成为某一事物或人的必要的、潜在的性能（或潜质），其承载者可以被视为“潜在的物”或“潜在的人”。除此之外，有些事物或人还需要其他的动力才能促成这一内因的发展变化，最终形成完整意义上的事物或人。当然，并不是说弗洛伊德的“本能”与亚里士多德的“本能”是一回事。弗洛伊德不是从一般的本体意义上来展开研究的，他是从精神病的本体意义上来研究的。因此，他的“本体”自始至终只用来研究人，跟物质世界的本体关系不大。在第一章中我们已经指出过，弗洛伊德的“退化”概念不同于退化论者们的“退化”，它是弗洛伊德在退化论（强调本能退化的必然性）的基础上创生的专属（强调本能退化的偶然性）概念。

基于以上认识，我们在这一章中将集中于“罪恶感”与“俄狄浦斯情结”详细地分析精神病的本体。无可否认，我们的意图是增加精神病本体解释中的伦理内容，但不等于说，伦理的解释可以完全脱离心理学的一般理论和解释模型进行解释。相反，仍然需要诉诸知，情，意作为基本的解释框架来理解“罪恶感”和“俄狄浦斯情结”作为精神病本体的解释性。

一、精神病本体解释中的知、情、意

现代精神病理学是通过知、情、意来解释精神病的，很多解释仍离不开弗洛伊德的精神分析，但存在很多争论。例如，“无意识”是否应该属于认知

① 〔古希腊〕亚里士多德：《形而上学》，吴寿彭译，北京：商务印书馆，1997 年版，1049a，第 183－184 页。

的部分就存在分歧。关于“无意识与意识的关系”，精神分析的“从无意识到意识的”一般方法论，都存在解释难题。在第三章中，我们探讨了“无意识”概念作为精神病本体解释的可能性。从各种关于“无意识与意识关系”的描述来看，似乎它在弗洛伊德的理论中可以成为意识的来源，这使得它看似是可以成为意识或精神病的本体。但我们已经否定了它的本体性作用，并赞同麦金泰尔的观点：“无意识”是弗洛伊德精神病本体研究的一种理论假设，在本质上无异于一块“精神画布”，那些意识领域所无法理解的都可以放在“无意识”中加以理解。在雅斯贝尔斯看来，这种理解看起来是无限的。也正因为如此，他最初并不接纳“无意识”概念的合理性与关键作用。当然，根据弗洛伊德的众多概念及其逻辑关系，也可以将精神分析理论分解为比较严谨的知、情和意的三个部分。因而在这一节中，我们将从这三个层面分析精神病的本体。为方便理解，我们将本章内容描绘如下图：

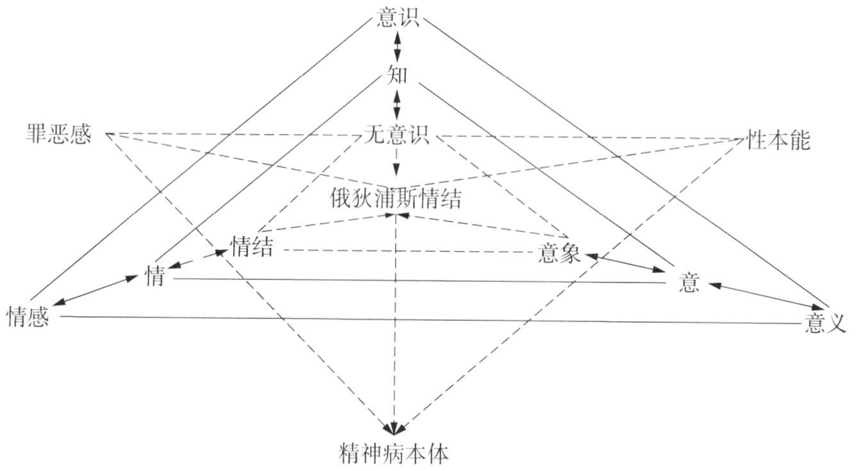

图 5－1　精神病本体解释中的知-情-意关系图

如上图所示，我们以知、情、意为精神病本体的基本解释框架。精神病本体之“知”主要使用“意识”和“无意识”这一对概念解释；精神病本体之“情”方面主要使用“情感”和“情结”这一对概念解释；精神病本体之“意”主要使用“意义”和“意象”这一对概念解释。这里使用的“知-情-意”这一解释框架中的“意”并非心理学中的“意志”，而使用更符合弗洛伊德本意的“意象”和“意义”。在第三章中已经指出过，弗洛伊德在早期的作品中使用过“意志”这一概念，如神经症患者的“意志衰弱（Willenschwäche）”和“意志倒错（Willensperversion）”等症状，但他并未解释它们的发生机制。但精神病患者的“意义世界”只能依靠“无意识”中的意象或形象来表达，因此，在此使用“意象”和“意义”这一对概念来解释精神病本体之“意”。图中使用“虚线”标注精神病本体解释中的“无意识”方面，使用“实线”标注精神病本体解释中的意识方面，以“箭头”或“双箭头”标注两个概念之间可能存在的单向性或双向性关系。总之，本章的主要观点是：“性本能”与“罪恶感”通过无意识的联结作用形成相反相成的作用力，前者是“本能的快手”，后者是“本能的厌恶”。两者形成对立统一的矛盾关系，在外显形式上体现为人的“矛盾情感”，内隐的伦理本质为“俄狄浦斯情结”。在此基础上，我们试图论证“罪恶感”与“俄狄浦斯情结”作为精神病的可能本体。我们将在下文中详细地论述这些内容。

（一）精神病本体解释之“知”中的“无意识”与意识

从认知的视角出发来解释精神病患者的“不自知”状态一直比较困难，这一点我们在第三章中已经详细分析过。从古希腊时期的亚里士多德到中古时期的奥古斯丁，再到近现代的现象学和存在主义哲学家们，他们都在试图论证疯子、醉汉这些主体的“不自知”状态是否成立的问题，无论是逻辑上还是实践上都存在不同程度的困难。自然地，现代精神病临床诊断也存在极度的困难。尽管当前世界上的某些国家仍然通过扫描脑部是否有病变来进行诊断，但这种生物精神病学目前仍值得质疑。尤其是在司法鉴定中，这种诊断方法不仅关系到当事人的精神问题，而且关系到当事人的法律责任和社会责任，因而在基础理论论证上要谨慎。当然，我们在这里的任务并非探讨精神病诊断的标准，尽管当前所使用的生理的和伦理的标准都存在着不同的理论难题。

在前文中，我们已经探讨了弗洛伊德的“无意识”与意识的关系，也探讨了情感和情结的关系。关于“俄狄浦斯情结”的意义结构，也分析了三种情况。因而看起来在不断地重复这些概念和它们的关系。但实际上并非重复解释，而是立足于“无意识”和“意识”的关系来解释精神病本体之“知”。理性主义哲学家们一直致力于解释人之“知”的来源，尽管精神病本体并非他们要研究的主题，但关于“知”的一般方法论确实可以被应用到精神病的解释当中。无法回避的事实是：弗洛伊德从一开始也把重点放在人之“知”上，但他并不从意识中寻找答案，而是从“无意识”中寻找答案。尽管到现在仍然无法使用科学方法检验“无意识”，但它恰如其分地表达了人的“不自知”状态。人的精神或思想是依靠语言来表达的，弗洛伊德最开始也是借助于语言的分析来达成目标。他的精神分析的一般方法论就是：将患者“无意识”中的东西引入到意识之中，那些神经症症状便会消失。他称此为他早期的“理智主义”。之后他才把研究的重点转移到了对“移情”和“抵抗”的解释上，即人的情感和意志。

正如我们在前文中分析过的，“无意识”是弗洛伊德从头到尾都无法回避的概念，它在本质上指人的灵魂中所“不自知”的那一部分。在现代精神病学中，精神动力学说中的“自知力”是指患者是否对自身的“无意识”活动有所洞察，它以人的“自知力”为基础来解释精神病，“症状自知力”和“人格自知力”是其两种主要形式①。无可否认，立足于人的理性的哲学论证在人的“不自知”的问题上十分困难。弗洛伊德仍是立足于语言来分析的，尽管他多次指出，所谓“无意识”就是“先于语言表达或被剥夺了语言表达的思想内容”。按这个说法，语言看起来与“无意识”是不相容的，但拉康却偏要将索绪尔的语言学引入到精神分析理论中。他的做法并非毫无理由，在《释梦》中，弗洛伊德从头到尾都在对语言文字做细致的分析，试图以此为线索来探索被分析人的“无意识”世界。除此之外，在精神分析的具体方法中，分析者在治疗中主要使用的也是言语疗法，因此将“无意识”看作是语言所控制的也说得过去。弗洛伊德曾明确地指出，语言是人的意识和情感表达的手段，人的理性、逻辑和情感等都是依靠语言的表达来完成的。我们在第四章中已经分析过，“言词发泄”是神经症患者自我疗愈的第一次尝试，弗洛伊德在此基础上分析了意识和“无意识”领域包含的观念差别。意识中包含具体形象观念和抽象观念，而“无意识”中只包含具体形象观念，这是理解两者的关键。弗洛伊德所指的意识中的语言属于可以使用文字表达的、具有抽象意义的认知领域，而“无意识”中的“先于语言表达”是指不可使用文字表达的具象或形象认知领域，例如记忆中所能闪现的图像、照片等。问题在于：意识和“无意识”中的“具体形象观念”仍然是有差别的。意识中的具体形象观念是主体自己能够清晰地知道并使用语言表达出来的。而“无意识”中的具体形象观念是主体自己无法使用语言表达的，需要分析者或他人的语言来实现“表达”的。必须指出的是，这里的“无法使用语言表达”并非针对这一具体形象的“形指”，而是针对这一具体形象的“意指”。例如，患者在梦中看到的其实是各种事物的意象，它仍然能够储存在患者的记忆之中并通过回忆浮现（意识中的）出来。

众多研究者认为，如果“无意识”中的东西仍然能够通过主体的某种手段意识到，哪怕是在梦境中，这就无法说明它是区别于意识的，因而仍然无法排除二者解释中的矛盾。因为描述意义上的“意识到”和“觉察到”是同义语，“意识不到”和“觉察不到”也是同义语。所谓“意识”在本质上是可以被

---

① 许又新：《精神病理学》，北京：北京大学医学出版社，2010 年版，第 24 页。

主体"意识到或觉察到"的心理。以此类推,"无意识"在字面上的意义应该是"意识不到或觉察不到"的心理。在弗洛伊德理论中,梦被视为"无意识"的一种经典形式,但是我们通常能够通过各种手段"觉察到"并在醒来后回忆,这意味着梦实际上是可以被"意识到或觉察到"。正因为如此,有学者提出,"不如把做梦和觉醒看作是两种不同的意识活动或状态更加简单明了,并且也不会自相矛盾,与此类似,歇斯底里发作和正常状态也是两种不同的意识状态。"[①]无疑,这样的解释会使得"无意识"完全失去作用和学术价值。依照弗洛伊德的本意,"无意识"和意识的本质差别在于前者中无抽象的言语观念,却不排除具体的形象观念。

除了描述上的困难,"无意识"是否成立与"不自知"碰到同样的逻辑困难。许又新认为,从现象学的角度,"无意识"和"意识"是不可能完全分开的,意识是在"无意识"的基础上加工获得的,它主要体现了思维的逻辑性。从某一个角度来说,"无意识"是意识活动的"无意识方面"而已,简称"方面无意识"。他认为,人在思考中,并非总是产生逻辑的、连贯的观念,更多的是一些杂乱的、偶然的无任何逻辑性可言的"无意识"的东西。因而"意识"与"无意识"之间的主要差别在于前者是经由思维活动不停地加工之后得到的合乎逻辑的概念,而后者只是一些零散的、若有若无的心理活动。他这样解释到:

> 意识活动的无意识方面(The unconscious aspect of conscious activities),简称方面无意识。例如,我们在思考时,我们所意识到的只是全部复杂思维过程的一部分或某些方面。思维的实际进程具有断续性和跳跃性,杂有许多无关的和偶然的东西,通过对这种进程之意识的再整理和加工,我们才获得了有条不紊的和合乎逻辑的思维和明确的观念或概念。[②]

从以上描述来看,他实际上是将"无意识"当作是意识活动中的一部分,并且认为意识总是伴随有"无意识"的方面。无疑,心理学中也存在某些逻辑主义倾向,其主要特点是使用"逻辑"取代"思维的实际进程",被称为"心理的逻辑主义"。这样的观点确实在一定程度上道出了意识的本质。根据弗洛伊德,意识本身就是使用语言和逻辑来表达的。但这不意味着非逻辑

---

① 许又新:《精神病理学》,北京:北京大学医学出版社,2010 年版,第 217 页。
② 许又新:《精神病理学》,北京:北京大学医学出版社,2010 年版,第 353 页。

性的语言或思维就是“无意识”的。例如，诗歌中的思维就是极具跳跃性和非逻辑性的，但我们不能因此认为诗歌本身出自人的“无意识”。同时，不同的语言本身包含不同的逻辑性，这导致将同一件事情放在不同的文化语境中解释，或干脆放在不同的语言中解释，都可能产生完全相反的逻辑。这种现象也可能出现在艺术领域，因为艺术表达本身就不依赖语言和逻辑，而是依赖各种形象或具象的东西，但我们不能因此说艺术家们都是疯子。当然，值得注意的是，弗洛伊德对“无意识”概念有着特殊的界定。他认为“无意识”并非描述意义上的无意识，而是“动力无意识”。它把“无意识”形象地比喻为“照相的底片，而意识只是由底片冲洗出来的照片”。这样的比喻在很大程度上帮助其他的研究者理解“无意识”，但仍然无助于用文字解释它们的关系。许又新认为，“动力无意识”具有以下两个含义：1.“动力无意识”与“描述无意识”根本不同，它不是意识的心理派生物，相反，意识由它变成；2.“动力无意识”对本能和原始冲动进行加工改造，塑造出各种复杂的观念和情欲①。他仍将“动力无意识”当作是意识的来源，在某种意义上具有本体的意义。或者说，它至少具有本体的作用，是人的意识和情感的主要来源。不得不强调，任何不将弗洛伊德的理论放在精神病和临床治疗的视角来解释的，都会陷入意识与“无意识”的本体性纠葛中。我们在前文中解释“抵抗”和“压抑”概念时已经交代清楚了，如果缺乏对“无意识”的伦理学考量，只从一般哲学与心理学之“知”来解释，必然陷入“意识与无意识关系”的无穷无尽的纠缠当中。

在前文中，我们已经讨论过，现代病理学已经从两个方面来解释人的“自知力”：“症状自知力”和“人格自知力”。其中“症状自知力”的解释相对成熟，神经症病人的某些自知力是比较明显的，有些症状却恰恰相反。例如，那些不可思议的幻觉和妄想等，本身就蕴含自知力的缺乏。但无论如何都难以证明精神病人是完全不自知的。许又新描述到：

> 精神分裂症病人的自知力也像这种病一样的丰富多彩、变化多端。有人坚信他们的幻听是客观的真实的声音，同时又感到幻听的语声跟普通听到的说话声音有所不同，他们“心里知道”这种差别却不能言传。……有些人对一个一个的症状都能分析批判，但总的说却不认为自己的精神有病。②

---

① 许又新：《精神病理学》，北京：北京大学医学出版社，2010年版，第354页。

② 许又新：《精神病理学》，北京：北京大学医学出版社，2010年版，第24页。

从患者主动要求医生给他们药来看，患者内心应该知道问题出在自己身上，而非客观世界真地存在某些异样的声音。从这一点来看，患者并非缺乏症状自知力，而是缺乏对自我的接纳。梦境的解释可能会更好地说明这一问题，患者在梦中能感受到各种恐惧，醒来之后才知道梦中的事情不可能发生，梦中所经历过的不过是一场虚惊。须指出的是，某些情感反应无论是在梦境中还是在醒着时都不受理智的控制，例如恐惧。尽管对个别症状的解释有助于改变患者的评价与态度，但无法使得精神分裂症患者走向思维的正常状态。这意味着“症状自知力”只局限于对外显行为的解释，它是一种较浅的自知力，对于理解精神病来说意义不大。“人格自知力”才是精神病本体解释的关键部分，“知人者智、自知者明”这句话很深刻地道出了人对自我的认知在精神评价中的重要性。根据许又新的理论，精神病患者的“人格自知力”主要体现为无法从我-他关系中来评价自我，或对他者的人格进行评价。这一点实质上是弗洛伊德理论的精髓：神经症患者的主要人格症状体现为无法发展出正常的客体关系。尽管在晚期，他提出本我、自我和超我的“人格结构”以修正“地形结构”，但它在本质上已经脱离了精神病和临床的解释框架，体现出一般的哲学与心理学的特征。本章研究立足于知、情、意来分析的，因而实质上也无法脱离患者的情感和意义世界来理解“无意识”。

在前文中，我们已经在对“性本能”“俄狄浦斯情结”“无意识”的分析中确定了知、情、意的三个不同层次。在这一章中，我们试从这几个方面进行精神病本体的分析。在这里要说清楚的是，尽管分别从知、情、意进行分析，但无法将它们完全分开，需要以“知”为基础来解释“情”和“意”，或以“情”为基础来解释“知”和“意”。本章的主题将“罪恶感”和“俄狄浦斯情结”界定为精神病的本体，似乎将“知”的部分排除在外，这一点需要做出必要的说明。在第三章中，我们分析了“无意识”作为精神病本体解释的困难，结论是：无意识并非意识的来源，也非精神病的本体。更进一步地说，精神病不存在于一般的意识层面，而存在于道德意识层面。或者说，精神病的本体无关乎人的一般认知能力。尽管许又新提出“自知力”这样的概念，并认为“人格自知力”在精神病的病理学解释中更关键，但显然它不关乎人的智力。不得不指出的是，虽然我们不认为弗洛伊德的“无意识”概念可以单独作为精神病本体，但必须以“无意识”和意识的关系为认知背景来分析“罪恶感”和“俄狄浦斯情结”的本体作用。因此，这里的双重本体仍然体现为知、情和意的结构性关系。同时，也必须指出，我们主要结合生理、心理和伦理的三个不同视角对这两个概念进行分析，并且，尤其凸出弗洛伊德精神病本体解释的伦理视角。在交代清楚以上分析框架之后,我们将在下一节的内容中从情感与情结的关系出发分析精神病本体之“情”。

(二) 精神病本体解释之“情”中的情感与情结

在第四章中我们已经分析过情感与情结的关系,也分析过“俄狄浦斯情结”的三种可能的意义结构。在这里,我们继续以“情感”与“情结”这一对概念为基础分析精神病本体解释之“情”。必须指出的是,这里的“情感”和“情结”是一般心理学意义上的。在第四章中,我们认为它们的主要差别在于前者是意识中的,后者是“无意识”中的。我们已经提到,弗洛伊德和荣格最终都将“情结”引向伦理学领域,尽管他们的目的都不旨在论证道德的发生学,他们却无法回避道德的本体来研究人“无意识”中的“情结”。尽管如此,荣格理论的重要问题在于他仍无法解释清楚“心灵的创伤”是如何产生的,弗洛伊德却巧妙地使用“俄狄浦斯情结”将荣格无法解释清楚的伦理学内容全部纳入其中。无疑,我们不是要重复解释“情感”与“情结”的关系,我们的目的在于如何立足于这两个概念来分析“罪恶感”与“俄狄浦斯情结”。

无可否认,一般意义上的“情感”与“情结”是无法构成弗洛伊德的精神病本体的,即使在道德哲学家们那里,情感作为道德本体的也显得证据不足。“俄狄浦斯情结”相较于其他的情结来说,其主要特点在于包含“杀父娶母”的伦理冲突的“原型”,它构成精神病本体解释中的重要环节。但这不等于说,只需要立足于它来分析就可以达到目的。实际上,“俄狄浦斯情结”的独特之处体现在它与情感的联结,更确切一点地说,是与“罪恶感”的联结。因为弗洛伊德并不在一般意义上谈情感,也没有谈论除“罪恶感”之外的其他情感。在对原始人的道德禁忌的描述中,他实质上将“罪恶感”看作是一种自然的道德情感,他说:

> 从这些禁忌中我们得到的结论是,野蛮民族对敌人的那种冲动并不只是包含仇恨,他们仍然掺杂着懊悔、对敌人的赞美和杀人后的自我谴责。我们很难知道在上帝(或任何神的观念)立下戒律以前的野蛮民族是否早已有一种‘你不可杀人’的法则存在,我们也无法肯定破坏戒律(即杀人)后是否将受到惩罚。①

显然,弗洛伊德并不认为野蛮民族杀害敌人之后的“懊悔”或“自我谴

① 〔奥地利〕西格蒙德·弗洛伊德:《图腾与禁忌》,文良文化译,北京:中央编译出版社,2015年版,第63-64页。

责”的情感来自宗教戒律中的客观道德法则，或出自于对杀人后可能受到惩罚的畏惧，而是内心油然而生的、自然的道德情感。从这一点来看，弗洛伊德实际上将人内在的道德感归因于同情或尊重他人生命的自然法则，由此，他的思想体现出强烈的伦理自然主义特点。当然，尽管弗洛伊德认为神经症与原始人的道德禁忌有着共同的发生机制，即因“过分的道德良知”引起的“罪恶感”。但他在考察原始人禁忌中谈到的“罪恶感”是意识中的情感，它是因外在的刺激而产生的情感之实。在精神病本体解释中的“罪恶感”并非意识中的情感，而是“无意识”中的情感（道德性的），它与“无意识”中的本能（自然性的）构成“伦理冲突”，这是神经症发病的根本原因。这意味着，从“情感与情结的关系”中解释精神病本体之“情”离不开“无意识”背景。从情感方面来讲，正常人理性意识中的“情感”离不开一定的客观心理事件，它是经由心理事件的刺激而产生的真实的情感。但神经症病人的“罪恶感”是经由“压抑”作用产生的“无意识”的情感，它甚至还不能算是情感，只是一种类似于情感或“情感的前状”的东西。尽管弗洛伊德也提出，经由客观心理事件产生的“心理创伤”对神经症解释的重要意义，但这是立足于童年创伤来谈的。它在本质上与成年人经受心理事件的“情感之实”是有本质差别的。并且，在弗洛伊德提出的“童年创伤”中，他更强调因它引起的“无意识”情感的本体意义。“情结”从一开始就被定义为“无意识”的。荣格的“情结”是由“心理创伤”产生的一系列情感的聚结状态，他的难题在于无法解释“情结”中的伦理内容。“俄狄浦斯情结”使得这一难题在理论层面被化解，但在临床实践领域因“不道德”而困难重重。总之，以“情感-情结关系”为框架解释“情”须以“无意识”为前提，否则会产生分歧。

需要分清楚意识的情感和无意识的情感，弗洛伊德的“情”是无意识的情感。意识的情感作为精神病本体会碰到与道德哲学家们同样的困难，道德感的产生为何是源于人的同情，而不是源于利益的权衡或考量？无意识的情感才兼具自然性和道德性。受理性控制的情感一般来自客观的伦理关系，是人在生活实践中形成的情感之实。这样的情感是联系人与自然、人与人、人与社会的纽带，它随着客观伦理关系的改变而改变的。无意识的情感并非一般意义上的情感，而指无意识的“罪恶感”，它包含自然的道德性在内，是人内在伦理冲突产生的主要缘由。“俄狄浦斯情结”要凸显的正是这一“无意识”的伦理冲突，它集中地反映了人的“本能的自然”与“道德的自然”的激烈冲突。在精神病的本体解释中，“道德的自然”在力量上胜过于“本能的自然”。正因为如此，造成神经症患者内在“本能自然”的压抑，“性本能”的退化、固着和升华是这一压抑产生的可能结果。无意识的“罪恶感”

中自然的道德力量与“性本能”的力量是一样的，后者是基于关系性欲求产生的，前者是基于关系性欲求的本能退缩。

在原始人对“图腾”和“禁忌”的各种崇拜和敬畏中，弗洛伊德试图说明的是这种自然性的道德感在控制人的行为中的作用。各种宗教和道德的戒律在本体上源自对人的本能道德感的遵从，而非客观意义上的伦理认知。或者说，弗洛伊德在解释神经症的起源时，同时解释了客观道德法则的本体来源。根据他的观点，客观道德法则来源于人本能的道德感。在各种原始人的“图腾”和“禁忌”中包含人“最想做但不能做”的真实道德心理。例如，乱伦为何成为原始人的禁忌，就是因为它本身包含原始人最想做这件事情的愿望。原始人制作各种“图腾”和“禁忌”的真正目的就是警示人们这件事情是“不能做”的。这里的“不能做”不是基于社会需求和理性反思产生的结果，而是根据内在的本能做出的道德要求。或者说，是内心的本能道德情感告诉人们这件事情是不能做的，在本质上类似于康德、孟子等人提出的良心。弗洛伊德选择了以原始人的禁忌和个体童年期的“性本能”发展来说明这个问题。它们的共同之处就在于：都还未能受到太多社会文明的塑造，这使得本能道德情感的存在更令人信服。

但是，“情结”本身是不构成任何动力的。在精神病的本体中，精神病产生的动因或动力机制是“俄狄浦斯情结”无法单独完成的。可以说，这一“情结”只是将人内在的伦理冲突表达得淋漓尽致，是人无法摆脱的终极命运。因而弗洛伊德意在以伦理冲突的“原型”增加本体中的伦理内容，但在神经症产生的动力机制上却要借助于“罪恶感”来说明。在对原始人道德禁忌的历史追溯中，弗洛伊德将它与神经症共同归因于“罪恶感”。同时，他试图说明，类似于道德感的“罪恶感”是自明的，它不需要客观伦理法则的约束，也不需要他人的伦理监督，是不需要任何外力就能够在主体内部发挥作用的。无论是“俄狄浦斯”，还是亚里士多德描述的“小马”，他们的遭遇并非自己选择的结果。或者说，在事情发生之前，俄狄浦斯并不具备“杀父娶母”的动机（无知的或无意识的）。在事情发生之后，社会并不认为他的行为是“不道德的”，也不因此而谴责他（非外在主义的）。相反，是他自己内心产生了“自我谴责”。因而“罪恶感”绝非社会的道德要求，而是主体内心自明的道德感。

总之，精神病本体解释之“情”最终可以落实到“俄狄浦斯情结”和“罪恶感”，它们在弗洛伊德的整体理论框架中都是无意识的。正是借助于这两个概念，弗洛伊德解释了神经症患者内在的“伦理冲突”及其病理学意义。当然，他也曾试图以“爱”和“恨”的情感来说明人精神发展的辩证性。在“本能”论中,也提出过“生的本能”和“死的本能”,以它们的对立统一来体现本能发展的辩证性。与他对“罪恶感”与“俄狄浦斯情结”的本体性追溯综合在一起,恰恰体现了辩证历史唯物主义的哲学内涵。在这里,不做过多的论述与评价。

(三)精神病本体解释之“意”中的意象与意义

这里的“意”并不指“意志”,而是指“意象”和“意义”这一对范畴。在前文中已经解释过,尽管弗洛伊德在其著述中也曾提到过“意志衰弱”和“意志倒错”等概念,但他并未将“意志”概念在其理论建构中贯彻到底。弗洛伊德主要使用日常生活中的语言失误来说明“意志倒错”,如口误、笔误和遗忘等。他认为这些行为表达的是与主体内心想法相反的,因而是一种“意志倒错”的心理表现。众多的研究者认为他的解释太缺乏科学性,因为正常人在生活中不经意地犯下这些错误的可能性很大,因而语言失误无法说明问题。当然,这种批判非常多见。本书的整体立场是:只试图从弗洛伊德的概念群出发尽可能地理解他的本意,并在此基础上进行解释。整体上,他是立足于神经症的症状(类似于精神病现象)来分析的,语言的或行为的(如癔症和强迫症患者的幻想和重复性行为)。尽管如此,也不能说弗洛伊德在理论建构中使用了现象学和语言学的方法。他确实是立足于症状和语言的解释来建构的,但他更注重对症状和语言的意义分析。在《精神分析引论》一书中,他专门解释了症状的意义以及经典症状解释的学术价值。在对精神分裂症患者的症状描述中,他借助于“意象”与“意义”世界的分裂来解释。正因为如此,这里使用这一对范畴来分析精神病本体之“意”层面。正如弗洛伊德的界定:意义是人的理性、意识中的东西,是需要借助于语言和逻辑来表达,这与“无意识”的非语言、非逻辑性的“意象表达”存在本质差别。

在临床治疗实践中,分析者正是使用意义解释方法帮助患者从无意识的“意象世界”进入意识的“意义世界”。因而分析者本质上无异于一个意义的解释者,他必须借助于语言或症状的分析尽可能地进入患者的“意义世界”,然后通过自己的语言对患者的“意义世界”进行转译或转码。因而,分析者分析出来的“意义”是使用他自己的语言来表达的。但是,这种意义解释的过程通常是曲折复杂的,需要多次努力重复才能达到。从这个意义上来说,分析者和被分析者通过意义解释建立起“互动关系”,在互动中体现了意义解释的动力学特点。因而它本质上是区别于纯粹概念分析的,因为它是从患者主体能动的意义世界出发来进行的,而非简单的抽象概念分析。换句话说,前者是在医患互动的过程中不断创造和生发出来的意义,后者容易陷入空洞的语言或文字的游戏。正如利科所指出的,“精神分析就是从一种意义走向另一种意义;不是欲望本身,而是它的语言处于分析的中心。这种欲望语义学如何与释放、压抑、投入(Cathexis)等概念所表示的动力学相关。”[①]意义解释是很难设限的,不同的主体、不同的场域或不同的文化中,它都能呈现出不同的那一面。例如弗洛伊德理论中的“梦”这个词语,它本身就是一个极具开放性的概念,它可以指向任何心理文化的产物,而不只是漫漫长夜中可能出现的一些记忆的“碎片”。利科说:

> “梦”这个词不是一个封闭的词,而是一个开放的词。它不是封闭在我们心里生活的有些边缘化的现象中,封闭在我们长夜的幻觉中,封闭在梦中。她向处于疯狂和文化中的所有心理产物开放,因为这些心理产物是梦的相似物,不论这种相似的程度和原则如何。[②]

根据利科的意思,“梦”因为有着过于开放的意义,使得梦的解析就容易陷入到无穷无尽的荒诞境地。因此,如果不为它的解释设置一个语义的范围,就很难在解释的过程中达到应有的理性程度,甚至不经意地陷入到文化或心理的疯狂状态。因而意义解释是需要被设定在一定的语义范围之内的,利科称之为“欲望语义学”。他说:

> 与梦一起被提出的是我前面所说的欲望语义学,一种围绕着核心主题的语义学:作为有欲望的人,我戴着面具(larvatus prodeo)出现。同时,语言首先并常常被歪曲:它所意味的东西不同于它所讲述的东西,它有双重意义,它是含糊的。因此梦和它的类似物就被置于某种语言领域,这个领域作为复杂意指场所而出现。在复杂意指中,另一种意义在一种直接意义中既被给予又被隐藏;让我们把这个双重意义的领域称作“象征”。[③]

利科认为,语言中“实际所指的东西”(直接意义)和它“暗含的意义”(隐藏意义)是不一样的。这种双重意义经常出现在梦和它的类似物的解释当中,因而需要一种特殊的语义学来进行解释,利科称之为“象征”。当然,这种语义学的区分也出现在拉康的“能指/所指”的语义结构的二元公式中,语义标准和语

---

① 〔法〕保罗·利科:《弗洛伊德与哲学:论解释》,汪堂家、李之喆、姚满林译,杭州:浙江大学出版社,2017年版,第5页。

② 〔法〕保罗·利科:《弗洛伊德与哲学:论解释》,汪堂家、李之喆、姚满林译,杭州:浙江大学出版社,2017年版,第6页。

③ 〔法〕保罗·利科:《弗洛伊德与哲学:论解释》,汪堂家、李之喆、姚满林译,杭州:浙江大学出版社,2017年版,第6页。

言结构的合法性对于解释的整体轮廓来说比较关键。从解释学的视角出发，利科对“象征”和“解释”这两种方法进行了解答。他认为这两个概念其实是可以相互定义并同时相互限制的，“象征是一种需要得到解释的具有双重意义的语言表达方式，而解释是一种旨在对象征进行辩读的理解工作。关键性的讨论将既涉及在双重意义的意向结构中寻找象征的语义标准的合法性，又涉及把这样的结构认作解释的优先目标的合法性”①。尽管弗洛伊德的精神分析理论自然主义倾向明显，其中包含很多的生物学（退化论）与物理学（能量动力论）理论。但利科认为，弗洛伊德的理论更接近于一种“文化解释学”，因而如何理解他的解释学方法本身很重要。当然，为了不使得这里的解释过于杂乱，不再过多地对意义解释方法本身进行探讨。我们的目的只在于说明弗洛伊德是如何在“意象”和“意义”这一对范畴的基础上解释精神病本体的。无疑，在他描述的精神分裂症患者的症状中包含了“意象”与“意义”的严重分裂，这种精神现象在某些完全脱离具体事物、过分注重抽象概念分析的哲学家那里也存在。只是精神病患者困顿于自我的意象世界，无法进入意义世界，哲学家却相反。

从拉康和利科各自提出的二元性的意义解释方法来看，他们实际上都承认在意义解释中自然地存在着不可解释或难以解释的地方。尽管利科将其归因于文化的多元性和象征符号的中介功能问题，但实际上，我们认为，在弗洛伊德的精神分析理论中，他将这种“不可解释性”更多地归因于伦理问题。在前文中，我们已经提出过，意义解释更多地关乎道德。神经症患者无法建构的意义世界实际上是对“自我不道德”的难以言状，因而在表象上体现为非语言的、非逻辑的，在本质上是对“自我不道德”的不接纳。可以从弗洛伊德分析的神经症患者的诸多症状来总结，那些因“抵抗”和“压抑”的作用而产生的无意识的心理状态在本质上是本能道德感与本能（被认为是“不道德的”）力量的对冲。神经症患者在这两种自然力量的对冲中选择了“性本能”的退缩（退化意义上的）。从这个意义上来看，本能道德感在患者内部的作用要比“性本能”更大。正如弗洛伊德对神经症的归因：“过分的”道德良知，这意味着，适当的道德良知是不会产生这一症状的，“过分的”才是问题的关键。当然，必须指出的是，他所指的“过分的道德良知”并非基于主体的理性形成的。在弗洛伊德对童年期心理创伤的描述中，它更可能来自父母不正确的性教育或儿童主观臆想的性道德。在《文明及其缺憾》中，他将“性本能的退化”归因于社会文明的

---

① 〔法〕保罗·利科：《弗洛伊德与哲学：论解释》，汪堂家、李之喆、姚满林译，杭州：浙江大学出版社，2017 年版，第 7 页。

异化力量，并因此对现代技术文明进行激烈批判。当然，这不是重点，重点是分析弗洛伊德在“意义解释”中是如何侧重于伦理内容的。

当然，正如利科指出的，如果不为“意义解释”设定一个基本的语义框架，过于开放性的解释就会使得意义因为不设限而毫无意义。因而实际上，“象征”和“解释”相互定义的作用也在于彼此为对方设限。换一个说法，“象征”需要“解释”来设定一个框架，“解释”也需要“象征”来设定一个框架。根据这一观点，也可以从弗洛伊德在《梦的解析》一书中提出的各种“象征性符号”和“意义解释”中得出：他基本的语义框架是“性”或“性本能”的。在梦境中，在日常生活的各种物件的联系中，弗洛伊德的意义解释是离不开“性”的。换句话说，在各种症状及行为的意义解释中都离不开“性”，这是弗洛伊德联结“意象与意义”世界的一个主要的符号中介。梦境和依赖日常物件的强迫性行为等，弗洛伊德都将它们与“性”紧密地联系起来。甚至是“鞋跟”这样看似毫无性色彩的物件都可以与“性”的承载物——生殖器联系在一起。无疑，弗洛伊德的意义解释框架备受批判。大多数人认为这种方法过于牵强。过分浓厚的性色彩拉低了意义解释的层次，人性被彻底地降低至动物水平，人的道德被完全消解。但实际上，这恰恰是神经症患者“意象与意义”世界分裂的关键之处。在各种梦境和日常生活物件中包含的是患者的“性的意象”。无论是“性对象”的整体意象，还是“性对象”的部分意象（如生殖器的意象），在本质上并未形成关于“性”的意义世界。它们只是患者在“性本能”受压抑时形成的“性的意象”。

必须承认，弗洛伊德在众多著述中论述了“性本能”发展的全过程：从口欲期、肛欲期、性器期、潜伏期到生殖期。但不能因此认为，在精神病本体解释中，“性的意义”占据主要地位，实际上应该是“性的意象”占据主导地位。在神经症患者的各种症状中，实际上是以各种“性的意象”来实现“替代性满足”。“性的意义”是神经症患者无法达到的认知层次，或者说，是神经症患者在潜意识中极度抗拒的内容。主要原因在于：神经症患者将“性”看作是“不道德的”，并在“无意识”中形成对它的抵抗。这阻碍了“性本能”的正常发展，无法进入到生殖期，这是神经症患者作为主体所无法接纳的自我意识。综合起来，我们在图 5－1 中使用虚线标明了精神病本体解释的主要概念及其关系，以及在此基础上形成的基本解释框架，主要包括“无意识”、“情结”和“意象”以及以这三者的联结为核心的“俄狄浦斯情结”、“性本能”和“罪恶感”。处在最中心位置的是“俄狄浦斯情结”，它是弗洛伊德设定的精神病本体解释的理论核心。处在这一情结外围的是“无意识”（知的另一面）、“情结”和“意象”，它们共同构成精神病本体解释的基本框架。我们将在此解释框架中分别论述“罪恶感”与“俄狄浦斯情结”的本体作用。

二、精神病本体解释中的“罪恶感”

在弗洛伊德的解释中，“矛盾情感”成为理解神经症发生学的关键。他发现原始人的宗教禁忌和图腾崇拜与神经症的发生机制存在类似。在理论上，这一发现看似解决了道德哲学家们“情感作为道德本体何以可能?”的问题。同情、仁爱等是否可以成为道德的本体？在哲学家们那里，这仍然是难以证明的问题。因为“人的本性很难克服自私”更接近事实真相。然而，弗洛伊德又如何证明“罪恶感”自含的矛盾？并证明正是这一“矛盾情感”促使神经症的发生？在这一节中，我们将立足于知、情、意的基本框架来解释“情感”的自然性和道德性，并重点分析“罪恶感”作为精神病情感本体的合理性以及“矛盾情感”的本体作用。

(一)“知、情、意”框架下情感的自然性与道德性

在道德哲学家那里，情感作为道德本体的困难在于人的利己本性是自明的、本能的，如何才能在情感中产生本能的利他？无可否认，理性主义哲学家们是立足于人的理性意识来讨论这一问题的。他们认定，人理性中的利己本能和情感中的利他本能存在不可调和的矛盾。然而，弗洛伊德恰恰以“无意识”回避了这一矛盾。也就是说，他并非站在与理性主义哲学家们相同的立场上来讨论情感。从一开始，他就设定了“无意识”这一总的解释框架。在这一框架下的“情感”，既是自然的，又是道德的，体现出自然性与道德性的综合。当然，他并没有花费太多篇幅讨论情感，尽管在“本能论”中，他提出“爱本能”和“恨本能”,“生本能”和“死本能”等说明人性发展的辩证性。但他并没有指出“爱与恨”指的是与情感相关的本能，更多地使用了古希腊时期爱恨哲学的相关思想因素。当然，据考证，弗洛伊德的“爱恨本能说”实质上源自他本人的生活经验。在这里，我们无意去证明它的实际来源，只旨在说明，他仍然是在“无意识”的场域中讨论“罪恶感”的。脱离了这一解释框架，很难说明情感是如何达成自然性与道德性的内在统一的。

在本章的开头，我们已经说明了将在“意识与无意识”、“情结与情感”、“意象与意义”的关系中探讨“罪恶感”与“俄狄浦斯情结”的本体作用。相对于“意识与无意识”,“意象与意义”的区分来说，“情结与情感”的区分在弗洛伊德的理论中不是很明显。也可以说，我们在这里所讨论的情感本就不在理性和意识的范畴之中。或者说，弗洛伊德所讨论的“罪恶感”并非意识中的情感，它与“俄狄浦斯情结”一样只能被放在“无意识”的场域中讨论。因而尽管我们在总的分析框架中提出了“情结与情感”关系的区分，但实际上，我们在这里所指的“情结与情感”都是无意识的。或者说，我们并不是将情感放在意识之中，同时

将情结放在“无意识”之中考虑的。“罪恶感”作为一种特殊情感，它本身包含了自然与道德的矛盾在内。一方面，人以“性本能”为核心的“关系性欲求”是自然性的，它是人所追求的终极目标——快乐；另一方面，人又因自身所追求目标的“不道德”而产生“本能的厌恶”。弗洛伊德正是在人无意识的本能情感的对立中揭示神经症的真相。无可否认，在这里存在着以“本能”解释“情感”，或以“情感”解释“本能”的嫌疑。但不得不承认，弗洛伊德的“俄狄浦斯情结”与“罪恶感”共同作为精神病的本体是未曾分开过的。在前文的故事中，“俄狄浦斯知道真相之后自挖双眼”和“小马知道真相之后跳下悬崖”，实际上都意在说明某种道德情感的自明性。但是，弗洛伊德并不从“理性”的视角来解释情感中的“道德自明”，相反，他从“无意识”的视角解释情感中的“不道德自明”，以此达到他的理论目的。在情感主义哲学家们那里，情感的道德性是很难证成的。因为相对于以“利益”或“利己”为中心的理性来说，似乎很难为情感的道德性找到可靠依据。弗洛伊德则选择从“无意识”之中寻找“不道德”的发生机制。

那么，在情感的道德和“不道德”之间，弗洛伊德到底是如何解释的？在俄狄浦斯和小马的寓言故事中，他们在“无意识”之中是不具有任何道德感可言的。在本能快乐的驱使之下，它们获得的是纯粹的自我满足。这种自我满足是自体性的、意象的，而非关系性、意义的。因为在俄狄浦斯和小马的境遇中，他们并非在关系性欲求中产生性对象满足，而是在不明对象的境遇中获得的自我满足。从这个意义上来说，情感的“不道德”来自与性对象的“关系”的意义解释中。在性对象未能与“母亲”这个角色的意义联系在一起的时候，性对象只是一个“意象”，并不具备真实的意义。此时主体获得的并非基于关系欲求产生的“对象性满足”，而是基于个体性欲求的“对象意象性满足”。情感的“不道德的自明”即主体在与客体的关系中所构建的伦理意义，主体如果只局限于自体获得满足是无所谓道德不道德的。从这里来看，情感的道德和“不道德”实际上关涉它是否有作为客体的性对象，并在与客体的“关系”的意义中获得伦理认知。

在弗洛伊德对精神分裂症患者的发病机制的解释中，意义和意象的分裂是其显著特点。根据他的解释，“无意识”之中只存在意象的观念，意识之中存在意象和意义的观念，联结二者的便是意象的观念。“前意识”的作用就是将“无意识”之中的意象观念转化为意识之中的意象观念并与意义联结起来。但是，情感的压抑作用和心理的抵抗同时阻碍了这一联结。因而精神病患者的发病机制实质上是局限于在自己的意象观念之中，无法形成真正的意义观念。从这个意义上来说，在神经症患者的情感中并未形成真正的意义世界。也就是说，在情感中还未能形成真正的因客体关系而产生的伦理观念，只存在因性对象的意象而产生的自体满足。从这里来看，弗洛伊德的理论要成立，就必须设定在神经症患者的内部存在着对“不道德的自明”（指主体“自明的不道德感”或“自生的罪恶感”）。并且，主体因“不道德的自明”在心理上拒绝通过“前意识”进入意义世界（伦理道德的）。当然，不得不承认，“不道德的自明”类似于孟子的“羞恶之心”。但孟子指的是人所具有的先天的道德认知能力，弗洛伊德并不指主体所拥有的先天的道德能力，而是“无意识”之中的“罪恶感”。因而我们在这里必须立足于“意象”来解释情感中“不道德的自明”。

在第一章中，我们已经论述到，根据弗洛伊德的解释，“罪恶感”中包含自然情感和道德情感的“伦理冲突”，正是这一“伦理冲突”成为解释神经症发病机制的核心。我们也多次强调，这里的“伦理冲突”并非基于客观伦理关系基础上产生的真实冲突，而是患者主体主观臆想中的心理冲突。在这一观点的基础上，我们继续分析患者主体情感中的“不道德的自明”，它到底是如何产生的？无可否认，根据弗洛伊德的解释，神经症患者主体的症状是并不通过具体的性对象来获得客体意义上的满足，而是通过性对象的意象来获得自体的满足。因而他实际上只陈述了一个事实，判断神经症的主要标准即：主体是否依靠客观的性对象来获得性满足，并在此基础上发展出生殖能力。而从神经症患者的表现来看，无法获得性对象满足是其特征。这里的“无法获得”在生理上是基于“性本能的退化”（倒退、固着和升华等），在心理上是基于“无意识”之中的“不道德的自明”。

须指出的是，“不道德的自明”并非来自客观的伦理道德观念（基于价值判断的），而是来自客体意义上的性对象的无法获得（主体所拒绝的）。当然，我们在这里仍然很容易产生混乱，在“不道德的自明”与“客体性对象的无法获得”之间存在着谁先谁后的问题。无疑，首先应该是“客体性对象”的无法获得，然后才产生“不道德的自明”。因而实际上，在患者主体的意象观念中，“无法获得”一方面是基于“性本能的退化”；另一方面是心理上将客观性对象“不道德化”产生的。这里仍然十分容易产生歧义，因为必须说明“不道德化”是基于何种意义上来谈的。在弗洛伊德的解释中，他也提到了父母错误的性道德教育或童年时期对父母性行为的“窥视”造成的记忆，因而看似这种“不道德化”的观念仍然来自外界的影响。如果是这样，我们就无法证明“不道德的自明”是如何产生的。在这里，我们认为，俄狄浦斯和小马的寓言故事更能揭示问题的本质。“不道德化”并非客观意义上的伦理评价，而是情感意义上的厌恶。因为弗洛伊德并不认为神经症患者在童年时期形成了正确的性道德观念，恰恰相反，他是基于童年时期的性道德创伤来建构精神分析理论的。因而这里的“不道德化”更应该是一种对客体性对象的“不道德化的意象”,患者主体因为这一意象产生“不道德的自明”。我们认为,它既是自然性的,也是伦理性的。当然,这样的解释可能仍然很难清楚。因为实际上,我们所指的“情感”并不是一般意义上的,或者说,不是所有的情感都具有这一特点。在弗洛伊德的论述中,他只解释了“罪恶感”的本质及其对神经症发生学的意义。我们将在下文中集中讨论“罪恶感”。

(二)“罪恶感”作为精神病情感本体的解释性

在上文中,我们已经提到,主体“不道德的自明”实质上来源于对客体对象非道德化的情感意象。这种“不道德化”并非基于理性,而是基于情感上的“本能的厌恶”。因而我们认为,“本能的厌恶”才是理解“罪恶感”作为精神病情感本体的关键。正如“退化”概念的产生一样,它是基于“进化”概念提出的。尽管弗洛伊德的“退化”与退化论者的“退化”存在差别,但精神分析理论中存在着很多对相反相成的概念,体现出明显的辩证特征。当然,这不是我们在这里要讨论的重点,所以不做过多的拓展。我们的目的只在于说明,弗洛伊德是在何种意义上提出“本能的厌恶”这一心理范畴的,以及它是如何发生作用的。无可否认,从辩证法来说,既然“本能的欲求”是存在的,那么“本能的厌恶”作为它的对立面也必然是存在的。当然,这里的“对立面”是方向性的,不是意义上的。如果是意义上的,最好将“本能的欲求”改成“本能的喜好”。但这样的话,会增添更多的解释麻烦。所以,我们只做简单的说明。弗洛伊德的本意并不是从“本能的厌恶”推出“罪恶感”,再从“罪恶感”推出“道德的自明”。实际上,他要说明的核心在于“本能的厌恶”与“本能的欲求”是如何相伴而生的。它们并非对立的两个东西,也并非一前一后产生的两种不同的心理状态,而是“罪恶感”中本来就相伴而生的情感冲突。用弗洛伊德的话来说,这是一种亲密关系中的情爱所夹杂着的潜意识的敌对情感,也是弗洛伊德文中的“矛盾情感”。在这里,需要指出的是,“罪恶感”、“罪恶意识”和“矛盾情感”、“情感中的矛盾意识”等在弗洛伊德的原文中实际上是一个意思。他要说明的问题就是为何主体一方面是“本能的欲求”,另一方面又是“本能的厌恶”,并因这两种相反的心理力量产生内在冲突。然而这正是宗教禁忌和神经症产生的主要原因。

那么,为何一方面是基于亲密关系产生的情爱;另一方面又是相伴而生的敌对情感?这是一种什么样的心理状态?例如,当一个人失去了他最亲爱的人之时,他开始会被一种顾虑(强迫性自责)所困扰,他可能会怀疑正是自己的不小心或过失导致心爱的人死亡。但是,根据弗洛伊德,这种自责只是表面上的。因为他并没有在内心产生对死者的深深怀念，也未主动地去寻找客观证据证明自己对“死者的死”不负有罪名。他只是处在一种极其矛盾的情感之中，弗洛伊德称之为“病态性的哀悼”。弗洛伊德正是通过它发现事实的真相，他说：

> 哀悼者并不如她在强迫性自责中所声称的那样，正因为他们的死亡自责或者为自己的疏忽而感到罪恶。在她的心中存在着某些念头（一种潜在的希望），对死亡的发生并不感觉失望，甚至有着某种期待。然而，就在死亡发生的瞬间，这种潜在的希望均有反向作用，而变成了自责。①

在前文中，我们不止一次地提到，在此分析框架中所提到的情感和情结都是“无意识”的。我们也强调过，从“意象与意义的关系”中理解“不道德的自明”，它仍是“无意识”之中基于性对象的“不道德化的意象”而产生的。在弗洛伊德的叙述中，“罪恶感”或“罪恶意识”尽管在表面上体现出道德上的意涵，似乎是出自对死者的同情并付诸于哀悼行为，但这只是一种“病态的哀悼”。他暗含的意思是：尽管对死者产生自责或罪恶意识，但这并不是主体内心的真正动机，他真正的动机在于对死者的“本能的厌恶”。所以，对于“死者的死”本身主体并不感到自责和罪恶感，而是相反，内心十分期待以“死者的死”来获得满足。自责和罪恶感并非出自对“死者的死”本身，而是出自内心对“死者的死”所抱有的期待（自身的邪恶）。主体对自身所抱有的邪恶动机感到自责，但同时又从这种邪恶中得到满足。这种隐秘的矛盾心理是很难被察觉的，更多的时候，它被掩盖在看似亲密的关系和具有道德感的情感表达之中。弗洛伊德说：

> 差不多在每一个对某个人过分亲昵的例子中，我们都可以在他的潜意识里发现有敌对情绪存在。……这种情感的矛盾或多或少地存在于每一个人心里，正常情况下，他们不会发展到引起强迫性自责的情况。因为它们被覆盖在亲密的关系之下，很难为人发觉。②

① 〔奥地利〕西格蒙德·弗洛伊德：《图腾与禁忌》，文良文化译，北京：中央编译出版社，2015年版，第97页。

② 〔奥地利〕西格蒙德·弗洛伊德：《图腾与禁忌》，文良文化译，北京：中央编译出版社，2015年版，第97页。

“罪恶感”并不来自主体对客体本身产生的道德感，而是主体基于自身对客体的非道德的动机产生的。它常常伴有一种强烈的欲望在内，例如杀死国王和僧侣、乱伦和虐待死人等。“罪恶感”是对自身“不道德欲望的潜意识压抑”，在这里，我们不得不再次将它与“不道德的自明”联系在一起。“罪恶感”在这里并非像孟子的“羞恶之心”一般的，是人先天的道德认知能力，它只是一种对自身不道德欲望的本能厌恶。尽管在对原始人的宗教禁忌的追溯中，弗洛伊德确实试图从很多现象中揭示人内心矛盾的本质。例如“对国王的敬畏”和“杀死国王的欲望”同时并存，敬畏是出自国王可以保护自己的信仰，杀死国王则是出自本能的满足。可以说，弗洛伊德通过“矛盾情感”将人性的善良与邪恶的两面都包含在其中：一方面，人因为自我本能的满足而产生各种邪恶的动机；另一方面人又因这种邪恶的动机而产生“本能的厌恶”(罪恶感)。当然，在禁忌中，人所要达到的目的仍体现出满足自己的本能需要，无论通过何种方式，最终的目的都在于自我本能的满足。因而“罪恶感”中包含对自我本能的厌恶，并且是本能中的极其喜爱与极其厌恶的对冲。这种本能的对冲在强迫性神经症患者身上形成一种难以忍受的折磨：表面上赋予某一客体以至高无上的荣誉和事实上对他拥有这一荣誉进行的惩罚。

这种“矛盾情感”在父子关系中也体现得淋漓尽致：一方面父亲在小孩面前是一个至高无上的角色，可以给小孩以各种保护；另一方面又因为父亲的这种至高无上的地位而想杀死他。在原始人对死人的禁忌中也体现出这一矛盾性，死人于生者来说是一种特殊的统治者。但是，生者对于“死者的死”本身是十分期待的，死人相对于生者来讲就是弱者。生者可以从对死人的凌驾上获得自我满足的快感，但同时他们又产生无比的焦虑。因为他们担心死人会变成一种更为强大的力量——魔鬼而威胁到自己的生存，因此，他们在内心又产生无比的敌视。此时，死人并非人可以凌驾之上的弱者，而成了生者的邪恶的敌人，这是一个极好的理由使得生者把自己与死人分离开来，无论之前他们之前有多么亲密的关系。弗洛伊德认为这是一种心理上的投射，是导致神经症的重要因素，他说：

> 在加诸死者的禁忌中，最重要的一种就是影响原始心理形态因素中的对魔鬼的那种潜在敌意的投射。……内在知觉的外在投射是一种基本的机制。……我们大胆地假设情感和智慧过程的内在知觉，可以依照感官知觉的投射方式来进行。……只有当抽象思想的语言表达发展以后，也就是在语言表达的具体方式与内在过程相连接后，内在的感

受才显现出来。[①]

经过投射的心理作用，生者主体内在对死者的敌意转化为对“外在魔鬼”的恐惧与厌恶。这一“魔鬼”在本质上是内在情感冲突的化身，但生者会借助于这一“魔鬼”的力量使其合理化。从某种意义上来说，心理的投射即主体为了保护自己而产生的心理力量，“罪恶感”中包含的即对自我“不道德的自明”，对自身内在的邪恶产生“本能的厌恶”。但主体的终极目标是为了满足自我本能的需要，因此只有将自我内在的邪恶投射到“魔鬼”（死者死后会成为的）身上才能为本能的满足找到理由。无疑，这种投射作用并非仅是生者为了解除内在的情感冲突而产生，它也是人的一般性的心理发生机制。根据弗洛伊德的推测，人拥有将内在的情感和理性投射到外物上的能力并通过抽象的语言表达出来。原始民族还无法形成系统地、统一的语言（指的是统一的政治、法律制度等）来表达内心的某些情感或理性，但他们已经学会了使用统一的外在投射物（形象的）来达到这个目的。这个统一的外在投射物即是“图腾”或“禁忌”（标志物），它们标志着共同体内部所要统一遵守的道德规则（不应该做的或触犯的）。因而“图腾”在本质上即人所共同崇拜而又想共同杀死的东西，例如代表权力的国王和父亲。“禁忌”在本质上即人极度想做而又不能做的事情，做了就会共同受到某种惩罚，例如触碰死者的身体会带来的传染。因而“图腾”和“禁忌”在本质上即人惧怕惩罚而做出的心理的投射，利用这种投射作用将自身内在的情感冲突转移到外物上。总之，“图腾”和“禁忌”只是这种“矛盾情感”的结果，它背后隐藏着的便是难以让人发觉的、潜意识的情感冲突。弗洛伊德说：

> 不管未亡人所做的投射有多大的自卫作用，在他的情感反应中已显示出惩罚和悔恨的特质。因为他自己本身即是恐惧和禁忌所附加的对象，虽然这些仪式中的一部分是借着防止魔鬼的恶意来实施。……对死人的禁忌是由痛苦（意识层次）和对死亡者的死亡感到满足（潜意识层次）这两种尖锐矛盾之中而产生的。[②]

尽管弗洛伊德试图在追溯禁忌的历史中解释神经症的发病机制，“罪恶

① 〔奥地利〕西格蒙德·弗洛伊德：《图腾与禁忌》，文良文化译，北京：中央编译出版社，2015年版，第103－104页。

② 〔奥地利〕西格蒙德·弗洛伊德：《图腾与禁忌》，文良文化译，北京：中央编译出版社，2015年版，第99页。

感”自含的矛盾性是关键。简单地说，情感的矛盾性即体现为患者“本能的欲望”与“对本能的欲望的本能厌恶”的冲突。“本能的厌恶”包含患者“不道德的自明”，这种“不道德”并不是基于与客体的关系来谈的，而是基于“对自身欲望的本能厌恶”来谈的。投射作用可以帮助人将内在的邪恶转移到外在的“魔鬼”身上，因而对“魔鬼”的惧怕是潜意识中对自我邪恶心灵的惧怕。从这个意义上来说，人的心灵系统都必须被分成两个不同的部分来理解：“意识的”和“无意识的”。弗洛伊德指出，要理解神经症的特质，就必须能够深入隐藏在“无意识”中的部分，因为它才是心灵的真实。例如生者对死者的“病态的哀悼”，隐藏在下面的是对“死者的死”的快慰（对死者的敌意）。当然，这种情感矛盾会随着时间的推移而减弱，一般人不需要任何努力就可以将对死者的敌意控制住，最后转化为对死者的崇敬。因而“矛盾情感”发展到最后会形成两种完全不同的心理成分：“对魔鬼的惧怕”和“对祖先的崇拜”。“对魔鬼的惧怕”只是自我内在情感的投射，它的基本的心理过程如下：我因对死者的敌意而产生“罪恶感”（这是一种对自身欲望的本能厌恶），只有在心理上认定“死者死后会变成魔鬼”才能合理化自己内在“对死者的敌意”，此时“对死者的敌意”转化为“对魔鬼的惧怕”，内在的情感冲突（“本能的欲望”与“本能的厌恶”的冲突）相应地转化为“人”（内在）与“魔鬼”（外在）的冲突。前者体现为一种强烈的“罪恶感”的压迫，后者体现为这一“罪恶感”的转移。随着哀伤的降低，所有的“罪恶感”、“自责”和“对魔鬼的恐惧”都会慢慢地消失并转化为对祖先的尊崇，并祈求祖先能够以友善的态度保佑自己的生存。在弗洛伊德的分析里，正常人都会经历以上的心理过程，但神经症患者却停留在“强迫性自责的哀悼”中，也即停留在“矛盾情感”中无法自拔。当然，神经症在弗洛伊德的分析中也可能是一种类似于“禁忌的心理返古”的东西，它是人在历史发展中的心灵遗留物。这一说法与“俄狄浦斯情结”的伦理原型是一致的。

综合以上，我们立足于“本能的厌恶”分析了“罪恶感”的本体作用。从道德发生学角度来看，“本能的厌恶”中包含人最初的道德良知，它代表着人内在最确实的道德自觉。在弗洛伊德看来，这种道德自觉并非从一开始就指向他人（或以与他人的关系为基础），而是指向“人自身的欲望”，是人对自身欲望的一种特殊的知觉——排斥性的。因而在神经症的分析中，须首先找到“罪恶感”的根源，因为它是产生内心焦虑的极大因素。弗洛伊德称之为“良心的惧怕”。它是一种潜意识层次的强烈欲望，精神分析必须能够立足于这些隐藏的欲望发现患者主体内在情感冲突的实质。

(三)“矛盾情感”中的意义冲突及其本体作用

在前文中,我们已经提到,尽管弗洛伊德在其《图腾与禁忌》一书中专门提到“矛盾情感”一词,但它与“罪恶感”、“罪恶意识”、“罪恶感中的矛盾意识”等本质上是一个意思。在上一节的内容中,我们已经分析“罪恶感”中自含的“本能的欲望”与“本能的厌恶”的矛盾情感冲突及其精神病本体作用,重点凸出宗教禁忌内含的原始人心理的形成过程。弗洛伊德在分析的过程中谈到人对“外在自然”、“内在自然”的惧怕并形成各种心理,尤其是禁忌心理,总体上来说是从心理学角度分析的。在分析的过程中也谈及道德良知及其发生机制——对自我内在某种特殊欲望的本能厌恶。无疑,如果只局限于情感及其心理来分析神经症是不够的。正如弗洛伊德自己所认知到的,禁忌在本质上只是一种社会习俗,其中或可能包含某种宗教道德心理,但将它与神经症完全等同起来研究是不科学的。正是在这个意义上,我们认为,除了说明“矛盾情感”对于神经症发生学建构的重要作用,还需要厘清楚包含在“矛盾情感”中的真正伦理冲突,以此获得对精神病本体的深层次理解。虽然“禁忌”和“神经症”都与自我内在的情感冲突有关,但两者是有区别的。弗洛伊德说:

> 原始民族所忌讳的是破坏禁忌后所带来的严重疾病和死亡,惩罚必然落在触犯禁忌的人身上。而神经症则稍有不同,病人所恐惧的是在他触犯了某些禁忌后惩罚将落在他人身上。……两者最明显的不同:神经症行为似乎是“利他的”,而原始民族则为“利己的”。①

从以上来看,宗教禁忌和神经症在发生学上虽都与“矛盾情感”有关,但两者有着本质的伦理差别,前者是完全利己的,后者是利他的。但是,弗洛伊德在这里使用的是“似乎”一词,这意味着,对于这种貌似“利己的”和“利他的”行为仍需要做出进一步分析。从弗洛伊德的对比来看,禁忌带有明显的群体性质,它本身不是从个体意义上来谈的。正如前文中分析的,它的作用是在群体内部形成伦理共识以约束成员去触犯它,因为触犯会带来群体性的灾难。因触犯而实施的惩罚带有群体戒律的性质,它是群体为了维持团结所制定的共同伦理规则,目的是约束大家,别去做自己不该做的事情。因而宗教禁忌是群体心理意义上的,神经症却是个体心理的。群体禁忌的

---

① 〔奥地利〕西格蒙德·弗洛伊德:《图腾与禁忌》,文良文化译,北京:中央编译出版社,2015年版,第114-116页。

根本作用是保护个体不因不恰当的欲望而受到惩罚，在此基础上保护群体的利益。当然，我们要分析的重点不是禁忌，而是如何理解神经症行为中的“利他”。弗洛伊德说：

> 我们对神经症中那种让人意外的高贵心灵将如何去做一个恰当的解释？……由分析的调查显示出这种态度并不是他们原来的态度。疾病刚开始时，惩罚的恐惧指向病人本身，他一直为自身生命的安全顾虑，……后来这种恐惧替换到他喜爱的人身上。……在禁忌的深处一定深藏着对喜爱人的敌视冲动——希望他死亡。①

要理解弗洛伊德以上的观点不太容易。但是，必须承认，神经症患者的“利他”并非伦理意义上的。在发病的初期，神经症患者的行为和禁忌中是一样的，是利己的。但随后便发生了微妙的变化，弗洛伊德称之为“替换作用”。“利他”正是在这种替换作用下发生的，它表面上的意义是“利他的”——担心自己最喜爱的人死亡，但隐藏的意义却是对最喜爱的人的敌视——希望他死去。这种心理矛盾或反差正是神经症的特质，它看似存在两个相反的伦理系统：“表面上的善”与“实质的恶”。无疑，弗洛伊德再次使用心理的发生机制来解释神经症行为的伦理意义。这种解释无不在表明神经症患者内在的伦理冲突，表面上的利他和实质的利己存在着激烈的对冲，但归根到底是利己的本能占了上风。因而从本质上来说，神经症和禁忌的发生机制仍然存在着心理和伦理的一致性。两者的本质区别在于禁忌是群体性的、社会性的，它体现为人的社会性与个体性的伦理统一；神经症却是个体性的、非社会性的，它体现为人的社会性与个体性的伦理不统一。弗洛伊德说：

> 当神经症的病人表现得如此利人时，他只是对隐藏着的残酷自我主义采取了的一种“补偿作用”。我们可以把这种只考虑他人而不把自己直接作为性爱目标的感情称作“社会性的”。这些掺杂社会因素的背景，也许正是神经症的核心特质，虽然他们在稍后都经由过度的补偿作用来掩饰。②

---

① 〔奥地利〕西格蒙德·弗洛伊德：《图腾与禁忌》，文良文化译，北京：中央编译出版社，2015年版，第117页。

② 〔奥地利〕西格蒙德·弗洛伊德：《图腾与禁忌》，文良文化译，北京：中央编译出版社，2015年版，第117－118页。

可见，利他在神经症患者的行为解释中并非基于利益上来谈的，它完全不涉及真实的利益关系。它本质上只是一种“心理的补偿”，是对极度自我主义的掩饰。从这一点来看，神经症患者实际上是极度非社会性的，因为他们的“利他”目的越明显，就越能说明其利己本性。这种“伦理上的利己和利他的严重对立”正是神经症患者的核心特质。但是，弗洛伊德强调，他不是从一般的“社会性”视角来谈神经症的自我主义的，尽管他在神经症患者的第一个核心特质的基础上引出它的第二个特质：“接触恐惧”。但这种恐惧只局限于“性接触”。因而这里讲的“非社会性”并不是一般的社会关系，它仅指“性关系”。因而实际上，仍须回到“性本能”来解释伦理冲突。弗洛伊德指出：

> 神经症中那些转变和被替换了的本能欲望都是源自于性。可是，在禁忌的例子中，那些被禁止的接触显然并不能仅仅用性观念来解释，而应该从攻击、控制和维护自己权益这方面做一些研究。①

可以说，弗洛伊德严格地区分了宗教禁忌与神经症之间的伦理本质，前者是以利益为中心的社会性行为，后者只局限在个体的性行为。性满足仅是个人极其隐秘的私事，因此它在本质上是非社会性的。隐藏在自我主义背后的并非社会交往意义上的伦理关系，它更像是一种伦理隐喻。神经症患者“表面上的利他实际上的利己”的症状，并非在利他和利己之间产生利益对立，仅仅是一种以“性”为基础的心理对冲。隐藏在这种伦理表象下面的是神经症患者需要逃离他不满意的现实状况，进入到一个相对愉快的幻想世界，并在这个世界中找到“替代性满足”。根据前文可以得出：神经症患者的利己并非自私，它在根本上体现为拒绝客体意义上的性关系，退回到自体中寻求“替代性满足”。因而神经症患者是拒绝以客体性对象为基础的伦理的，他逃避现实并非远离他者来满足生活需要，而是满足性需要。

从以上分析来看，“矛盾情感”中的意义冲突并非基于客观伦理关系基础上来谈的，它仍然是患者主体通过投射、替换和补偿等心理机制转换了的意义世界。“矛盾情感”中的内在冲突指向自身的本能欲望，是“自我本能欲望”与“对自我本能欲望的本能厌恶”之间的冲突。患者主体通过投射、替换和补偿的心理机制将这一“内在冲突”转化为“自我欲望与外在物（或人）”之

① 〔奥地利〕西格蒙德·弗洛伊德：《图腾与禁忌》，文良文化译，北京：中央编译出版社，2015年版，第119页。

间的其他关系(或惧怕、或崇拜、或亲密),以表面上的道德情感掩饰潜意识中的“不道德”。归根到底,这些心理机制的产生归因于人本身基于“本能的厌恶”的“不道德的自明”。这一点,对于精神病本体的解释来说至关重要。

三、精神病本体解释中的“俄狄浦斯情结”

在弗洛伊德的精神分析理论的整体架构中,我们已经设定了“伦理冲突”是精神病本体解释的核心。我们也在多个地方指出,这一“伦理冲突”并非基于客观伦理关系的真实冲突,而是患者主体臆想的心理冲突。“矛盾情感”中并不存在以主体与客体的伦理关系为基础的冲突,因为神经症患者的意义世界不以客体的性对象为目标。他通过投射、替换和补偿等心理机制将心理冲突转化为与外物(人)的关系,并在这种关系中寻求“替代性满足”(本能的)。在这一心理发展的过程中,患者主体以表面的善(罪恶感、自责)掩饰了潜意识中实质的恶(本能的)。因而“伦理冲突”实质上是自我本能中的善与恶的无法统一。但是,根据弗洛伊德的解释,在神经症患者的发病机制中,并非只是善、恶无法统一的矛盾,而是“本能的恶”与“对本能的恶的本能厌恶”(不道德的自明)之间的对冲。这种对冲存在于自我内部,不存在任何与患者主体相对应的真实客体(性对象)及在此基础上形成的客观伦理关系,只存在患者主体内部的自我冲突和自我建构的客体意象。

尽管在全文中,我们不可避免地使用了多个概念来表达,或使用了多种表述方式,或可能产生理解上的误差。例如,在第一章中,我们使用了“自然情感”与“道德情感”的对冲来表达这一伦理冲突。在后文中,我们又将其归因为本能(自然的)和情感(道德的)的伦理冲突。在本章中,我们认为“罪恶感”作为一种情感只是自我内部的伦理冲突(“本能的恶”与“对本能的恶的本能厌恶”)的外部转移(通过投射、替换和补偿等心理机制)。基于以上种种,我们必须回到第一章所讨论的“身内自然”这一主题来探讨精神病的本体。无可否认,在神经症患者的发病机制中,自始至终不存在主体与客体意义上的伦理关系。也就是说,患者主体对于客体性对象的排斥是其“性本能退化”的主要特征。弗洛伊德所要表达的是,患者作为主体在与“身内自然”关系中的处理方式,因而实际上只涉及主体与“身内自然”的关系。无论自我内部的“伦理冲突”以何种形式出现,本能的、情感的或经由一系列的心理机制转化后的心理表象,实质上所包含的只是主体与自我“身内自然”的关系。不得不指出的是,弗洛伊德所讨论的身内自然以“性本能”为主,并不指身内中的所有本能。换句话说,弗洛伊德只是立足于“性本能”来探索神经症的发病机制。“性本能”包含的“身内自然”是人的自然属性的一部分,它本质上也反映了人与自然的关系。或者说,人的自然性与道德性之间的冲突。总体上来说,在神经症患者的世界里,“性本能的退化”(自然的)是其生理的病因,“伦理冲突”是其心理的病因。“性本能”的生理、心理和伦理病因的综合是弗洛伊德所要论证的精神病的本体。问题的关键仍在于如何理解“性本能”自含的“伦理冲突”。

(一) 伦理观念中的“具象”与“抽象”思维

在第四章中,我们已经讨论过了精神病分裂症患者观念世界中的“意象”与“意义”的分裂,并以此为基础讨论过“俄狄浦斯情结”中可能的三种意义结构。在这里,我们继续以“具象”与“抽象”思维的区分来讨论“性本能”中的“伦理冲突”。无疑,无论我们如何解释“性本能的”、“性欲的”或“性冲动的”,或在前文中所界定的“本能的关系性欲求”,它们在本质上都是人性中的自然部分,是人的“身内自然”的一种形式。在弗洛伊德的精神分析理论中,人与自然的伦理关系实质上仍构成其理论建构的主线。

在《图腾与禁忌》一书中,弗洛伊德以泛灵论时期原始人的“巫术”“魔法”来解释人自身与外在自然的关系。他将人类在对“自然”的解释上形成的主要思想体系分成三种:泛灵论的、宗教的和科学世界观的[①]。在这里,我们无法详细地论述弗洛伊德有关原始人“自然”思想形成的全过程。我们的重点在于说明伦理观念中的“具象”和“抽象”思维的区分,并在此基础上解释精神病的伦理本体。弗洛伊德认为,泛灵时期人的“自然”观念体现出明显的具象特征,这种具象思维也是理解神经症的关键。在人与自然的关系中,原始人习惯于按照自己的主观想法来塑造自然的一切。他引用冯特的话说:“原始的泛灵论,……自然应该被认为是对人类自然状态的一种精神表达”。同时,弗洛伊德也指出,休谟在其《宗教的自然历史》一书中提到:“人类有一个普遍的趋向,就是将所有的生物都认为和他们一样,而把他们所熟知的性质推想到它们身上。”[②]他因而认为,在原始人的“自然”认知模式中,因为他们认知的极度有限性,使得他们完全陷入到主观思维中幻想自然。同时,原始人试图使用“巫术”和“魔法”等手段来主宰自然。在这里,我们没有必要区分这两种方式的本质差别,我们要说明的是隐含在这两种方式中的具象思维方式。尤其是在“魔法”这一手段中,原始人完全依靠事物之间的错误联想来达到目的。在这种联想方式中,对自然的具象思维方式

① 〔奥地利〕西格蒙德·弗洛伊德:《图腾与禁忌》,文良文化译,北京:中央编译出版社,2015年版,第125页。

② 〔奥地利〕西格蒙德·弗洛伊德:《图腾与禁忌》,文良文化译,北京:中央编译出版社,2015年版,第125页。

居于主导地位。弗洛伊德使用实际案例来说明这一点：

> 原始人用简易的材料刻画出敌人的塑像，是用来伤害敌人的魔法中最常用的一种。塑像是否像他并不重要，只要能将他塑造成像即可。其后，对塑像的任何破坏都将同样地发生在敌人身上，对塑像身体任何部分的伤害即在敌人的相同部位产生。①

具象思维方式在其他的魔法中也很常见。它们共同的特征就是：人们在他们所采取的动作和希望取得的结果之间存在着某种相似性。例如，他们希望下雨，只要做些看起来像下雨或能使人联想到下雨的事情即可。因而实际上，在原始人的思维方式中，是不存在对自然事实的理解的。在他们的思想与自然事实之间不存在任何距离和差别，自然中的事物是什么样子，在他们的思想中也是什么样子。它们之间存在着形象的相似性，我们在这里称之为“具象性的”。同时，原始人也认为可以通过他们的主观思想来改变自然中的事物。例如，下雨和丰收等，可以通过自身一些类似的行为与活动求得两者之间的共通作用。在这里，我们无意过多地叙述弗洛伊德是怎样论证原始人的具象思维方式的。我们的目的在于说明，人类初期对于“外在自然”的认知是直观的、形象的，不存在太多依靠语言和逻辑来表述的意义。原始人按照自然本来的样子来解释自然并形成自身的思想（或灵魂），又试图以这一思想原有的样子塑造或改造自然。从这个意义上来说，基于具象思维的人与自然是合一的，不存在太多的分离。

根据弗洛伊德的解释，具象思维方式也存在于人的童年时期。他们的共同特征是：没有办法依照语言和逻辑来建构抽象的意义世界，只能根据事物本有的样子建构具象的原始世界。同样地，人的童年时期是不存在太多抽象思维的，他们局限于具象思维来思考问题。因而弗洛伊德试图从人的童年时期的“性本能”发展来解释神经症的发病机制。“性本能”发展的童年时期类似于人的“内在自然”的原始时期。弗洛伊德将原始人与“外在自然”关系的逻辑应用到神经症的分析中。根据他的推理，原始人与“外在自然”的实际伦理关系是：一方面原始人缺乏认知自然的科学知识，他们对于自然的认知并非基于道德的意义思考，而是基于事物本来样子的具象联想。因为对自然的无知，原始人惧怕自然、惧怕跟自然接触，因为自然于他们来说

---

① 〔奥地利〕西格蒙德·弗洛伊德：《图腾与禁忌》，文良文化译，北京：中央编译出版社，2015年版，第129页。

仍然是一个变幻莫测的敌人;另一方面原始人因为无知而发展出"思想的全能"(巫术和魔法中都包含有这样的"全能")用以主宰自然——这一看起来他们完全无知的对象。因此,在原始人与"外在自然"的关系中实际上包含了一对极其尖锐的矛盾:一方面,他们极度地害怕自然;另一方面他们又极度想要征服自然。在原始人的"思想的全能"中实质上包含了想要征服自然的极度欲望,他们始终坚信能够通过一种比较简便的方法来主宰世界,并以此获取无法达到的目标。这样的思维方式使得他们相信自己在宇宙中占据着核心地位。弗洛伊德发现,在神经症病人的思维方式中也存在着同样的幻想:一方面,他们的思想中保留着原始人的态度;另一方面,由于对性的压抑,使他们的思想过程更加性欲化。不管这种过程"是一种原生现象还是由压抑,即理智的自恋和思想的全能所导致,它们至少在心理上都产生了相同的影响"(唯我论或贝克莱主义的)①。

在前文中,我们不止一次地强调神经症患者的内在"伦理冲突"并非基于客观伦理关系的冲突,而是一种主观臆想中的心理冲突。弗洛伊德将这种"主观臆想"与原始人的思维方式进行类比,它在本质上就是一种任意夸大的"思想的全能"。他描述到:

> 决定这些病人症状的不是经验的真实性而是思想的真实性。神经症病人生活在另一个世界里,这个世界里只有以他那样的语言方式才能通行无阻。……外在世界的真实性对他们没有任何意义。②

在弗洛伊德看来,这种"思想的全能"在原始人那里发展出的是与自然(外在的)关系中的"唯我主义",在神经症患者那里发展出的便是"自恋"。在前文中,我们已经对神经症患者的"自恋"有所分析,在这里就不再赘述。总之,拒绝客体意义上的性对象是神经症患者"性本能"发展的主要特点,因此,他们也无法发展出基于主-客体关系的伦理观念。但是,这里并非要再次重复之前的观点。我们的重点在于说明,实际上,在神经症患者的伦理观念中,不存在以意义建构为主的思维方式。换句话说,他们还没有发展出以真实的伦理关系为核心的伦理观念,他们只拥有以他们的主观臆想(具象性的)为核心的伦理观念。在这种伦理观念中,与患者主体发生关系的并非客

---

① 〔奥地利〕西格蒙德·弗洛伊德:《图腾与禁忌》,文良文化译,北京:中央编译出版社,2015年版,第148页。

② 〔奥地利〕西格蒙德·弗洛伊德:《弗洛伊德文集4》之《精神分析导论》,车文博主编,长春:长春出版社,2004年版,第141-142页。

观的性对象，而是被他任意形象化了的人和物。在弗洛伊德的描述中，它可以是任何患者亲近或喜爱的人，也可以是任何可能被形象化为与“性”有关的物体，如鞋跟或钟表，都可以被形象化为男性或女性的生殖器。尽管弗洛伊德并未对比原始人和神经症患者的具象思维的差别，但大致上可以得出，前者仍然是基于理性和意识（尽管不发达）来谈的，后者却是基于“非理性”和“无意识”来谈的。也就是说，只有将这种具象思维放进患者的“无意识”之中才能成立。这一点，我们在前文中已经有过十分详细的论述，在这里不再重复。

综合以上，弗洛伊德是立足于“性本能的退化”来分析神经症患者的发病机制的。根据上文中分析的伦理观念中的具象与抽象思维的分别，我们大致上可以将“性本能”中的“伦理冲突”解释如下：“性本能”作为主体内部的一种自然的“关系性欲求”，它本来是以客观的性对象为目标的。但是在神经症患者的“性本能”发展过程中，因为未能够发展出这一目标并形成对“性”或“性对象”的抽象思维，并在此基础上发展出以主-客体伦理关系为核心的意义世界，所以只能局限在自体的内部从主观上（幻想）建构性对象。这种建构是形象意义上的，它可以是患者的主观世界中任何亲近的物或人。因此，既然神经症患者并非依靠真实的伦理关系来完成“性本能”发展的，他自身内部的伦理冲突就不是基于客观伦理关系的冲突，而是一种伦理的心理冲突。依照弗洛伊德所分析的原始人的具象思维方式，也可以对神经症患者的精神世界做出以下推断：以“性本能”为中心的“身内自然”，一方面是神经症患者所极度无知的，并因此而产生恐惧，具体表现为对性对象的“接触恐惧”；另一方面又是神经症患者极度希望通过自己的幻想（具象思维的）来主宰的。“思想的全能”可以充分帮助患者在各种性对象的形象中暂时获得“替代性满足”。

（二）“性本能”与“罪恶感”的伦理意涵

弗洛伊德的“性本能”和“罪恶感”中都不包含真实的伦理关系，它们中自含的伦理冲突也只是患者主体内部的心理冲突。那么，如何理解“性本能”和“罪恶感”的伦理性呢？在现代精神病理学中，精神病患者的“症状自知力”似乎并不构成主要的解释难题，“人格自知力”才是解释中的主要难题。这意味着，精神病伦理本体的解释更为关键。弗洛伊德构建其精神分析理论的终极目标也是试图综合伦理学的知识来开创一种完全不同于生物精神病学的理论。这意味着，我们仍然需要对“性本能”和“罪恶感”的伦理性作出一番详细的论证。在弗洛伊德晚期的人格理论建构中，“本我”、“自我”和“超我”构成的人格结构主要依靠何种动力来发展呢？换句话说，弗洛伊德以人的“性本能”为基础的人格动力说如何成立呢？“性本能”作为一种纯粹的生理力量,它如何生出伦理的内容?这一点在情感主义道德哲学家们那里是难以解决的问题。我们在前文中也提到,在弗洛伊德的论证中,他以患者主体对"性本能"的"本能的厌恶"证明了"不道德的自明"。这似乎解决了道德哲学家们难以解决的道德发生学问题,也同时解决了神经症的发生学问题。但是,在弗洛伊德提出的神经症解释的核心——"伦理冲突"的解释中,患者主体内部似乎存在着两个不同的伦理系统:一个是潜意识中以"性本能"为中心的伦理系统;另一个是以"罪恶感"为中心的伦理系统。如何解释两者的联系与差别?两者所构成的"伦理冲突"又是如何成为神经症的本体的?个体的道德人格又是如何在两者的对冲力量下发展的?

弗洛伊德认为,精神分析与生物精神病学类似于"组织学和解剖学的关系,一个研究器官的外在形式,一个研究由组织和细胞所形成的构造"[①]。精神分析更加关注组织的机能,而不是组织的物质结构。这里的"机能"类似于亚里士多德在《形而上学》一书中所提出的"能"。牛顿力学将其解释为"物质在运动过程中所产生的能量"。受牛顿力学的影响,弗洛伊德试图解释心理力量产生的动力学。麦金泰尔认为,弗洛伊德实际上将"科学心理"定义为由物质状态变化构成的精神现象,它是可测量并遵从运动的一般规律的。"在此,在牛顿力学的球体宇宙中,大脑取代了球体的位置"[②]。因而它虽然设法从牛顿力学中找到类似规律,但它不研究物质运动,而是研究大脑各组成部分的机能运动,类似于一种"心理能量"。现代医学已经发现了人体激素对机能产生的影响,在很大程度上可以解释弗洛伊德所指的"能"。但纯粹的生物解释显然与精神分析理论建构的初衷不相吻合,因为激素作为一种物质是如何转化为心理能量,并主导人的意识的,仍需要科学的论证。在前文中,我们已经探讨过弗洛伊德的"性本能"所具有的物质和精神的双重结构。实际上,无论如何去推测他提出的心理能量、心理动力或心理机能等,都是立足于"性本能"来谈的。这种本能力量是机体本身就有的、无需证明的东西。它对于人体的机能与神经系统的发展来说有着至关重要的作用。弗洛伊德写道:

> 进步的真正动力是本能(内在需要)而不是外部刺激。正是这种动力,才卓有成效地促进了神经系统的发展,使它达到了现有的高水平。

---

① 〔奥地利〕西格蒙德·弗洛伊德:《弗洛伊德文集 4》之《精神分析导论》,车文博主编,长春:长春出版社,2004 年版,第 148 页。

② Alasdair C. Macintyre. *The Unconcious: A Conceptual Analyse*. Routledge, New York and London, 1958, p. 55.

当然,我们也会由此而想到,本能本身按其需要(至少是部分地)积淀或制造出种种不同的外部刺激形式。这种形式在生物的种系发生过程中,又反过来改造了机体本身。①

弗洛伊德认为,本能即人的内部需要。人体的各种本能,如性本能、营养本能、自我保护本能等,都是基于人的某一种内部需要产生的。在人体的内部需要与外部刺激之间,内部需要产生的动力作用(事物发展的内因)才是更根本性的。正是人体的内部需要促进了人体的各种组织系统的发展,促进机体产生各种不同的外部刺激,同时又反过来影响了机体本身的发展。因此,它发展的一般规律是:首先是机体产生大量的内部需要(本能),然后,经由本能的力量制造出各种不同的外部刺激形式。这种外部刺激反过来改造了机体本身的需要(本能)。从这里来看,本能的发展并非单向的、一帆风顺的。或者说,它并非一种单向流动的、源泉式的存在,而是一种需要与外界发生关系后才能不停发展变化的存在。正如我们在前文中分析过的,弗洛伊德提出,需要从患者所感兴趣的性对象来判断他的“性本能”的实际发展状态。同时,在“性本能”发展的过程中,它总是与其他的本能混合在一起发展。弗洛伊德说:

性本能在刚刚呈现时,它们与“自我保存”本能混为一体,并依靠它维系自身,以后又逐渐脱离它,成为独立的存在。在选择对象时,它们同样步自我本能(自我保存本能)的后尘,其中有某些自始至终都与自我本能连接在一起,成为它的总构成中的性欲成分。②

可见,“性本能”的发展过程是非常活跃的。在弗洛伊德的描述中,“性本能”的发展以产生正常的生殖能力为目标,意味着主体性能力的成熟。在这个过程中,“性本能”发展的早期呈现为主动的状态,它与各种其他的本能形式交织在一起发展。但是,弗洛伊德所强调的是本能发展中的被动状态,也即本能的反向发展。在本能发展的晚期阶段,出现本能发展的主动状态与被动状态的对冲,弗洛伊德称之为“矛盾心理”。他使用“爱与恨”来表达“性本能”发展的主动与被动状态,情感中的“爱”与“恨”是共存并相互转化

---

① 〔奥地利〕西格蒙德·弗洛伊德:《弗洛伊德文集 2》,王嘉陵等编译,北京:东方出版社,1997 年版,第 191 页。

② 〔奥地利〕西格蒙德·弗洛伊德:《弗洛伊德文集 2》,王嘉陵等编译,东方出版社 1997 年版,第 195 页。

的。在弗洛伊德看来，它们的关系是：

> “爱”是性本能的一种特殊组成部分，……在“爱”中，不是仅包含着一种，而是包含着三种对立面。首先是“爱-恨”的对立，其次是“爱-被爱”的对立。除此之外，还有第三种对立，即爱与恨合并在一起之后，与一种中性状态（或无动于衷状态）的对立。这三种对立中的第二种，即爱与被爱的对立，正好同上面说的由主动向被动的转化相一致。……这种情形就是“爱自己”，即我们说的典型的“自恋”。[①]

实际上，在爱与恨、主动与被动的转化形式中，弗洛伊德想要说明的问题是：人或人的本性在主体与客体形式的转化中发展。当“性本能”呈现出主动形式或爱的状态之时，它是以主体的形式存在的；当“性本能”呈现出被动形式或被爱（接受刺激）的状态之时，它是以客体的形式存在的。人性的发展在主体与客体这两种不同的形式转换中完成，因而人既是主体的，又是客体的。在这里，我们不必花费太多的篇幅来描述“性本能”发展的全过程。总体上，弗洛伊德立足于“性本能”自含的“矛盾”来形容它的发展（动能），它总是服从于心理生活中的三大“对立极”：主动与被动的对立是生物性的；自我与外部世界的对立是现实性的；快乐与痛苦的对立是经济性的[②]。尽管弗洛伊德自始至终试图通过对立的东西来说明问题，但这种东西是什么实际上他并未讲清楚。在前文中，我们提到的“本能的欲求”和“本能的厌恶”之间是存在对立的；在机体的“内部需要”和“外在刺激”之间也是存在对立的；在“爱”与“恨”之间存在对立；在“主动”与“被动”、“主体”与“客体”之间也存在着对立。但弗洛伊德并不完全将它们看作是对立的，而是本来就是一体的，体现为对立中的统一。例如，“恨”本来就包含在“爱”之中，有“爱”就有“恨”，并非“爱”消失了才出现“恨”。而在“本能的欲求”中就包含了对它的“本能的厌恶”。尽管弗洛伊德也提出了“需要”与“被需要”、“爱”与“被爱”之间的相对关系，但他更强调的是两者在何种程度上达成统一。所以，正如我们在前文中提到的“性本能”与“罪恶感”所包含的两个伦理系统一样，它们就如两种相反相成的力量一样。“性本能”作为欲求（或内部需求）是指向客体的，“罪恶感”又使得主体不得不折身返回到自体之中寻求满足，弗洛伊德称之

① 〔奥地利〕西格蒙德·弗洛伊德：《弗洛伊德文集 2》，王嘉陵等编译，东方出版社 1997 年版，第 201 页。

② 〔奥地利〕西格蒙德·弗洛伊德：《弗洛伊德文集 2》，王嘉陵等编译，东方出版社 1997 年版，第 207 页。

为“自恋”或“自爱”。

问题在于，仅仅将“性本能”理解为一种动能是不足以说明问题的。尽管其中也包含了反向力量，这最多能说明人通过感官接受外在刺激并产生感觉的一般过程，远远地不足以说明人性的善恶。在对原始人的宗教禁忌的追溯中，弗洛伊德提出了“病态的悲哀”以形容原始人对死人的伪善，隐藏在这一伪善底下的是永恒的利己。弗洛伊德对比了原始人和神经症患者的“矛盾情感”的不同之处，前者是以“利己”为特征的，后者却体现出“利他”。但根据弗洛伊德的分析，后者的“利他”并非真正意义上的利他，而是以表面上的“病态的悲哀”（伪善）掩饰内心对死人的敌意。因此，潜意识的“利己”才是永恒的人性。“性本能”中包含有人性中永恒的“利己”欲望，正是它构成精神病的伦理本体。关于“本体”，亚里士多德提出：

> 本体有三类。——可感觉本体支分为二，其一为永恒，其二为可灭坏，……另一为不动变本体，某些思想家认为这不动变本体可以独立存在，有些又把不动变本体分为两部分，这两者即通式与数理对象，而另一些思想家考量了这两者，认为只有数理对象是不动变本体。①

亚氏所指的“不动变本体”除了数理之外，还有以善恶为主的伦理，因而他又说：“数学家就不知道宇宙内何物为善何物为恶。”②在弗洛伊德那里，本能中永恒的利己便是“不动变本体”中的一种。这里的问题在于，弗洛伊德并不将这一永恒的利己本性归为“恶”。尽管在前文中，我们分析了“罪恶感”中包含的对“性本能”中“本能欲求的本能厌恶”，也即对本能利己的本能厌恶，我们将其定义为患者主体“不道德的自明”。须指出的是，这一“本能的厌恶”并不产生利他行为，而是对自我利己本性实现的一种迂回方式。但弗洛伊德后来又将其归因于“自我保护本能”（或自我本能）与“性本能”之间的一种对冲关系。在“性本能”发展的过程中，它极有可能跟“自我保护本能”混合在一起。这里又将“性本能”视为一种爱的本能，它是指向他人的，而自我保护本能又将它拉回到自体，形成以自我满足为形式的“自爱”或“自恋”。在第一章中，我们探讨过这一“自我本能”，将其界定为作为道德前状的“道德本能”。我们的意思是它或可能发展为人的道德，但它仍然只是表现为一种可能性或偶然性，而不表现为一种必然性。而在神经症的发病机

---

① 〔古希腊〕亚里士多德：《形而上学》，吴寿彭译，北京：商务印书馆，1997年版，第241页。

② 〔古希腊〕亚里士多德：《形而上学》，吴寿彭译，北京：商务印书馆，1997年版，第40页。

制中，它也体现为“性本能”发展过程中的一种偶然性。换句话说，在弗洛伊德的理论构想中，一般的正常人都是可以通过“性本能”发展出它的成熟形式——生殖能力。但神经症患者因为“性本能”发展过程中的“退化”（固着、退行和升华等形式）而导致它在自体中寻找替代性满足，无法形成与客体性对象之间的客观伦理关系。可见，在神经症患者的发病机制中，因为“性本能”发展的受阻导致患者未能发展出主动-被动或主体-客体相互作用下的机体的能力，此时的“性本能”与“罪恶感”中产生了“极端利己”与“对利己欲望的本能厌恶”的对冲。弗洛伊德将其归因于患者主体“过分的道德良知”。这种良知是一种主体内部的道德自觉，它促使主体对自己极度想要做的事情（过分的欲望）产生“本能的厌恶”。

在这里，我们无法从利己-利他的关系中去对神经症患者发病的伦理机制做出评价，因为患者的“性本能”（自然的内部需要）作为“关系性欲求”一方面无法与客观的性对象建立起关系；另一方面它又通过一系列的心理机制（投射、替换和压抑等）在潜意识中形成极端的利己状态（自体满足）。从自然-道德关系的角度来分析，“性本能”代表的是人“身内自然”的主体部分。神经症患者之所以发病，正是因为这一“身内自然”的发展无法取得与外在客体的相互作用，它在主体内部被过分夸大的道德自觉（童年期错误的性道德教育或暗示、引导等）中产生了“退化”。从这里来看，神经症患者内部存在着极端的“自然与道德关系”的对立，在这一关系基础上形成的个体人格是一种病态人格。从弗洛伊德在《文明及其缺憾》中对现代道德文明的批判中不难看出，他主张的是以人的“身内自然”的健康发展为标准的伦理机制。在以人的“性本能”为主轴的“身内自然”的发展中，它与外部世界所能形成的客观伦理关系仍然是至关重要的部分。但现代文明中人性的真实状态是：过于发达的社会道德机制抑制了人性自然的发展，导致在“人性自然”与“社会道德”之间产生了严重对立。在人性发展的内部就体现为人的个体性与社会性的严重对立。这一点，在后期的人文主义精神分析学派的代表人物弗洛姆、霍尼、沙利文等人的思想中拥有更精辟的论述。

在一般精神病理学的建构中，雅斯贝尔斯一直强调，将精神病归因于脑部的生理病变，是极其不科学的。他“不赞同这种将人的身体与精神割裂开来的研究方法，在他看来，精神病学的研究对象是人，不仅是人的躯体，更是人的精神人格和人本身”[①]。托马斯·萨兹也认为，精神疾病算不上病，所以

① 〔德〕卡尔·雅斯贝尔斯：《历史的起源和目标》之“导论”，李夏菲译，桂林：漓江出版社，2019年版，第4页。

不应按医学观念去看待和治疗。疾病只能表现为肉体的损伤，肉体损伤是身体上的客观症状，是不以社会规范为转移的客观事实。精神问题属于社会生活范围，因此它不能算是疾病，因为它与客观事实无关，而是各种不同的社会价值发生冲突的表现[①]。弗洛伊德则不将它看作是人的理性意识中的价值冲突，而将它与人的生理和心理联合起来研究。无疑，人的理性、意识和情感等都不只是自生的，它们一方面基于人的本能（理性能力、情感能力或性能力等）；另一方面是基于人的本能与外在世界发生的相互作用。前者只意味着人的潜能，是人格发展的原始基因；后者意味着这一潜能发展所需要的客观条件，它是人格发展的必要前提。因此，在弗洛伊德的理论中，他实际上通过生理、心理和伦理的理论综合将人格发展中的主观与客观、内在与外在、先天与后天、主动与被动等因素有机地结合在一起思考。基于这样的理论前提，在神经症的病因分析中，它既不可能只是纯粹的身体组织器官（脑部的或神经的）的病变问题，也不可能只是外在的价值冲突的问题，而是这两者在一定的心理机制的影响下产生的相互作用下的结果。在弗洛伊德的“性本能”和“罪恶感”概念中其实同时包含有以上所有的内涵，只是他一方面对个体人格的一般发展过程进行论述；另一方面又在此基础上论证神经症的起因。前者代表了人格发展的一般规律；后者是人格发展一般进程中的偶然病变。弗洛伊德一方面揭示了人的生理机能、人格发展进程中的偶然性和特殊性；另一方面又在综合性的视角下解释人格发展中的偶然性和特殊性存在的可能性。解释这一可能性的关键之处实际上在于个体内在“过分的道德良知”或“本能的厌恶”。从理性和逻辑上分析，似乎是过分优良的道德个体才会体现出精神状态中的神经症症状。但这样的推论显然无法成立，因为弗洛伊德并未将其放在理性或意识中来思考，而是设定了一个明显不同于理性的“无意识”理论背景。这一点使得很多看似不可能的东西成为可能，看似无法解释的东西变得可以解释。

综合以上，弗洛伊德提出的“性本能”和“罪恶感”中包含极复杂的个体伦理发展机制，总体上体现出伦理自然主义特点。他试图通过相反相成的心理力量来证明人格发展的矛盾。尽管在反向力量中，他只提出“过分的道德良知”与“本能的厌恶”的可能性，也并未花费太多篇幅来分析它们是如何作用的。这也正好说明，在个体人格发展的进程中，神经症症状的出现并非普遍性的，而是偶然性的。尽管在《文明及其缺憾》一书中，弗洛伊德提出

---

① 〔美〕F. D. 沃林斯基：《健康社会学》，孙牧虹等译，北京：社会科学文献出版社，1999 年版，第 303 页。

“社会神经症”概念，试图将这一精神上的病理特征一般化，以此作为批判现代社会技术文明的理由。但是，相对于他早期对神经症病因学所做的理论建构来说，他的批判只是从伦理方面加强了对自然人性的论证。

（三）“俄狄浦斯情结”作为精神病伦理本体的解释性

在第四章中，我们分析了“俄狄浦斯情结”的三种可能的意义结构。在这一章的开头，我们设定了精神病本体解释的知、情、意的基本框架，“俄狄浦斯情结”被放置在这一分析框架的最核心部分。那么，如何理解它作为精神病伦理本体的合理性呢？在前文中，我们已经重点提出了这一情结包含的以“杀父娶母”（乱伦）为原型的“伦理冲突”，但它并非基于客观伦理关系的冲突，只是人性中自然与道德冲突的一种隐喻。无疑，“娶母”包含了主体“性本能”中的自然倾向，“母亲”是主体以自体满足为替代的“自恋”心理的投射对象，它代表的恰恰是主体内部“极度欲求而又极度厌恶”的自然本能。

无疑，在“俄狄浦斯情结”的伦理隐喻中，“母亲”这个角色对于每一个主体来说都拥有双重的意义：一方面，它是人的自然生命的来源，是生理意义上的本体；另一方面，它又是人与这个世界建立伦理关系的发端。“母亲”是与主体构成客体关系的最可能的“原型”，是人在“性本能”（关系性欲求）的驱使下与外在世界建立关系的真实启蒙。解释“母亲”这一角色的关键就在于它包含的“伦理冲突”的隐喻：一方面它代表人的生理和伦理的本体，是人作为主体不可阻挡的自然发展趋向；另一方面它又是人对自身发展中的自然倾向的本能厌恶。须指出的是，在这一看似极矛盾的解释中，“母亲”代表的并非与主体相对应的客体，而是主体在自体意义上的心理投射。因而“母亲”在某种意义上就是患者的自体本身，“娶母”在表象上是一种客体关系的意象，在本质上仍然是一种自体关系。从这个意义上来说，“恋母”与“自恋”是一回事，都是主体内部的自体满足。在弗洛伊德看来，这种“趋向自然而又害怕自然”的矛盾既是个体人格发展中的动力，也是个体人格发展过程中可能产生的病症。在神经症的发病机制中，“伦理冲突”本质上是人性自然与道德发展的冲突。以“性本能”为核心的人性自然的发展倾向受到阻碍，患者心理中“过分的道德良知”使得主体内部的道德力量（良知）占了上风，自然的力量（性本能）产生退化。

“俄狄浦斯情结”中“父亲”的伦理隐喻仍是复杂的。首先，它是与“母亲”相对的一个客体角色，它与“母亲”建立起来的是主体-客体意义上的伦理关系。对于患者主体来说，“父亲”即与“母亲”相对应的客体对象的隐喻，它是一切主体-客体、主动-被动伦理关系的来源。其次，“杀父”意味着患者主体“性本能”发展中对客体对象的拒绝，“杀父”意味着患者主体拒绝主体-

客体意义上的伦理关系，意图回到自体的内部寻找满足。“杀父”和“娶母”都体现为主体不通过与外部世界建立关系来获得“性本能”的发展，而是在自体内部获得“替代性满足”。“杀”和“娶”构成两种相对的力量：一种是对自我与“外在世界”（外在自然）关系的拒绝，因而无法产生客观伦理关系；另一种是对自我与“内部世界”（内部自然）关系的永恒追求，这是“性本能”（关系性欲求）局限在自我内部发展的偶然性结果。归根到底，“俄狄浦斯情结”以“杀父娶母”的伦理隐喻主体“内在自然”与“外在自然”发展的不协调。前者是基于“性本能”的内在潜能的发展，后者是基于人与外在客观世界的协调发展。因而总体上“俄狄浦斯情结”隐喻的是“人与自然（内在的和外在的）关系”的不协调。在各种生理的、心理的和伦理的综合作用下，人的“性本能”的自然发展受到局限，在各种心理机制（压抑、投射或替换等）的作用下产生退化。这是各种神经症产生的本始性原因。

综合起来，“俄狄浦斯情结”以“父”（外在自然的象征）与“母”（内在自然的象征）这一人最初的生理与伦理的本体隐喻了人与自然关系的不协调。这种不协调是个体人格发展中与生俱来的矛盾。首先，对于自身与外在自然的关系，主体是在极度惧怕和极度想征服的“矛盾心理”中产生各种文化现象，如原始人“图腾崇拜”的宗教文化意义，在本质上象征着人类与自然关系的现实状态。原始人一方面想要杀死各种具有图腾意义的动物或人；另一方面又极度地畏惧和崇拜他们。“矛盾心理”恰恰是人与“外在自然”关系的真实写照，他们一方面想要征服、主宰自然；另一方面又畏惧、害怕自然。其次，在人与“内在自然”的关系中，一方面人的“性本能”（关系性欲求）决定了它与外部世界发生关系的潜在能力，这是人内在不可阻挡的自然发展倾向，是人发展的终极目标；另一方面，人的“内在自然”发展又存在一定的偶然性，使得它局限于“性本能”来获得自体满足，无法在自然本能的促使下发展出与“外部自然”相互作用的关系。因而它实质上是人的“内在自然”与“外在自然”无法统一的状态。神经症恰恰是人的“内在自然”（性本能）发展进程中出现的偶然状态，它一方面体现为“生理的退化”；另一方面体现为“伦理的自体化”（无法与客体世界建立关系）。

当然，在本章建构的精神病本体的解释框架中，“俄狄浦斯情结”处在知、情、意结构的中心。但它必须被放在“无意识”中加以分析，否则，就无法理解弗洛伊德的本意。可以说，“无意识”是解释人的“内在自然”及其与“外在自然”关系的一种全新的方法论，也是弗洛伊德试图建构的全新方法论。整个人类文明发展的历史就是一部关于“人与自然关系”的历史，各种宗教的、哲学的和科学的“自然观”都反映了人在解释、改造自然中的智慧。弗洛伊德建构的是一种以"无意识自然"为核心的科学世界观——精神分析理论。它与纯粹物质主义的科学观的不同在于：它始终关注人类的理智要求和心灵的需要，"精神分析对科学的贡献恰恰就在于把研究推广至心灵的区域"[①]。基于以上立场，弗洛伊德提出，人内在的理性、情感和欲望等都是可以通过一定的科学手段来进行解释和检测的，不应该只立足于概念分析来求得答案，而应该立足于现实生活中活生生的、有血有肉的具体的人做出分析。

总之，弗洛伊德的宗旨是构建一种不同于生物自然主义的科学世界观，这是精神分析理论的主体精神。在现代科学理念中，各种物理的、化学的实验方法和人文主义实证研究方法使得人类对自然(外在的和内在的)的理解越来越接近客观事实。但正如伽达默尔提出的，无论是自然科学的"事实性解释"，还是人文科学的"意义解释"，最终都得回到人与世界所拥有的意义本身。这意味着各种科学方法的解释最终都得回归到人的意义或价值，而非局限于客观事实。但是，现代自然科学一方面对客观物质世界的解释越来越接近事实；另一方面又使得这一客观事实越来越远离人的意义世界，产生世界观的分裂。对于弗洛伊德来说，科学知识的积累使得我们越来越接近对"自然"的完整理解和控制。而对许多当代哲学家来说，尤其是受到托马斯·库恩影响的哲学家们，"科学提供了一系列不同的互不关联的世界观，这些世界观适用于解决与特定文化和历史时期相关问题的范型。究竟是对科学范型的支持或否决完全建立在理性选择和实证证据的基础上，还是科学范型也构成了另一种不同的信仰体系，对此曾有相当多的争论。鉴于这些动荡的存在，我们就不会惊讶于精神分析论述中也充满了激烈争论，争论的焦点是应当怎样看待作为一种临床疗治和知识学科的精神分析"[②]。无论如何，在弗洛伊德那里，精神分析是一种全新意义上的世界观。自然科学可以为人类提供一张解释宇宙的清晰图景，它也可以解释人类世界种种生命的奇迹，却无法解释人的心灵世界或精神力量是如何作用于无生命的物质的。

可以说，弗洛伊德首先通过"无意识"打开通往人类心灵的通道，这是他提出的解释人"内在自然"的一种全新方法。它不是通过实证研究或实验研究来达到目的，而是通过基于观察和解释的临床个案研究来实现。通过对

① 〔奥地利〕西格蒙德·弗洛伊德等：《心灵简史——探寻人的奥秘与人生的意义》，陈珺主编，高申春等译，北京：线装书局，2003年版，第135页。

② 〔美〕斯蒂芬·A.米切尔、玛格丽特·J.布莱尔：《弗洛伊德及其后继者——现代精神分析思想史》，陈祉妍、黄峥、沈东郁等译，北京：商务印书馆，2007年版，第257页。

“无意识”的解释到达患者的“意义世界”是分析者的主要任务，在患者与分析者之间建立起一种可能的“理解和解释”的模型。其次，他通过“俄狄浦斯情结”设计出综合生理、心理和伦理的综合解释框架，它正是弗洛伊德以“无意识”为研究通道所设定的核心。在患者主体所“不自知”的主观世界里包含着与外在世界伦理冲突的“原型”。这一“原型”既是人类在长期的历史发展演变过程中积淀下来的伦理基因，也是现实生活中所可能构建的客观伦理关系的基始。这一点我们在前文中已经有所论述，在这里不再重复。我们的目的在于说明弗洛伊德所开启的解释人“内在自然”的特殊方法。他以精神病的临床个案研究为模型，试图在人的“内在自然”与“外在自然”的关系中找到解释精神病的科学方法。与此同时，他也提供了一种以心理学为主，生理学和伦理学相结合的、一般的人性论研究方法。再次，弗洛伊德的精神分析理论所要解释的是一种精神病的本体，它集中体现为人性发展过程中的个体性、特殊性和偶然性。“俄狄浦斯情结”包含的本能自然与道德的冲突恰恰构成精神病本体解释的一种可能性，它本身并不意味着人性发展中的必然性。

综合以上，尽管众多的研究者认为“俄狄浦斯情结”作为一种神话传说，将其当作是精神分析理论建构的一个研究假设，其科学性是很值得怀疑的。但在关于精神病患者内在“伦理冲突”的解释中，基于理性意识的解释存在着难以解决的理论困境。尤其是哲学家们从概念和逻辑的视角对人的“不自知”状态所做的分析，其理论的可靠性备受质疑。无论如何，弗洛伊德开创了“无意识”概念并将它当作是总体的理论分析框架。在此基础上，他结合“性本能”、“俄狄浦斯情结”等建构出一个完整的综合生理、心理和伦理知识的解释模型。尽管在“无意识”和“意识”的纠缠不明的关系中，“无意识”概念本身的合理性还存在着很多的争论。但正是在这一概念的基础上，“俄狄浦斯情结”拥有作为精神病伦理本体解释的特殊意义。尽管我们仍然无法在“研究假设”和“伦理基因”二者之中做出一个很好的取舍，但无论这一情结是以何种形式存在于弗洛伊德的精神分析理论中，它本身都拥有无限解释的可能性。在本书中，我们已经在多处对其做出了可能的分析。我们的目的不在于证明它是否符合现代的科学观念，或者它是否符合现代科学哲学发展的需求。我们的目的只在于从弗洛伊德本有的思想资源出发，从精神病临床治疗的目的出发，对精神病的本体（情感的和伦理的）做一个尽可能的解释。

结　语

不得不承认，本书研究经历了一段长长的分析之路。关于“精神病本体”的研究结论可能仍不尽人意。尤其是关于“精神病的伦理本体”的解释，“俄狄浦斯情结”是否真的存在是无从检验的。但这已经是我们目前能够做到的最好解释了。在弗洛伊德复杂难懂的概念群中，我们将它们放在一个可能的理论框架中进行解释，试图在众多概念的联系中将他综合生理学、生物学、心理学和伦理学的意图展现出来。在结语中，我们将继续探讨弗洛伊德精神病本体中的辩证思维。一般认为，中西方医学的主要差异在于：中国传统医学包含了丰富的辩证法，是朴素的唯物主义与辩证法相结合产生的思维方式，体现出“身内自然”和“身外自然”相统一的“天人合一”的本体论和认识论；现代西方医学中却难以发现辩证法的因素，以纯粹的物质主义和生物自然主义为基础，“身内自然”和“身外自然”的分裂成为不可避免的趋势。西方社会“天人相分”的本体论和认识论导致人的身心分离，疾病的解释和治疗成为完全动物式的，人体被不停地分解和“物化”。但实际上，在弗洛伊德的精神分析理论中，既包含了科学的自然主义，又包含了丰富的辩证法。这一点，我们在前文中已经有所提及。在结语中，我们将再次详细地论述一下他的辩证思维。

现代医学发展面临着“疾病本体”认知的严重分化，以身体为本体的疾病认知方式仍占据中心地位。然而，“身心二元”的思维方法无法解决很多疾病问题，如精神性疾病的、心理疾病的、慢性病的、传染病的问题等。虽然在现代生物医学发展中也出现了“身心医学”这样的研究领域，专门从心理学的角度解释人的各种“身心疾病”，高血压、糖尿病和恶性肿瘤等。但这种解释仍然只是以人的心理、情绪、情志等为基础，关于“身心”中的“心”的解释局限于心理学视角的。尽管在各种身心疾病的解释中也增加了“人格”的内容，并将“人格”分为A、B、C、D等不同类型。不同人格类型的人会更容易患上某一类疾病，例如，A型人格的人更容易得心肌梗塞，癌症的发生与C型人格高度相关等。无疑，疾病解释中的“人格”成分已经体现出一定的伦理学视角，但它仍然过分地从人的各种心理出发解读“人格”的意义，未能体现出人的生命存在的伦理本质。在现代社会性治疗方法中，出现了“家庭关系治疗”、“叙事治疗”和“意义治疗”等，体现了对人的生命存在的“关系本体”的重视。但这种疗法本身仍然是外在的、表面的，未能深入到人赖以生存的关系的本质。总之，现代生物医学发展体现出明显的割裂特点，生理学的、生物学的、各种自然科学的、心理学的和伦理学的内容都充斥其中，但又无法有机地结合在一起。

严重的“疾病本体”认知的分化不仅影响到个体性疾病的治疗，也影响到群体性疾病的控制。根据成中英的“本体”概念，“疾病本体”应该包含“疾病之本”、“疾病之体”及“疾病从本到体的动态发展关系”。但目前的医学发展体现出严重的疾病之“本”与“体”的分化。并且，缺乏疾病从本到体的动态解释。这种分化使得“疾病产生的病因”、“疾病赖以存在的身体实体”和“身体所赖以存在的健康共同体”等都是分裂的，体现出从本到体的一系列分化。这不仅影响到个体性疾病的解释与治疗，比如各种器质性疾病或精神病的解释与治疗，也影响到群体性疾病的解释与治疗，比如传染病的。在传染病的防控中，“疾病本体”认知的分化使得“健康共同体”成为一个完全政治意义上的共同体，疾病产生的生物本体被无限放大，疾病产生的伦理本体被忽略。但它实际上是一个以“疾病”及“传染行为”为解释核心的健康共同体，是疾病的生物本体与伦理本体相结合的共同体。尽管弗洛伊德自始至终地致力于研究精神病，但他的“精神病本体”思维不只是为解释精神病提供了另一种思路，实际上为综合自然科学与人文学科的方法建构新型的“疾病本体”提供了思路。它可以为现代医学的整体发展提供一种全新的疾病本体思维方式，为铸牢人类的健康共同体意识提供一种集自然科学与哲学、伦理学于一体的本体思路。

一、弗洛伊德的“精神病本体”解释中的辩证思维

在弗洛伊德的“精神病本体”解释中包含了丰富的辩证思维，可以说，他开创的是一种辩证的“疾病本体”。相对于传统的“疾病本体”，他的主要开创性体现在“疾病本体”的辩证性解释。对于解释和治疗精神病来说很有帮助，对于整个现代医学的发展都很有帮助。总结起来，体现在以下几个方面：1.“性本能”论中的辩证思维；2.“意识”与“无意识”认知系统中的辩证思维；3.“性本能”（自然）与“罪恶感”（道德）中的辩证思维。无疑，在形式逻辑中，是完全无法解释为什么一个东西既是又不是的。换句话说，一个东西怎么可能是它本身的同时又是它本身的对立物呢？因此，按照形式逻辑，两者

之中必须有一个被排除。但辩证法的逻辑却注重这样的事实:没有永久不变的东西,任何东西的内部都包含有它自身的否定。恩格斯说:“任何一个有机体,在每一瞬间都是它本身,又不是它本身;在每一瞬间,它同化着外界供给的物质,并排泄出其他物质;在每一瞬间,它的机体中都有细胞在死亡,也有新的细胞在形成。”[①]弗洛伊德的理论包含了很多对立统一的语言、心理、情感、意识和力量等。在关于情感的论述中,“矛盾情感”是他论述神经症病因的核心概念。他所要表达的正是主体“极度欲求而又极度厌恶(或害怕)”的东西。从形式逻辑来看,这种既想要又不想要的东西是无法成立的。但在弗洛伊德这里,这一矛盾性恰恰构成人性中真实而隐匿的部分。并且,正是这一矛盾力量的存在既可能推动着个体的发展,也可能造成个体发展中的“疾病”(无论是生理的,还是心理的或伦理的)。弗洛伊德正是将隐藏在人发展中的这种可能性、偶然性和特殊性的一般原理揭示出来。鉴于篇幅,我们只从三个方面简单地分析一下他的“精神病本体”中的辩证思维。

(一)“性本能”论中的辩证思维

在众多研究者的解释中,弗洛伊德的“性本能”等同于人的性欲、性冲动等。我们在本书中将其解释为人性中自然的“关系性欲求”,但这样的解释并不影响它本身的辩证性。弗洛伊德提出的“本能”是多种形式的,“性本能”只是本能中最根本的一种。它相当于“本中之本”的本能,是人体中众多本能综合而成的本能。它最终发展为人的生殖能力,成为人繁衍生命的能力。这相对于其他的本能(只维持本体的发展)来说,是一种发展性、创造性的本能,也是人作为生命存在的最重要的本能。在弗洛伊德看来,既然“性本能”是人的生命发展的源动力,那么,精神病的发病机制也应该从这一本始性的原点中去寻找。但他并不将其看作是简单的因果论。“性本能”在人的发展中,既拥有原始的正向力量,也包含了破坏性的反向力量。从生物学的视角出发,弗洛伊德将这一力量称为“退化”。但是,他的“退化”不是退化论者们的“退化”。退化论者们的“退化”是人作为“类”存在的一般性、必然性趋势,弗洛伊德的“退化”只是“性本能”发展中可能出现的偶然的、特殊的结果。因而在“性本能”论中首先体现出“发展(进化)与退化”的对立统一。

当然,在弗洛伊德的叙述中,他并不强调与“进化”对立的“退化”。在他对“性本能的退化”的描述中,实际上存在“固着”、“退行”和“升华”三种可能性。因而从发展的方向来说,并不一定构成与“进化”相反的方向。其中的“升华”实际上将“性本能”转化为个体发展中的创造力和发展力,这算不上

---

① 《马克思恩格斯选集》(第三卷),北京:人民出版社,1995年版,第2版,第361页。

是一种疾病，本质上是人发展过程中的“个性”。但是，无论如何，精神分析理论建构的基础之一便是“性本能”及其发展的受阻。这种阻力使得主体无法发展出以客观对象为目标的性生殖能力，它只能局限于自体来寻找“替代性满足”。因而“性本能”的发展实际上包含了主体与客体、主动与被动的对立统一。在神经症的发病机制中，因为“性本能”的受阻导致主体无法与外在客体建立起关系。同时在“性本能”的主动作用中无法构成与客体关系的反作用力，主体因而成为既主动又受动的矛盾体。本质上只体现了主体发展中的对立，没有体现统一，机体因为只对立不统一的状态而显得异常。

当然，为了更好地说明机体中“性本能”发展的辩证性，弗洛伊德提出“爱本能”与“恨本能”，前者促进主体与客体之间发生关系，后者则阻碍两者发生关系。看起来，在“爱与恨”的对立统一关系中闪现着恩培多克勒哲学中的思想火花。弗洛伊德的区别在于进一步将“爱本能”区分为“生本能”和“死本能”，以此体现出它发展中的辩证性。“生本能”要求机体的生成、建设和保持，“死本能”则相反，它是破坏和死亡的象征。“死本能”寻求一种无生气的状态的恢复。因此，在机体发展中，实际上包含了两种相反相成的力量在内，它一方面促进机体的发展；另一方面又体现出机体的自动破坏，在“自我保持与破坏”的对立统一中体现出生命有机体发展的辩证性。“性本能”发展的辩证性还体现在它与“自我本能”发展的对立统一之中。“爱本能”遵从的是快乐原则，这一代表人发展的原动力的作用在于促进主体与客体发生交互关系。但现实的情况是，“爱本能”的发展总是受阻，因而在现实与“爱本能”之间形成了对立。现实把“爱本能”的一部分变成了它的对立物——自我本能。“爱本能”和“自我本能”在发展的初期是混合在一起的，之后两者分离并产生矛盾，弗洛伊德称之为“爱本能”与“自我本能”的对立统一。“自我本能”代表人的理性意识和有逻辑的部分，“爱本能”则是非理性和非逻辑的部分。“自我本能”的发展遵从现实原则，“爱本能”的发展遵从快乐原则，两者形成相反相成的“力”。

在前文中，我们分析了人“本能的关系性欲求”与“本能的厌恶”这两种相反相成的“力”。“本能的厌恶”即对“本能欲求的本能厌恶”，正是这两种力量在人的精神内部形成冲突。在“本能的欲求”中形成的是一种主动的、积极的“力”，而在“本能的厌恶”中又形成与这种力相反的“力”。但弗洛伊德并不认为这两种“力”是相等的。“本能的欲求”所产生的“力”是终极性的，即使它无法与客体的性对象形成主-客体关系，它也会在自体内部形成作用于自身的同等的“力”。这便是神经症的发病原理。在弗洛伊德的分析中，这两种相反相成的“力”存在量的差别。在“性本能”的动力与社会现实的压力之间，如果后者产生的量增多，压制的“力”就会增强，双方引起的冲突就会因为量的增多而发生质的改变。在弗洛伊德对神经症的“病原条件”的说明中，他认为只对“病原条件”做纯属质的分析是不够的，必须把量的因素计算在内。“两种相反的力量，一定要达到相当的强度，才会发生冲突，……这种量的因素在抵抗神经病的能力上是同等重要的。一个人患不患神经病，全看他能够阻止多少未发泄的基力（Libido），也看他能把多大一部分的基力从性的方向升华到非性的目标上。”①可以说，在“性本能”与社会道德的压制力之间产生的量和质的转换中体现了明显的辩证性。从以上可知，“性本能”概念包含多个层面的辩证思维。可以说明，他从生理层面解释的“精神病本体”是辩证性的，它体现了生命发展进程中的对立统一。人的生命体正是在这一矛盾的动力系统中体现出各种样态，或发展的，或病态的。

（二）“意识”与“无意识”系统中的辩证思维

“无意识”是弗洛伊德建构精神分析理论必不可少的概念。可以说没有“无意识”作为整体背景，精神病的本体解释就很难成立。从概念上来说，“意识”和“无意识”就构成对立关系。“无意识”处在“意识”的对立面，两者相反相成。在第四章中，我们对比了“意识系统”和“无意识系统”。但凡能够在“意识系统”中找到的，在“无意识系统”中都能找到与之相对应的，比如焦虑、恐惧等。如果“意识”是一张照片，“无意识”就是它的底片。尽管它是模糊的，但可以通过一定手段使得它在“意识”中呈现出来。弗洛伊德使用的主要手段是“释梦”。在他看来，“梦”与“醒”构成对立关系。人在醒着的时候是用理性意识来思维的，做梦的时候是用“无意识”来思维的。于人来说，“梦生活”与“醒生活”形成对立物，即黑格尔派口中的“别种”。弗洛伊德正是通过对“梦生活”的解析进入人的“无意识”领域。“梦”与“醒”首先构成抽象与具体的对立，如奥兹本（Osborn，R.）所解析的：

> 梦生活的心理表现形式是醒生活的心理表现形式之对立物。在后一形式中，思想是一般的，借助同质的结合形成了观念，观念是由具体的东西抽象出来的。具体的要以抽象的说法来了解，但在梦生活中，抽象的观念却以具体的形式来表现。②

① 转引自〔英〕奥兹本：《弗洛伊德和马克思》，董秋思译，北京：中国人民大学出版社，2004 年版，第 125 页。

② 〔英〕奥兹本：《弗洛伊德和马克思》，董秋思译，北京：中国人民大学出版社，2004 年版，第 125 页。

奥兹本认为，在人的“醒生活”中，是依靠抽象思维形成一般的概念。这种方法会把原本活动的东西变成静止的东西。“梦生活”恰恰相反，它会以一种高度戏剧化的动作来表现它的内容。这实际上就是前文中分析的形象思维方式，或称之为“具象的”“意象的”等思维方式。精神分裂症患者是无法形成抽象思维方式和意义世界的，他们局限在形象或意象的世界中思维。但是，根据弗洛伊德，也正是在这种意象世界中包含抽象思维所无法体现的辩证性。“在醒生活中，我们把一切东西看作彼此分离的个别的，因而就大体来说是非辩证法的。梦生活却仿佛能把思想过程的辩证法的性质更亲切地反映出来，因为它在一切东西中间看出那样一种密切的交互关系，使它毫不踌躇地运用一种东西来象征另一种东西。自醒生活看来，这两种东西是连半点关系都没有的”。梦生活却“能把最矛盾的因素结合起来”①。换句话说，人在醒着的时候使用理性意识来思考事物，此时人的思维遵循形式逻辑，在抽象的概念之间隐含“非此即彼”的是非关系。此时，世间的万物“是即是，非即非”，彼此都能被区分得清清楚楚。但在梦中，人的思维却能脱离这一形式逻辑的束缚，它不需要通过抽象概念之间的形式逻辑来表达，只需要通过事物的各种形象来表达即可。此时，万事万物都是形象生动而又对立统一的，“是即是，是也即非，是也可以既是既非”。弗洛伊德说：

> 我们最惊人的发现之一便是梦的工作处理潜梦中的对立物的方法。……相反的与相同的受到同样的待遇。具有用同一显在因素来表现的清楚的意愿。在容许有一种对立物的显梦中，一种因素可以仅代表它自己，可以代表它的对立物，也可以同时代表两种。②

依照奥兹本，“梦生活”凭借着分析显示出思想过程的辩证性质，意识中的自我却呈现出大体上的“非辩证法”的图景。这对于辩证法本身来说是一种“似非而实是”的论断。但是，现实之辩证法并不依靠思想来反映，“非辩证法的思想是含在意识之中的，而伏在下面的无意识过程却是辩证法的。只有借助意识行为下的无意识基础之认识，才能解决辩证法的思想流露于

① 〔英〕奥兹本：《弗洛伊德和马克思》，董秋思译，北京：中国人民大学出版社，2004年版，第125－126页。

② 〔英〕奥兹本：《弗洛伊德和马克思》，董秋思译，北京：中国人民大学出版社，2004年版，第126页。

外的非辩证法的性质之矛盾"[①]。根据他的意思,人的意识是借助于语言和逻辑来表达的,"既是又不是"的东西是不符合形式逻辑的,在意识中是不可能存在的。这种矛盾的东西只有在"无意识"中才能找到,在那些具体事物的具象中才能找到。按照恩格斯的说法,大自然中的万事万物都自含辩证法,它们本来都是对立统一的,是人的抽象思维将它们"形而上学化"成个别的、孤立的和静止的概念。他说:"这些对立和区别,虽然存在于自然界中,可是只具有相对意义,相反地,它们那些想象的固定性和绝对意义,只不过是由我们的反思带进自然界的,——这种认识构成自然辩证观的核心。"[②]人在"梦生活"中所展现的恰恰是符合自然的本真的东西,它们本来就是在各种对立统一的关系中存在的,体现出自然的辩证法。经过人的理性意识抽象化了的意义世界却是人化了东西,它们已经失去了自然的本真面目,成为被逻辑化和意义化了的属人的东西。

在神经症患者的发病机制中,恰恰是意义世界的无法形成导致的。神经症患者在各种具象的世界中获得"替代性满足",这种具象的形成已经完全脱离了真实的、客观的性对象,因而它可以是任何可能构成"性"或"性对象"的象征性事物。在人的梦中,在各种"无意识"活动中,这种具象思维被发挥得淋漓尽致,它脱离了正常人的逻辑思维和语言。因而那些精神病患者看起来一定是"胡言乱语的",在他们自我构念的世界里,只存在着自然本真的具象事物。在具象的世界里也不必借助于客体来形成伦理关系,因为神经症患者在自体内部就形成既是主体又是客体、既是主动又是受动的东西。神经症患者在"无意识"之中达成自我与自我的对立统一关系。从这个意义上来说,"无意识"恰好构成人内部本真的、自然的那部分。尽管在形成的机制上,弗洛伊德强调"压抑"的心理作用。他将"无意识"区分成"描述意义上的无意识"和"动力意义上的无意识",但只有前者中"被压抑了的无意识"才是有必要研究的。从这里可以看出,"压抑"在"无意识"的形成中起了决定作用,正是心理的压抑作用使得人的内部某些自然本真的东西无法与外部产生联结。这些"自然本真的东西"恰是人的"性本能",它不仅自含"本能的欲求"与"本能的厌恶"的矛盾,同时,也因心理的压抑作用将与外部世界的对立关系移置到自体内部中,从而形成了多层次的对立关系。由此,弗洛伊德通过"无意识"将生理和心理的辩证性统一起来。生理的"性本能"本

---

① 〔英〕奥兹本:《弗洛伊德和马克思》,董秋思译,北京:中国人民大学出版社,2004年版,第126页。

② 《马克思恩格斯选集》(第三卷),北京:人民出版社,1995年版,第2版,第352页。

身就包含发展的一般性(必然性)和退化的可能性(偶然性)的对立在内。心理的压抑作用又使得“性本能”发展中的对立关系不停得到强化,在主体内部形成强有力的对冲。

(三)“性本能”(自然)与“罪恶感”(道德)关系中的辩证思维

在前文中,讨论了“性本能”和“罪恶感”的自然和道德层面的意涵。相对于生理和心理的辩证性,这一对范畴多了伦理的辩证性。当然,本书的核心主题是人性发展中的“自然与道德的对立统一关系”,在第二章讨论过了。在这里,继续讨论两者的辩证性是如何体现出来的,以及弗洛伊德如何以此来定义神经症的。在本书中,我们将“性本能”定义为人本能的“关系性欲求”,这种欲求预示着人社会化的可能性。相对于其他的欲求来说,“关系性欲求”是以主体与客体之间的伦理关系(两性关系)为目标的。它最终发展成为人的生殖能力。因此它不仅需要在不同的主体之间建立起关系,而且需要在这一关系的基础上生发出新的关系(亲子关系)。所有的社会关系都是以两性关系和亲子关系为基始的,所以“性本能”作为一种“关系性欲求”(自然的)是人发展出社会关系(道德的)的必要基础。

然而,弗洛伊德是以“性本能发展受阻”为基础分析精神病的发病机制的,心理压抑进一步推动了生理上的受阻,产生“性本能”发展中的冲突。心理压抑是如何产生的?弗洛伊德将其归为“自我本能”(道德的、遵从现实原则)发展与“性本能”(自然的、遵从快乐原则)发展之间的对冲。从意识层面来讲,“自我本能”即人的道德意识的发展。我们在第一章中分析了“罪恶感”,它代表人性发展中的“道德本能”。第二章继续分析了“道德”概念的三个层次:“作为道德前状的道德本能”、“道德心理”和“社会道德文明”。“性本能发展的受阻”一方面来自“性本能”发展的偶然退化,这是生理层面的原因;另一方面源自“自我本能”自含的“本能的厌恶”。这是“罪恶感”产生的原因,是心理层面的原因,但已经出现了伦理的因素。“罪恶感”并非基于客观伦理关系产生的道德情感,它是患者主体因自身“过分的道德良知”产生的“本能的厌恶”。前文中将“过分的道德良知”定义为主体“不道德的自明”,即因“本能的厌恶而产生的对自身欲望自明的不道德感”。在弗洛伊德看来,神经症与原始人的宗教禁忌等都源自“过分的道德良知”,它是主体“本能的欲求”(纯粹自然的)与“本能的厌恶”(自然中生发出的道德感)之间的对立统一。从弗洛伊德的分析来看,人是基于“对自身欲望的不道德的本能厌恶”产生道德感的。在人的良知中并非首先产生“道德的自明(或自觉)”,而是相反,首先产生“不道德的自明”。这种自明性也出自“性本能”。这实际上在“本能的欲求”(正向的关系性的“力”)的对立面设置了一个相反的“力”——“本能的厌恶”，这两种相反相成的“力”构成了“自然与道德的对立统一关系”。

当然，弗洛伊德并非要证明神经症患者是天生的道德高尚者，“过分的道德良知”催生出的“本能的厌恶”并不包含基于客观伦理的利己和利他的对立统一，它仅仅是主体内部的本能心理冲突。在他看来，正是这一“心理冲突”导致神经症的产生，它本质上是一种被压抑的生理和心理的异化状态。在他描述的“人与自然（外在的和内在的）的关系”中，都包含了相反相成的对立统一关系。首先，在人与“外在自然”的关系中，人一方面遵从自然，敬畏和害怕自然；另一方面又想尽办法征服自然。人正是在这一矛盾状态中不停地调适自身与自然的关系。在泛灵时期的“魔法”和“巫术”中，包含了人与自然关系的“矛盾心理”：一方面因为对自然（自然界）的无知而产生极度的崇拜和畏惧；另一方面又试图以“思想的全能”统领和主宰自然的发展。这一“矛盾心理”自然而然地被应用到人与“内在自然”的关系中：一方面，人以自身的“性本能”为主人来发展“关系性欲求”，这是人的社会性发展的基始；另一方面，人又因过分的道德感阻碍了“性本能”的发展。因而，在以“性本能”为核心的身内自然中，人实际上陷入到“自然与道德发展”的两极背反中。这相较于人与外在自然的关系来说，其中的对立统一关系要更为隐匿。在“看不见的手”的操纵下，人的机体产生了各种无法解释的神经性症状，强迫性的神经症或歇斯底里症等。究其根本原因，这些症状源自主体内在自然发展的不协调。

综合以上，弗洛伊德从生理、心理和伦理三方面构建了精神病的本体。与生物精神病学完全以生理自然主义为基础建构“疾病本体”相比较，弗洛伊德的创新在于将心理的、伦理的因素纳入其中，体现出强烈的伦理自然主义的特点。尽管在临床实践中，精神分析仍碰到巨大的困境，即人作为主体很难承认并接纳自我内在的“不道德”。这是现代精神病理学中的“人格自知力”难以被理解的主要原因。无论如何，在弗洛伊德的精神病本体的建构中，部分地解释了个体道德发生学的问题，这在道德哲学家们那里是难以证成的理论难题。不得不承认，弗洛伊德在方法上的凸出特点是不局限于事物的某一面来展开探索，他勇敢地走向事物的反面，在相反相成、对立统一的关系中辩证地揭开事物的真相。

最后，仍要郑重地提出，现代医学发展仍面临着十分严峻的形势。在过分的自然科学手段和技术主义的催化下，医学发展已经在各种利益集团的资源争夺战下被异化了。各式各样的“疾病”层出不穷，身体的或精神的。但人们所关心的是如何通过一定的手段快速地消除疾病（医学的），而不是去反思疾病(哲学的)。在这种思维方式主导下的社会医疗需求越来越呈现出非理性的状态,人们所欲求的只是能够在短时间内满足自身需要(生理的或心理的)的医疗手段,而非对自身生命存在(机体的或行为的)的积极、有利的反思和调整。无疑,医学的思维方式自古以来就是以“治疗”为主的,各种各样的医治手段和药物都是以消除人体上的疾病症状为主要目的的。但是,能够被药物控制的只是疾病的表征(或称病象),而非疾病的发病机理。但医学的目的更应该弄清楚疾病本身的发病机理(或称之为“疾病的本体之学”),而非为了迎合社会的医疗需求去制造一些“疾病”的名称(或发明疾病),并通过一定的手段诱导人们盲目地相信自己确实有病,且必须通过一定的手段将身体里面的疾病消除。

从辩证法的角度来看,“疾病”和“健康”这一对范畴本身就包含了人作为生命有机体存在的辩证性。因而从概念上来说,“疾病本体”实际上也可以被称为“健康本体”。医学研究以人的身体为本体,必然不能只局限于身体内部做物质性(物理的或化学的)的分析,更应该将人体放置于人与自然(外在自然和内在自然)的关系中思考。同时,从辩证的角度对待疾病与健康,它们并非人体存在的“非此即彼”的两个对立面,而是相反相成、对立统一的。换句话说,如果将“健康”当作是生命有机体的一般的积极形式,人体的“疾病”并非生命存在的一般的否定形式,而是与“健康”统一并存的生命的特殊形式。总之,尽管疾病往往导致生命有机体的死亡,这使得“疾病”在概念上(或形式逻辑上)往往与“死亡”(生命的反面)联系在一起。但疾病并非一定导致死亡,它包含的并非生命的否定性,而是生命发展过程中本来就包含的特殊性。正是在这一特殊性的对照下,才能发现生命存在的健康的一般形式或状态。无疑,弗洛伊德终生所致力于解释的是作为特殊形式存在的精神病的本体,它是机体发展过程中极具个体性、偶然性的东西,而这恰恰是每一个生命有机体存在的最本真的状态。

尽管现代医学的发展试图通过循证医学(计算机技术的)寻找到疾病发生的一般规律,但具体到每一个患者身上,这种一般的规律是不具备太多解释力的。这是现代医学发展中很难克服的悖论:以一般化的理论和实践方法对付特殊的病人。临床医学实践所要面对的必须是每一个具体的、真实的患者的本真生命状态,疾病反映的是生命的实在与意义相统一的现实。无可否认,作为精神分析学派创始人的弗洛伊德试图以一种反叛的形式揭示现代医学发展中的悖论。他所要开创的恰恰是以临床的个案分析为主的疾病诊断和治疗形式,但最终因为治疗过程的耗时性(甚至长达几十年)与疗效的不明显性而得不到医疗界的认可与社会的欢迎。站在一百多年后的现代来反思他解释的综合性的精神病本体，不得不说，它不只是可以被放在精神病领域进行反思，对于整个现代医学的发展都是一个极好的借鉴。

二、“疾病本体”认知的现代分化与“健康共同体”意识构建

人类曾经深度相信疾病与个体的道德人格有关，他们将疾病视为耻辱、堕落来驱赶，“黑死病引起了全欧对犹太人的藐视和屠杀，希伯来人把麻风病称为‘杂拉斯’，意为‘灵魂不洁和不可接触’；……《圣经》中有大量上帝、神降下疾病来惩罚和训诫人类的篇章；明清时期许多文学作品常将疾病与人的道德品行联系起来，称心术不正、为非作歹者最终遭到报应，报应的形式就是疾病”[①]。在生物科学思维下，被夸大的疾病的道德意涵不被人接受，但现代医学并不否定疾病的伦理本体。身心医学将个体的道德人格与疾病联系起来，但更多地指向情绪心理和行为方式等，而非德性。实际上，根本无法证明个体的不道德会导致身体的疾病，只能证明它可能导致人的不良行为和紧张关系，进而影响人的情绪心理并导致身体疾病。

当前医学对“疾病的伦理本体”缺乏足够重视，需要分析“疾病的发生与伦理道德的关系”。立足于西方哲学，任丑总结出三种理论范式：规范主义、自然主义和功能主义[②]。规范主义始于柏拉图、亚里士多德，他们认为健康便是拥有善的德性。柏拉图强调个体缺失德性就会导致身体疾病，所以“恶人”(a bad man)便是行为上看似“有病的人”(an ill man)。规范主义的缺陷在于实践性不强，“在其极端理论形式中，疾病完全独立于生理考量”[③]。并因伦理价值的多元性，导致毫无人性的“宗教割礼”都被推崇。自然主义在“身心二分”的基础上提出疾病的发生与价值无关，只能用生理特征和科学标准来裁定。但是，事实与价值的分离导致它完全无法推翻规范主义，反而带来更大的难题。例如，某些传染病或“看似与疾病无关的事情(非自愿怀孕)”对他人或个体的伤害不只是身体的，必须对其进行伦理评判。功能主义试图综合两者以弥补事实与价值的分离，它主张疾病是身体和社会功能都不正常，前者是生理的，后者是价值的，但它没有妥善解决身心关系问题。

个体的疾病如人的存在一样复杂，甚至很难给它一个准确的定义，更难确定它的本体是身体的，还是伦理的。一般认为，疾病的本质是兼具自然性与道德性、个体性与社会性、一般性和特殊性的，很难用文字表达透彻。肯

---

① 张玉龙、陈晓阳：《疾病的伦理判读及其意义》，《道德与文明》2010 年第 3 期。

② 任丑：《身体伦理的基本问题——健康、疾病和伦理的关系》，《世界哲学》2014 年第 3 期。

③ Thomas Schramme, “*The Significance of the Concept of Disease for Justice in Health Care*”, in TheoreticalMedicine and Bioethics, 2007 (28), p. 124.

尼思在《剑桥世界人类疾病史》提出，疾病总是与特定的社会文化联系在一起，“最终是由构成一个特定社会的那些人的话语和行为来定义的”，尽管如此，“也不可忽视疾病所独有的生物学方面的重要性”，例如，某些病毒感染就可以通过生理检测获得确切结果。西方学者们主要产生以下分歧：一方相信疾病是具有自身存在的真实的实体；反对方则认为疾病应当被正确地视作一种病痛，是一段时间内某人身上的一个独特过程（生理学家）[①]。本体论者们的“本体”指身体实体，反对方指身体实体的生理特征，是某一个时段的身体的状态。身体本体论者们遭到强烈批判，被批判的理由是人体疾病不只是躯体性的，而是受内在心灵控制的，实质上是伦理的。

社会医学开启了个体性疾病认知的关联模式，旨在弥补身体本体论的不足。将疾病产生的社会因素纳入本体解释中，既体现了疾病的自然性与社会性的统一，也体现了疾病的个体性与群体性的统一。但疾病的关联模式更多地从社会学、民族学的角度解释病因，与社会制度中的公平正义、社会环境的好坏、社会关系的融洽等都有关，但都未能上升到“伦理本体”层次。并且，社会医学将疾病理解为社会因素作用于身体引起的心理反应，其解释的基本路线是刺激-反应式的，以“行为主义心理学”为理论基础。其缺陷是将人看作是被动接受社会影响的客体，忽视人的主体能动性。现代医学发展存在疾病的“身体本体”与“伦理本体”的分化，分别从不同的路线解释疾病的本质。规范主义虽提出疾病和个体德性存在关系，但并没有说清楚谁是谁的本体。古希腊哲学家们并不明确地将德性看作是“疾病本体”，他们只意图解释“个体德性不足”是一种病态，并未认定它是生理性的，更多地指“灵魂层面的失常”。并且，规范主义忽视了以社会道德解释“疾病本体”的可能性。实际上，巫医文化中存在“疾病伦理本体”的原始思维。巫医立足于道德意识的来源建构“疾病本体”，它区别于宗教想象的虚拟道德法庭，也区别于规范主义仅从个体德性来谈的意义世界。无论疾病以何种形式出现，慢性病的、传染病的、精神或心理疾病的，最终都离不开人的意义世界，它的形成既依赖个体实际生存的社会道德形态，也依赖个体的道德认知水平，须结合两者来建构疾病的“伦理本体”。

社会医学试图从自然、生理、心理和社会等层面展开病因学研究，这种建构是全方位的，并因而产生“疾病本体”认知的分化。不同的“疾病本体”要么与伦理完全脱离联系，要么在疾病与伦理之间建构起非科学的联系。

---

① 〔英〕肯尼思·F. 基普尔主编：《剑桥世界人类疾病史》，张大庆主译，上海：上海科技教育出版社，2007 年版，第 39 - 40 页。

在中西方医学发展史中也存在着神灵本体、人体本体和人学本体等。医学研究的对象是疾病,人体是疾病的承载物,疾病的身体本体论有其合理的解释基础。不同本体论者们的主要分歧在于:一方认为疾病应该以它的承载物——身体为本体;另一方却认为应该以"人"(身体与心灵的统一)为本体。人学本体将"疾病本体"与人性的研究结合起来,这种结合可以使疾病的本体理论更圆通,在临床实践中却暴露缺陷。因为疾病的治疗必须以消除身体的病症(如疼痛、呼吸困难等)并恢复其正常形态为目的,它不可避免地需要在短期内发挥作用,无法顾及更本质的人-病关系。但人存在的本体是关系意义上的,人正是通过各种实存的伦理关系获得本体性的生命力。个体的意义世界就是通过伦理关系的建构形成的。疾病是人的疾病,必然与人的意义世界有关,它的形成离不开人与自然、人与社会、人与自我的关系等,即疾病的"伦理本体"。目前存在着不同的"疾病本体"解释,它影响到人们对待疾病的态度与心理,相应地产生疾病防控与治疗实践中的分化。

弗洛伊德是立足于个体来分析精神病的,尽管他也提出"社会精神病"这一说法,但他并不立足于社会道德文明来解释精神病的本体。尽管他批判了现代社会技术文明对人的自然本能造成的压抑,将个体的精神病病症归因于人性中"自然与道德关系"的失调,但他始终是立足于个体的"性本能退化"来解释的。因而在他的精神病本体解释中,无论是"生理本体",还是"伦理本体",都是个体意义上的。并且他提出,在共同体伦理建设中,尽管也强调血缘关系、经济关系等联结纽带的作用,但最根本的问题还是重视个体"性本能"的健康发展。因而弗洛伊德是完全未能从政治的角度来谈共同体建设的,他也未正式地提出个体的健康权利这样的范畴。他试图从植根于人性深处的无意识的"性本能"谈个体的发展,这种发展是脱离社会条件的纯粹的利己主义、快乐主义的,不论及任何现实的利己与利他的关系。在社会道德规范与法律制度的制定上,他提出"一件被强烈禁止的事情,必定也是一件人人想做的事情"[①]的论断,试图以人"本能的欲求"为基础讨论共同体伦理。这意味着,法律是用来限制人本能欲求的东西。这种"本能的欲求"普遍化地存在于人性之中,对于那些不需要加以限制人就本能地逃避的事情,社会是不需要制定任何法律和制度来限制的,比如禁止人把手放在火焰上烧烤这样的事情。从这里来看,弗洛伊德的论断体现出明显的"心理利己主义"的特点,他试图说明的是人内在的永恒的利己本质。但弗洛伊德并

① 〔奥地利〕西格蒙德·弗洛伊德:《图腾与禁忌》,文良文化译,北京:中央编译出版社,2015年版,第112页。

不像道德哲学家一样，试图将这种“永恒的利己本质”当作是道德的基础，而只是陈述客观的事实。在他看来，社会的道德发展应该以尊重人性的客观事实为基础，而不是一味地强调社会道德的发展，忽视了人的自然本能的健康发展。这与弗洛伊德所处的时代背景有关。当时西方社会中盛行的仍然是禁欲主义的道德价值观，他试图揭示这种异化的价值观对人精神上的摧残。无论如何，弗洛伊德有关“疾病本体”的论述仍是个体性的，他未能提出任何真正意义上的群体性疾病（如传染病）的本体理念，也未能立足于社会群体论述相关的公共健康理论。因而他所说的“社会共同体”倾向于指“社会精神共同体”，而非以维护个体的健康（身心的）为目的的国家治理意义上的“健康共同体”。

那么，如何定义公共卫生领域的“疾病本体”？临床实践立足于“医患关系”建构伦理规范，但在公共卫生领域，疾病传染中既找不到核心的伦理关系，也很难区分传染中的主、客体，无法根据一般的人伦秩序制定行为法则。某些疾病的传染拥有特殊的关系路径，如艾滋病中的母婴传染、性传染等；某些传染则难以确定主体间的关系，甚至包含了“无关系”的关系特征。当然，仍然可以根据人与自然、社会的关系来理解传染病中的伦理秩序，但它解释的是疾病的公共性，而非传染的公共性。目前生物医学的传染病解释中的传染源、传染路径和易感人群等不构成直接的因果关系。从某些传染的路径来看，它既不需要任何实存的伦理关系，也不尊重任何责任主体的意愿。并且，其他分享都可能互利，疾病分享却是互害并恶性循环的。如彼得·辛格（Peter Singer）与 Michael Plant 联名评论：“严苛的禁足措施有可能比新冠病毒本身带来的危害更大。尽管肺炎会夺去很多生命，然而，禁足措施也会造成大量人群失业。”[①]各种社会问题接踵而至，人际间的不信任加重，直至群际和国际交往产生严重障碍。总之，无法基于现实主体间的关系来理解传染病，但传染病确实破坏了主体间的伦理关系。巫医时代人们通过宗教神话重构疾病中的伦理关系，以人-神关系化解人际、族际的不信任。巫医疗法不包含任何科学知识，身处其中的人只需要依靠它建构内在的意义世界即可，不需要探究真假。它通过人-神关系重构人-病关系，本质上体现为一种疾病的“关系本体”。它在不同的关系中建构同一性并获得广泛认同。现代生物医学治疗以恢复肉体生命的正常形态为目的，却难以恢复疾

---

① Singer P. &Plant M. *"when will the pandemic cure be worse the disease?"* Http://www.project-syndicate.org/commentary/when-will-lock downs-be-worse-than-covid19-by-Peter-Singer-and-Michael-Plant-2020-04.

病中被破坏的主体的意义世界及主体间的伦理关系。

自生物医学时代以来，传染病的“生物本体”被确定为细菌、病毒等，找到传染源、切断传播途径和控制易感人群成为主要防控手段。但是，传染病不止是一个确定性的疾病，更是包含了不确定性的“传染”。正是“传染”导致人与自然、社会的伦理关系发生本质改变，造成社会伦理秩序在一定时间内遭到严重破坏。因而除了利用生物医学手段找到传染源，或利用免疫科学及时地发明相关疫苗等，还需要立足于“传染”来解释传染病的“伦理本体”。在当前的传染病管控措施当中，生物医学手段仍然被视为主要的控制手段。然而，尽管社会整体性的强制隔离在一定时间内发挥了作用，但从长远来看，它在切断“传染”的同时也切断了所有的人际交往，造成人类在一定时期内的集体交往障碍，其产生的社会负面效应是严重的。传染病的明显特点是群体性，它在本质上应该被定义为一种特殊的“群体性疾病”，必须立足于群体来进行控制。当前国内外研究集中在个体健康权利与公共善展开讨论。作为实践伦理范畴，该领域的研究尚存在着极大的论证困难。此种状态也影响到传染病管理中的立法。当前，重大传染病应急管理中的预警机制、个人疾病信息管理、强制隔离与治疗的实施、疫苗的分配与使用等都存在着难以协调的权利冲突。鉴于传染病的严重破坏性，它的防控在一定时期内不得不被上升为国家政治问题，甚至是世界政治问题。在国家的各种管控措施中，政治稳定是其主要目标，必要情况下不得不以牺牲个体的健康权利来维持国家的整体稳定。这使得群体性的疾病防治与社会政治、道德联系在一起，但这种联系不是建构性的，而是实然存在的。然而，传染病防控不能只从个体权利出发来衡量国家的政治伦理，自由主义在本质上夸大了个体保护与国家政治的冲突。实际上，国家在任何情况下都须以保护公民的基本生存权利为核心任务，正确地处理不同主体间的生命权利冲突。但相对于以“物”为形式的其他生存权利来说，公民的生命权和健康权有着非常的特殊性。换句话说，不能只将传染病防控当作政治事件处理，更应该从医学的本然规律出发制定措施，这样才能建构起具有实践功能的“健康共同体”。

社群主义与自由主义的争论焦点在于应该如何协调个体健康权利与公共健康利益的关系。社群主义认为任何时候都应该以保护群体利益为目标制定管理决策，因为失去了群体利益这个前提，个体权利就失去了保障基础[①]。相反，自由主义认为个人权利具有绝对的优先性，在任何情况下都不

① 俞可平：《社群主义》(第2版)，北京：中国社会科学出版社，2005年版，第102页。

能以所谓的共同善之名来干预个人权利，任何公共政策措施都应该平等地保护这种权利①。这是传染病防控实践中的主要伦理分歧，它仍然以人-病分离的思维模式思考疾病控制中的伦理。但实际上，因为传染病是群体性疾病，应该控制的不止是病，还有传染中人的行为方式，因而须立足于人的行为方式来寻找传染病的“伦理本体”。生物医学模式中的“传染源”被视为疾病的“生物本体”，通常在传染源与易感人群之间建立起因果关系，其管理的首要任务是祛除疾病产生的传染源。这种因果论的疾病解释模式在逻辑上非常简单，它通常在疾病与某些因素之间建立起因果关系，并认为只要找到了这些因素，就可以解除因它而产生的疾病结果。但实际上，无论是从流行病学角度展开的传染源调查，还是从身体控制出发尝试的疫苗开发和利用，本质上都忽略了传染病的另一个本体——传染。

传染病是以人与动物、人与人之间的接触为传播途径的，在一定时间内，正是“传染”在不同的主体间建立起特殊关系。因这种关系而产生的秩序并非正常伦理秩序，而是一种因“传染”而产生的特殊伦理秩序。简单地说，因“传染”而产生的关系并非一种主体性、目的性的关系，而是一种非主体性的、无关系的关系。因为疾病在传染中不会考虑主体的意愿而分享，它的公共性是客观存在的，但它体现为无主体性的公共性。另外，因“传染”而产生的关系秩序与正常的人伦秩序存在相反的发生规律。根据社会学家费孝通对中国传统社会“差序格局”的描述，大致上可以将伦理关系分为“熟人关系”和“陌生人关系”，两者拥有不同的客观同一性基础。熟人关系产生于主体所拥有的共性，如共同的地域、血缘、单位或职业，除此之外的都可以被认为是陌生人关系。人在“熟人关系”中因主体的客观同一性而产生凝聚力。但在传染病爆发期间，人在“熟人关系”中因主体的客观同一性而产生更多的“传染”与生命危害。从这个意义上来说，传染病的伦理本体研究无法立足于一般的人伦关系展开，须立足于“传染”来理解疾病中的伦理关系。

关于传染病与伦理的关系，目前存在两种解释路径：一种是从传染病产生的生物因素出发来解释，疾病无论是自然疫源性的，还是人际传播导致的，都被认为与伦理毫无关系。这一理论只立足于疾病的“自然同一性”来解释传染，是“人-病”分离的思维模式。它仍然立足于“病”来展开传染病的本体解释，寻找传染源和开发疫苗等成为主要控制手段。另一种解释承认传染病与社会伦理的关系，多见于疾病文化史的撰写当中。近现代一些著

① 李红文：《个人权利与共同善：公共卫生政策中的伦理冲突及其解决》，《医学与哲学》2016年第9A期。

名的文学作品如《鼠疫》、《霍乱时期的爱情》和《传染病屋》等，以文学书写的形式记录了作者对人性、政治和社会道德的反思。但这种反思只是在疾病与人性、社会之间建构起联系，其对社会制度的批判是纯粹社会学的，未能通过医学手段科学地透视疾病的本质。因而它也未能触及疾病因传染而产生的公共性，更不能说清楚如何立足于传染的“伦理同一性”来获得社会认同，并以此实现公民在传染病防控中的群体主体性。传染病的“伦理本体”必然既要立足于“病”又要立足于“人”来建构。基于“病”而产生的认同源自传染病的“自然同一性”，它以生物学理论解释传染病；基于“人”来谈的认同源自传染病的“伦理同一性”，它应该以产生传染的行为科学来解释传染病。目前，关于传染病产生的客观同一性仍然存在分歧，相应地产生传染病本体认知的分化。无疑，当前的医学控制过分地关注传染病的“生物本体”，忽视其“伦理本体”。

现代医学需要立足于产生“传染”的行为同一性来解释它的“伦理本体”。事实上，如果没有人际或群际交往，就不会产生传染病。使得病原体发生传染的恰恰是人的行为。“传染”的发生是因为人的某些共同的特殊行为方式，故须立足于相关的行为及其发生的规律来研究传染的公共性。然而，疾病因传染产生的公共性非个体因一些共性——共同需求、义务、利益等产生的，因而它并不建立在个体内在或外在的共性基础之上，而是因传染病的天然分享性产生的。这意味着，疾病尤其是传染病导致的公共性是特殊的，必须从这一特殊性出发来理解“疾病本体”与“健康共同体”之间的关系。一般的公共性是共同体存在的前提条件，各种共同体形式正是因为人本身的血缘、地缘、业缘或趣缘等关系凝结而成的。可以说，人因某些共性而产生的关系成为人存在的“关系本体”，并最终形成共同体。在这些共同体形式中，以个体内在的共性为先决条件，以因这些共性而产生的个体之间的情感共鸣和归属为主要特征，最终指向个体的生存利益保障。因此，要加强共同体的建设，须以提高人存在的共性并达成情感认同为主要路径。但是，因疾病的天然分享性而产生的共性却不能成为“健康共同体”成立的基础。相反，它的建设首先需要瓦解的便是内隐在疾病中的共性与关系，以及因此产生的“传染”。可以说，隐藏在传染背后的真正起因正是人的某些特殊的共同行为方式。正因为如此，需要立足于产生传染的“行为同一性”来构筑公民的“健康共同体”意识。

“疾病本体”最终指向包括身体之“体”在内的“健康共同体”。但是，因为“疾病本体”认知的分化导致当前过分地关注疾病产生的“自然本体”，忽略疾病产生的“伦理本体”。当前，在传染病管理领域，过分地关注传染病产生的生物学意义上的病原体，忽略传染病能够成为一个群体性疾病的关系本体——传染。正因为如此，当前人类社会的“健康共同体”意识在本质上是分裂的，它不仅体现在对个体性疾病的管理上，而且体现在对传染病的控制上。“疾病本体”解释中的科学自然主义已经获得广泛认同，但“疾病本体”解释中的伦理自然主义却未能引起重视。这导致临床实践中人-病关系、医患关系的分离。新型生物医疗技术的应用加重了医患关系的断裂，瓦解了原本依靠熟人关系和情感维系的“医患共同体”，临床治疗中的个人主义伦理盛行，医患冲突加剧。如戴维·J. 罗思曼(David J. Rothman)提出的，“一方面，以技术为中心的诊疗场所(医院)逐步取代以信任为中心的诊疗场所(患者居室)，导致医生与患者愈发疏离；另一方面，器官移植、心肺复苏、缺陷新生儿生命维护等技术的发展引发新的伦理问题，把更多宗教、传媒、司法等外部影响因素引入医学领域。”[①]“主动-被动型”医患关系使得医护人员和患者之间出现信任危机。随着新型社会医学模式的兴起，虽然社会各界开始反思个体心理、生活方式、生物遗传、社会环境等因素对人体健康的重要影响[②]。即便如此，仍无法弥合日益分裂的医患关系。“医患共同体”恰是“健康共同体”的一个部分，但是，它们并非政治、文化意义上的共同体。从它们产生的原始基因来看，它们不是基于医患共同的血缘或地缘关系产生的共同体。“医患共同体”和“健康共同体”应该是基于社会对“疾病本体”的共同认知产生的共同体。当前的主要认知误区体现在对疾病的“伦理本体”的认知上。

疾病的“伦理本体”不仅关乎疾病发生学意义上的本体，还关乎人的本体性生命中的关系与价值。简单地说，“医患共同体”或“健康共同体”的重构需要回到人的生命价值本身。医患关系在本质上不是一种经济关系或交易关系，也不是契约关系。医患关系是基于他们的共同目的——维护患者的生命利益而产生的。西方医学先后经历了“临床医学”、“医院医学”和“实验室医学”三种模式，医家的关注从病人的身心状况转移至躯体、器官，甚至更为细小的细胞、分子、基因等，以“人”为导向的医学宇宙观转向以“物”为导向的宇宙观，病人完全屈服于医家的权威之下[③]。正因为如此，现代医学呼吁尊重患者的自主权利和生命健康利益，这是现代“医患共同体”重构中的核心价值回归。“健康共同体”意识的重构须全人类社会共同反思医疗领

---

① [美]戴维·J. 罗思曼：《病床边的陌生人：法律与生命伦理学塑造医学决策的历史》之“序”，潘驿炜译，北京：中国社会科学出版社，2020年版。

② 刘燕、伍蓉：《从平等与责任谈医患共同体何以可能》，《医学与哲学》2023年第7期。

③ Nicholas Jewson, “*the Disappearance of the Sick Man from Medical Cosmology*, 1770－1870”, Sociology, X(1976), pp. 225－244.

域的科技伦理。医疗技术一方面可以有效地控制人的疾病进程;另一方面也可能导致身内自然的彻底破坏,最终只能以人体的死亡告终。因而必须理性地面对各种医疗技术发明及其可能带来的后果。乔纳斯提出,目前不存在可以处理特定技术发展消极后果的统一伦理框架,伦理考量上只能采取"谨慎"与"限制"等。基因生殖意味着人类有目的地干预甚至"制造"进化,但"我们不得不考虑人的肉体与其他自然物的异质性,它不是中性价值的物质,是有灵魂的,具有一种内在价值,是与精神属于同一整体的基础"①。人的身体(或肉体)相对于其他自然物的异质性就在于它必须与其内在的精神价值统一起来,自由、审美、善与本真、责任等。当前生命科学领域出现的各种新型医疗技术,如安乐死、辅助生殖、克隆和器官移植等,都在挑战着人类对待生命本身应有的理性,人们所能接受的伦理限度是多少?

在应对传染病方面,生物医学认为由病毒、衣原体、支原体、细菌等引起的疾病叫感染性疾病,此类疾病中具有传染性并可导致不同程度流行的叫传染病。病原体被视为传染病发生的生物学本体,是感染性疾病产生的必备条件,但是否致病并导致传染还取决于人体的免疫力,只有在病原体数量巨大、毒力强、人体免疫力低下时才会致病②。生物医学手段被认为是传染病控制的主流力量,甚至出现以基因技术编辑遗传密码以完善人的免疫系统的做法,它本质上反映了人类在疾病控制方面的彻底自然主义进路。实际上,人类并未因为某些疫苗的使用而获得终生免疫力。面对全球性的重大传染病,任何一个国家所使用的政治和生物医学手段都显得弱小。事实证明,全世界人民必须超越疾病控制的纯粹自然主义,重新反思疾病本体并达成广泛认同。人类除了在接受传染病的自然不可抗力之外,必须积极反思导致"传染"的可控行为方式。因"传染"是人类某些共同行为的结果,故须遵循行为——关系——规范的路径解释传染的伦理本体,它的建构以"行为的同一性"为基础。导致传染的行为与人的居住环境、生活方式、人际接触、自然生态等有关。例如,城市化使得现代人的居住呈现出密集状态,一方面为人类节约了社会运行的公共资源;另一方面为疾病的传染提供了方便,导致巨大的公共健康危害。传染不跟实然的伦理关系有关,而跟主体间的亲密关系有关,例如艾滋病,母婴传染、性传染和血液传染等都源自主体间的亲密关系,它们因亲密关系而成为"一体"并产生传染。母婴是绝对的

① 转引自刘芳、易显飞:《"设计婴儿"中基因编辑技术的伦理风险及消解》,《自然辨证法研究》2017 年第 7 期。

② 翁心华、张婴元主编:《传染病学》,上海:复旦大学出版社,2009 年版,第 1－10 页。

“一体”,性接触、血液接触在没有采取安全措施的情况下达成相对的“一体”。由此可见,传染跟亲密关系导致的亲密距离有关,但亲密关系不能成为“健康共同体”的构建基础。相反,它必须以消除人际之间过分的亲密距离为基础。

人类须积极地反思行为的“疾病本体”意义,它们有其产生的时代与伦理文化背景,内蕴了人类基于生存需要的共同价值追求,反映了人性深层次的“本能无意识”。人的共性正反映共同体存在的合理性,共同体内部的凝聚力以促进成员间的共性来实现。然而,某种行为的共性成为疾病发生的天然条件,解构它成为阻止疾病发生的有利方式。建构“健康共同体”需要在这方面达成共识。弗洛伊德在考察宗教道德的起源时提出,图腾、禁忌的作用是作为道德规范限制人们的行为,不让他们去做某事并在共同体中达成共识。其中“乱伦”行为被认为是罪恶的,因而原始民族残酷地防范着它,整个社会的结构和制度都以此为基础设立。但在原始人的意识当中,“乱伦”又是很难控制的本能倾向。因而弗氏推断,“一件被强烈禁止的事情,必定也是一件人人想做的事情”①。这是植根于人性的“本能无意识”,他将其当作是社会制度产生的人性基础。无疑,传染病也隐藏了某种人性的“本能无意识”,如人对亲密关系的本能需要。但社会是无法设立制度去禁止亲密行为的,也就没有办法阻止因它而产生的疾病。而这恰恰应该是现代社会“健康共同体意识”形成中的关键点。现代行为医学尽管已经为人类指点了某些“疾病本体”上的迷津,但未能达成普遍认同。而弗洛伊德恰恰试图从人异常行为的共性中解释“精神病本体”,他所使用的精神分析法于发展现代医学来说仍具有十分重要的学术价值。

三、医学研究的特殊性

弗洛伊德在建构精神分析理论时,试图综合生物学、生理学、心理学和伦理学的知识,他看到了医学作为一门应用学科的综合性与交叉性。然而,即使承认医学研究与现代科学、哲学和心理学、伦理学都存在本体的交叉,但这不意味着,医学可以和以上学科完全等同。医学研究应该拥有更具体的任务。从某种程度上来讲,每一种学科都可以被认为是一种不同视角的人学研究。现代医学的不同在于:它不研究人的整体,也不研究人正常的生理、心理状态,而将人分成不同的部分研究它的异常状态或行为。这意味医

---

① 〔奥地利〕西格蒙德・弗洛伊德:《图腾与禁忌》,文良文化译,北京:中央编译出版社,2015年版,第112页。

学研究与其他研究存在相反的逻辑。其他研究倾向于从特殊的个案中归纳出一般的规律和方法,医学研究只能立足于个案演绎疾病发生的可能原因和发展历史。例如头痛,是无法从一群人的头痛中去归纳它发生的一般规律的,也无法将其普遍化为某一种类型的疾病。从某种程度上来说,医生只能根据个体的生活史和疾病史等进行追溯,从个体特殊的生命历程中去寻找头痛可能产生的原因。当然,医学研究的复杂如人本身的复杂一样,目前的科学手段是无法解释全部的。即使现代的解剖学、分子生物学、免疫学等在解释人体疾病方面已经大大地进步了,但它们的解释力仍十分有限。事实上,在复杂难懂的人体构造中,现代医学能解释的仍只是"冰山一角"。从弗洛伊德本人早期的研究经验来看,他最开始是研究脑神经科学的,直到他亲眼看见了当时著名的脑神经学家让-马丁·沙可和希博莱特·伯恩海姆的演示,他才知道某些看似神经性的疾病与大脑的病变无关,而跟人的心灵有关。他因此转向"无意识"的研究。例如"手套样麻痹症"在神经学上是完全无法解释的,因为患者的神经并没有受到任何损害,只能从他的心理上来解释,即他的想法使得他的手出现失调。同样的状况可出现在"癔症瘫痪和失明"等状态中,患者并没有出现任何机体上的受损,仅仅是他们的想法使得机体功能紊乱。当然,我们无法使用一百多年前的医学水平对一种或某种疾病的解释来说明问题,但人体及其机能的复杂性是客观存在的,任何时候都不能盲目地自信人类已经掌握了很多知识。在目前人类所能攻克的一些疾病类型中,某些疾病确实也存在着一般的发生规律,但大部分疾病只能根据个体生命的特殊性进行个体化的处理。在这个过程中,任何科学的或哲学的手段都能够起到不同的作用。

首先,医学可以利用自然科学的方法研究人体的物质结构,却无法使用同样的方法研究人体的功能。或者说,人体的功能是时空性、历史性的,仅仅使用物质的手段分析人体是不够的。现代功能主义疾病观就认为,人体的功能是不停发展变化的,这一点也取决于人与外在自然的关系。例如,某些人体本来就有的免疫力可能在人与自然分离的过程中逐渐退化,人体因丧失这一免疫力而发病,这样的疾病被称为"失配性疾病"。达尔文主义作为一种进化论思想就曾经引发激烈争论,即生物学到底应该是科学的还是哲学的?从学科的基础来说,现代生物医学是以生物学为基础的,细菌学、遗传学和免疫学等占据主导地位。生物学中的"还原主义"与"反还原主义"之争的根本在于生物学到底有没有自己独立的地位?生物界与非生物界的异质性决定了生物学在本体论、认识论和方法论上至少与物理学存在差别。这些争论自然也影响到生物医学的定位,它应该如何定位?因为生物与非生物相比较存在差别，人体相对于其他生物来说又拥有特殊性，这意味着，以人体为本体的生物医学必然不能完全照搬生物学理论，而应该凸显出人相对于其他生物来说的特殊性。相应地，任何应用到其他生物的研究方法直接应用到人体上，都是值得怀疑的。但这在现代医学研究中是一个难以解决的问题，在各种医学实验当中，仍然是以动物的躯体作为研究对象的，然后再将研究结果尝试性地应用到人体上。人体作为疾病的承载体，它同时也是人生命的承载体，这决定了人体实验是无法以人的活体为对象的。因为这一点，生物学的研究方法必须慎用到人体上。

另外，医学研究的不是人体发展的一般规律，而是人体疾病发展的一般规律，这意味着，需要对人体的疾病做出分析。例如，立足于人体到底应该如何界定疾病？它是人体部分组织结构和功能的病变，还是人体整体和功能的病变在身体的某一个部位的反应？前者可以将人体的疾病看作是实体的存在，它就如人体中的一个不相容的“异物”；后者实质上只将疾病看作是人体整体发生变化的一个特殊形态。医学与现代自然科学的交叉仍是十分狭小的，每一种自然科学只能为医学提供借鉴，无法完全成为医学发展的本体。因而医学必须拥有自己独立的本体。

其次，医学可以借用哲学方法来研究人精神结构中的概念和逻辑（语言的），它可以分析人内部的意义世界。哲学是不研究人体的物质结构的，但医学一定需要研究人体的组织结构与功能形态。传统的形而上学哲学只从概念和逻辑上分析人的精神结构，近现代哲学却与各种其他的学科交织在一起，以反思其他学科的本质问题。医学哲学就是反思医学发展中的本质问题的。医学研究人体的疾病，它与人性（人格）发展有关，但医学不分析一般的人性（理性的、情感的或欲望的），而是分析人性中病态的部分对人体（生命状态）可能造成的影响，或可能发展为疾病的东西。换句话说，前者是一般的人性研究，后者是特殊的人性研究，并需要将其与疾病联系起来思考。总之，医学更应该分析人体和人性发展中的偶然性和特殊性，它是人在发展过程中出现的特殊状态。哲学研究虽承认有偶然性的存在，却不研究偶然性，本质上以研究“一”或“一与多”的关系为目标。

当然，以上分析容易陷入肤浅，我们无法详细地追溯哲学的发展历史来比较医学与哲学的本体差别。无论如何，哲学研究人的意识来源、意识与物质的关系等。无论哲学研究的重心是从本体论到认识论再到语言学的转变，它研究的基础问题仍是“物质与意识的关系”问题。或以人为中心，人的“外在自然”与“内在自然”的关系问题。医学如何在哲学的基础上确定“疾病”的本体？更确切一点说，疾病的本体是物质意义上的（被自然科学化、实体化），还是概念意义上的（被形而上学化、抽象化），一直未能够区分清楚。至少，在现有的医学典籍中缺乏一个相对完整和具有较强解释力的“疾病”或“健康”概念，两者更多的体现为相互解释。在医学越来越被自然科学化、实体化的情况下，哲学在医学研究中已经失去了它的主导地位。医学更多地被定义为自然科学，其他自然科学对医学发展相对于哲学来说拥有更强的话语权，哲学本身的发展在近现代也出现了科学化的趋势。王宏维早在三十几年前提出：

> 自然科学的形成发展产生了直接巨大的社会效益，……使得近代哲学必然以科学、而不是以生活和其他社会方面为其主题。……近代以认识论为中心的哲学既企图使自己成为一门“严格的科学”，又企图成为寻求“基础”的“科学的科学”，这两个企图明显存在矛盾，科学与哲学的关系也因此变得晦暗不明。①

无疑，科学与哲学的发展越来越呈现出交叉状态。在此背景下，医学作为一门学科的定位就显得十分模糊，它看似既非哲学的，也非科学的；或者说，它看似既是哲学的，也是科学的。无论如何，医学研究的对象必须是人体的疾病，否则，医学就没有存在的价值。即使现代医学将“保持健康”和“预防疾病”当作是更根本的生命保护任务，并发展出“保健医学”或“预防医学”这样的学科方向。但无论如何，从辩证的角度来讲，没有疾病就无所谓健康。临床医学是因为疾病的出现才出现的，它的根本任务就是治疗疾病以维持生命的健康状态。因此，无论疾病是作为实体存在，还是作为一种概念（被形而上学化了）存在，都必须对疾病本身做出最本质的解释。这便是疾病的本体问题。据考察，中国传统医学早在两千多年前就存在与西方医学一致的疾病观念：

> 本体论方法在中国跟欧洲一样，倾向于忽视个性病人，因为它注意消灭疾病或消灭致病物，而不是注重恢复某一作用或作用系统。因此，中国的本体论方法把病已经概念成为疾病，寻找它们的特殊原因，发展标准治疗程序，而不考虑个性病人，事实是中国迅速地采用了细菌学，并有大批信徒，除了其实质的影响，另一事实是，介绍细菌学概念的前

---

① 王宏维：《关于认识论转向演变及前景的“元”思考》，《江汉论坛》1990 年第 2 期。

提条件在中国两千年前就已具备了。[①]

无可否认，这种脱离个体的人来研究疾病的做法在中国传统医学和现代生物医学中都十分显著。前者如《黄帝内经》中就将气、血等定义为疾病的本体，并立足于身体的部分（五脏六腑）等寻找疾病的病因，形成气虚、血虚，肝虚火旺、肾亏等疾病症状描述。后者更是将人-病完全分离，疾病拥有它独立存在的实体，医学的根本任务就是找到相应的办法消灭或控制它。生物医学在临床上已经将人体的各个部分独立进行研究和治疗，试图形成肝病治肝，肾病治肾的一般原理。无疑，中西医都在寻找疾病形成的一般原理，这被上文中的作者批判为"本体论方法"。但实际上，这种一般的概念化方法并不排除对患者的个体性研究和治疗，它只是试图解释疾病的本体。无疑，在现代医学各种疾病的分类中，仍然可以发现不同疾病产生的一般原理。例如，弗洛伊德早期感兴趣的神经性疾病，人的神经系统的功能性紊乱确实可以产生一系列的疾病，它有其产生的一般化原理。但不排除某些种类的疾病及症状是目前的一般原理所无法解释的，例如癔症性失聪或失明。尽管当时的神经科学家们和弗洛伊德坚定地认为它们可能产生于人内部的某种"心理想法"，但这仍然只是推测，也许某一天就能通过科学实验发现隐藏在这种疾病背后的真相。无论如何，医学研究的是个体性的病人，它意图解释的是具体的病人的具体病症。哲学研究的是疾病的本质，它意图解释疾病的概念和疾病产生的一般原理或机制。医学研究如果缺乏哲学的指导，那它就成为一种零散的、被分裂的部分研究。无疑，现代社会推崇的是"大医学观""大健康观"等，医学在某种程度上成了无所不包的"人学"。生物医学模式的转变、人-病关系的统一等无不体现了医学哲学化的趋势。但是，越来越哲学化了的医学观使得疾病的本体变得抽象，"大医学观"中强调的整体、系统、人性化等使得"病"被人化了，这同样不利于医学的发展。

最后，医学还可以借助于心理学的方法研究人体和人性发展的即时状态（某一个时间点或时期的）。但心理学是完全的感觉-刺激的研究模式，它的侧重点在于人体对于外在刺激所做的反应。现代心理学不仅可以通过一定的方法测量出心理的即时状态，还可以测量出人性内部稳定的人格状态。但是，医学要研究心理反应对人体造成的不良影响，或者说，研究心理的不良状态与疾病的关系。当然，这里无法详细地讨论心理学的科学性及其发

---

① 慕尼黑大学医学史研究所：《关于传统中国医学的某些历史及认识论的回顾》，刘公望等译，《天津中医学院学报》1988年第2期。

展历程，例如心理学与生理学（脑科学和神经科学等）的密不可分的关系以及如何规避还原主义的矛盾。我们的目的只在于说明医学研究必然少不了心理学的内容和方法。但医学本质上不研究一般的心理现象及其发展规律，而研究不良心理与疾病的关系。当前医学已经将很多的慢性病定义为“心身疾病”，如糖尿病、高血压和各种心理疾病、精神病等，不仅将不良心理与心理疾病、精神病联系起来，而且将它与某些身体上的器质性病变联系起来。

但是，心身疾病的本体是什么？如果仅仅将不良情绪、情志等当做心身疾病的本体，那动物也是有不良情绪和心理的，如何说明人与动物之间的差别？这个问题将心理的本体与伦理联系起来，可以说，心理的本体既是生理的，又是伦理的。心理疾病的产生不仅拥有它的生理基础，更是伦理价值的冲突在人体内部的反应。现代心理学从两个主要方面来定义“心理健康”：无异常行为和良好的适应（外部环境）性。这两者都涉及个体与他人的关系，它往往与个体的道德价值选择有关，体现出强烈的伦理主义特征。因而在医学研究中，不只是将情绪、情志等当作疾病研究的心理本体，更将个体的道德人格当作是疾病研究的心理本体。无论如何，医学只研究不良心理（情绪的或人格的）与疾病的关系，因而它归根到底是一种心理的疾病本体。总之，心理的本体与心理的疾病本体存在一致，但不能等同，医学研究应该集中在心理的疾病本体。

综合以上，医学尽管体现出与自然科学、哲学、心理学和伦理学的交叉，但将医学过分科学化或哲学化的趋势都不可取。这只会导致疾病认知的过分科学化或哲学化，本质上掩盖了医学作为一门学科发展本有的特殊性。尽管如此，医学研究的对象是人体（或身体），而人体作为人物质和精神两方面的共同承载物，分别属于“大自然”（大宇宙或外在自然）和“小自然”（小宇宙或内在自然）的部分或全部。从这个意义上来说，人体恰恰是联结物质世界和意识世界的一个“中间体”。无论是科学的研究视角，还是哲学的研究视角，或者科学与哲学结合起来的共同研究视角，实际上都为医学的发展提供了更广阔的认识论和方法论。

参考文献

一、中文著作

陈鼓应:《庄子今注今译》,中华书局 1983 年版。

[美]成中英:《本体诠释学》(一),中国人民大学出版社 2017 年版。

冯友兰:《庄子》,外语教学研究出版社 2012 年版。

郭庆藩:《庄子集释(卷三)》,中国书店 1988 年版。

韩林合:《维特根斯坦〈哲学研究〉解读(下册)》,商务印书馆 2010 年版。

高宣扬:《弗洛伊德及其思想》,上海交通大学出版社 2019 年版。

黄锦鋐:《新译庄子读本》,三民书局 1974 年版。

李宁先:《中西医学认识论》,中国科技医药出版社 2014 年版。

刘放桐等:《新编现代西方哲学》,人民出版社 2000 年版。

麻天祥:《中国禅宗思想发展史》(前言),武汉大学出版社 2007 年版。

钱穆:《庄子纂笺》,生活・读书・新知三联书店 2010 年版。

释德清:《庄子内注篇》,华东师范大学出版社 2009 年版。

翁心华、张婴元主编,《传染病学》,复旦大学出版社 2009 年版。

许又新:《精神病理学》(第 2 版),北京大学医学出版社 2010 年版。

俞可平:《社群主义》(第 2 版),中国社会科学出版社 2005 年版。

张世英:《哲学导论》,北京大学出版社 2010 年版。

钟友彬:《中国心理分析——认识领悟心理疗法》,辽宁人民出版社 1988 年版。

朱文熊:《庄子新义》,华东师范大学出版社 2011 年版。

二、译著

[德]A. 施密特:《马克思的自然概念》,欧力同、吴仲昉译,商务印书馆 1988 年版。

[苏]B・R・雷宾:《精神分析和新弗洛伊德主义》,社会科学文献出版社 1988 年版。

[瑞士]C G. 荣格:《分析心理学的理论与实践》,成穷、王作虹译,生活 · 读书 · 新知三联书店 1991 年版。

[美]戴维 · J. 罗思曼,《病床边的陌生人:法律与生命伦理学塑造医学决策的历史》,潘驿炜译. 中国社会科学出版社 2020 年版。

[英]肯尼思 · F. 基普尔主编,《剑桥世界人类疾病史》,张大庆主译. 上海科技教育出版社 2007 年版。

[美]E · 弗洛姆、马尔库塞、列斐伏尔、阿尔都塞、卢卡奇:《西方学者论〈一八四四年经济学—哲学手稿〉》,复旦大学哲学系现代西方哲学研究室编译,复旦大学出版社 1983 年版。

[美]F. D. 沃林斯基:《健康社会学》,孙牧虹等译,社会科学文献出版社 1999 年版。

[英]W. C. 丹皮尔:《科学史及其与哲学、宗教的关系》,李衍译,广西师范大学出版社 2001 年版。

[德]马克思、恩格斯:《马克思恩格斯全集》,第 42 卷,人民出版社 1979 年版。

[德]马克思、恩格斯:《马克思恩格斯选集》,第 2 版,第三卷,人民出版社 1995 年版。

[美]爱德华 · 肖特:《精神病学史:从收容院到百忧解》,韩建平等译,上海科技教育出版社 2007 年版。

[美]阿伦 · 瓦茨:《禅之道:无目的的生活之道》,蒋海怒译,湖南美术出版社 2018 年版。

[美]埃希里 · 弗洛姆等:《禅宗与精神分析》,王雷泉、冯川等译,贵州人民出版社 1998 年版。

[美]埃希里 · 弗洛姆:《健全的社会》,孙恺祥译,人民文学出版社 2018 年版。

[美]埃希里 · 弗洛姆:《人之心——爱欲的破坏性倾向》,辽宁大学出版社 1988 年版。

[美]埃希里 · 弗洛姆:《弗洛姆文集》,冯川等译,改革出版社 1997 年版。

[美]埃希里 · 弗洛姆:《健全的社会》,蒋重跃等译,国际文化出版公司 2003 年版。

[美]埃希里 · 弗洛姆:《在幻想锁链的彼岸》,张燕译,湖南人民出版社 1986 年版。

[古罗马]圣 · 奥古斯丁:《论自由意志》,成官泯译,上海世纪出版集团 2010 年版。

[英]奥兹本:《弗洛伊德和马克思》,董秋思译,中国人民大学出版社 2004 年版。

[法]保罗・利科:《弗洛伊德与哲学:论解释》,汪堂家、李之喆、姚满林译,浙江大学出版社 2017 年版。

[英]大卫・休谟:《人性论》,关文运译,商务印书馆 1983 年版。

[法]弗朗索瓦・多斯:《从结构到解构:法国 20 世纪思想主潮》(上卷),季广茂译,中央编译出版社 2005 年版。

[德]马丁・海德格尔:《阿那克西曼德之箴言》,《海德格尔选集(上)》,上海三联书店 1996 年版。

[德]海德格尔:《存在与时间》,陈嘉映译. 生活・读书・新知三联书店 2014 年版。

[法]米歇尔・福柯:《临床医学的诞生》,刘北成,译. 译林出版社 2001 年版。

[美]乔治娅・沃恩克:《伽达默尔——诠释学、传统和理性》,洪汉鼎译. 商务印书馆 2009 年版。

[德]汉斯-格奥尔格・伽达默尔:《诠释学Ⅰ:真理与方法》之“译者序言”,洪汉鼎译,商务印书馆 2007 年版。

[英]托马斯・亨利・赫胥黎:《进化论与伦理学》,宋启林等译,黄芳一校,北京大学出版社 2010 年版。

[德]黑格尔:《精神现象学》(下卷),贺麟等译,商务印书馆 1979 年版。

[德]卡尔・雅斯贝尔斯:《历史的起源和目标》之“导论”,李夏菲译,漓江出版社 2019 年版。

[美]卡尔文・S. 霍尔:《荣格心理学纲要》,张月译,黄河文艺出版社 1987 年版。

[德]费尔巴哈:《费尔巴哈哲学著作选集》,商务印书馆 1984 年版。

[德]费尔巴哈:《未来哲学原理》,洪谦译,生活・读书・新知三联书店 1955 年版。

[法]米歇尔・福柯:《临床医学的诞生》,刘北成译,译林出版社 2011 年版。

[美]莫瑞・斯坦:《荣格心灵地图》,朱侃如译,台湾:立绪文化事业有限公司 1989 年版。

[法]纳塔莉・沙鸥:《欲望伦理:拉康思想引论》,郑天喆等译,漓江出版社 2013 年版。

[美]乔治娅・沃恩克:《伽达默尔——诠释学、传统和理性》,洪汉鼎译,商务印书馆 2009 年版。

[德]汉斯・萨尼尔:《雅斯贝尔斯》,张继武、倪梁康译,生活・读书・新知三

联书店 1988 年版。
[德]亚瑟・叔本华:《作为意志和表象的世界》,石冲白译,商务印书馆 1995 年版。
[美]斯蒂芬・A. 米切尔、玛格丽特・J. 布莱尔:《弗洛伊德及其后继者——现代精神分析思想史》,陈祉妍、黄峥、沈东郁等译,商务印书馆 2007 年版。
[奥地利]西格蒙・弗洛伊德:《弗洛伊德说梦境与意识》,高适编译,华中科技大学出版社 2012 年版。
[奥地利]西格蒙德・弗洛伊德:《达・芬奇的童年记忆》,李雪涛译,社会科学文献出版社 2017 年版。
[奥地利]西格蒙德・弗洛伊德:《弗洛伊德文集 4》之《精神分析导论》,车文博主编,长春出版社 2004 年版。
[奥地利]西格蒙德・弗洛伊德:《弗洛伊德文集 2》,王嘉陵等编译,东方出版社 1997 年版。
[奥地利]西格蒙德・弗洛伊德:《释梦》,孙名之译,商务印书馆 2002 年版。
[奥地利]西格蒙德・弗洛伊德:《图腾与禁忌》,文良文化译,中央编译出版社 2015 年版。
[奥地利]西格蒙德・弗洛伊德:《文明及其缺憾》,傅雅芳、郝冬谨译,安徽文艺出版社 1987 年版。
[奥地利]西格蒙德・弗洛伊德:《性学三论》,徐胤译,浙江文艺出版社 2015 年版。
[奥地利]西格蒙德・弗洛伊德:《自我与本我》,林尘、张唤民、陈伟奇译,上海译文出版社 2011 年版。
[奥地利]西格蒙德・弗洛伊德等著:《心灵简史——探寻人的奥秘与人生的意义》,陈珺主编,高申春等译,线装书局 2003 年版。
[法]雅克・拉康:《拉康选集》,褚孝泉译,上海三联书店 2001 年版。
[古希腊]亚里士多德:《尼各马可伦理学》,廖申白译注,商务印书馆 2009 年版。
[古希腊]亚里士多德:《形而上学》,吴寿彭译,商务印书馆 1997 年版。
[美]约翰・圣弗德:《退化论:基因熵与基因组的奥秘》,繁星、流萤译,山东友谊出版社 2010 年版。
[英]约瑟夫・桑德勒等:《弗洛伊德的〈论自恋:一篇导论〉》,陈小燕译,化学工业出版社 2018 年版。

三、期刊

[美]成中英:《论本体诠释学的四个核心范畴及其超融性》,《齐鲁学刊》2013年第5期。

白新欢:《试论弗洛伊德俄狄浦斯情结理论的哲学意蕴》,《兰州学刊》2008年第6期。

陈月红:《20世纪禅、道在美国的生态化——兼论对现代科学机械自然观的颠覆》,《中山大学学报(社会科学版)》2014年第3期。

陈云志等:《基于本体的疾病知识库设计》,《中国数字医学》2010年第10期。

范红霞、吴阳:《概念溯源:无意识》,《山西大学学报(哲学社会科学版)》2016年第6期。

方红庆:《福特的伦理自然主义及其批判》,《自然辩证法研究》2017年第4期。

方勇:《论无意识与庄子寓言文学》,《杭州师范学院学报》1993年第5期。

方勇:《论庄子对无意识心理现象及其作用的认识》,《河北师院学报(社会科学版)》1995年第3期。

高力克、顾霞:《"文明"概念的流变》,《浙江社会科学》2021年第4期。

顾明栋:《"离形去知,同于大通"的宇宙无意识——禅宗及禅悟的本质新解》,《文史哲》2016年第3期。

郭建平、顾明栋:《禅悟在跨文化语境下的理性解读——从胡适与铃木大拙关于禅宗的争论谈起》,《南京大学学报(哲学·人文科学·社会科学)》2014年第3期。

韩翔、孙翀:《从〈疯癫与文明〉解读西方文明框架下的疯癫》,《内蒙古民族大学学报》,2012年第1期。

黄汉平:《拉康与弗洛伊德主义》,《外国文学研究》2003年第1期。

居飞:《无意识:性欲还是性别?——从弗洛伊德到拉康》,《哲学动态》2016年第4期。

李涤非:《基于进化论的伦理自然主义》,《伦理学研究》2019年第2期。

李红文:《个人权利与共同善:公共卫生政策中的伦理冲突及其解决》,《医学与哲学》2016年第9A期。

李怀涛、徐小莉:《镜像:自我的幻象》,《马克思主义与现实》,2016年第5期。

刘崧:《庄子"坐忘"辨义及其审美指向》,《南昌大学学报》2015年第1期。

刘燕、伍蓉:《从平等与责任谈医患共同体何以可能》,《医学与哲学》2023年第7期。
卢毅:《"无意之罪"何以归责?——哲学与精神分析论域下的"无意识意愿"及其伦理意蕴》,《哲学研究》2020年第1期。
米丹,安维复:《生物哲学何以可能——基于生物哲学三大争论的文献研究》,《科学技术哲学研究》2020年第1期。
慕尼黑大学医学史研究所:《关于传统中国医学的某些历史及认识论的回顾》,刘公望等译,《天津中医学院学报》1988年第2期。
倪梁康:《关于几个西方心理哲学核心概念的含义及其中译问题的思考(一)》,《西北师大学报》2021年第3期。
庞俊来:《道德世界观视野下"精神分析"诠解》,《江海学刊》2019年第1期。
皮朝纲、刘方:《忘——即自的超越》,《西南民族学院学报·哲学社会科学报》1999年第6期。
任丑:《身体伦理的基本问题——健康、疾病和伦理的关系》,《世界哲学》2014年第3期。
任惠玲等:《面向分类统计的传统医学疾病本体构建研究》,《中华医学图书情报杂志》2020年第11期。
荣河江、王亚东:《基于基因本体的相似度计算方法》,《智能计算机与应用》2019年第1期。
汪炜:《卢梭与作为哲学问题的自恋》,《现代哲学》2019年第5期。
王宏维:《关于认识论转向演变及前景的"元"思考》,《江汉论坛》1990年第2期。
王巧玲、孔令宏:《道法自然　道生自然　道即自然——〈道德经〉生态社会伦理研究》,《兰州学刊》2015年第8期。
吴根友、黄燕强:《〈庄子〉"坐忘"非"端坐而忘"》,《哲学研究》2017年第6期。
肖巍:《精神疾病的概念:托马斯·萨斯的观点及其争论》,《清华大学学报(哲学社会科学版)》2018年第3期。
徐献军:《雅斯贝尔斯对弗洛伊德精神分析的批判》,《浙江学刊》2019年第4期。
杨春媛、李满生、朱云平:《生物医学本体领域的构建、评估和应用》,《中国科学》2013年第3期。
叶树勋:《道家"自然"概念的意义及对当代生态文明的启示》,《长白学刊》2011年第6期。
殷筱、苏真子:《心在什么意义上同一于身——当代西方心灵哲学中心身同一论的演进》,《福建论坛·人文社会科学版》2014 年第 2 期。

张江:《“理”“性”辨》,《中国社会科学》2018 年第 9 期。

张日昇、陈香:《“情结”及其泛化》,《齐鲁学刊》2000 年第 4 期。

张晓虎、夏军:《对疾病概念的建构论分析》,《医学与哲学(人文社会医学版)》2010 年第 31 卷第 10 期。

张一兵:《从自恋到畸镜之恋——拉康镜像理论解读》,《天津社会科学》2004 年第 6 期。

张应杭:《“敬畏自然”究竟何所指谓?——基于道家哲学的一种解读》,《自然辩证法研究》2013 年第 6 期。

张玉龙、陈晓阳:《疾病的伦理判读及其意义》,《道德与文明》2010 年第 3 期。

张玉龙、王景艳:《疾病的本质:本体多样性的呈现》,《医学与哲学》2013 年第 34 卷第 2A 期。

赵洁、司莉:《国内外生物医学领域本体研究与实践进展》,《数字图书馆论坛》2020 年第 8 期。

赵书霞、刘立国:《荣格的情结理论及其对情结概念使用的修正》,《河北理工大学学报》2009 年第 1 期。

四、英文文献

Ahmed Fayek. *The Centrality of the System UCS in the Theory of Psychoanalysis: The Nonrepressed Unconscious, Psychoanalytic Psychology*. 2005, Vol. 22, No. 4, pp. 524 - 543.

Alasdair C. Macintyre. *The Unconcious: A Conceptual Analyse*. Routledge. New York and London, 1958.

Bracken P, Thomas P. *Postpsychiatry* [M]. Oxford: Oxford University Press, 2005, pp. 2 - 3.

D. T. Suzuki, "*Zen: A Reply to Hu Shi,*" *Philosophy East and West*, Vol. 3, No. 1, 1953, pp. 25 - 26.

D. T. Suzuki. *Living by Zen*, London: Rider Books, 1986, p. 20.

Double D B. *Critical Psychiatry: the limits of Madness* [M]. New York: Palgrave Macmillan Press, 2006.

George Edward Moore. *Principia Ethical* [M]. Cambridge: Cambridge University Press, 1903.

Hushi, "*Ch'an(Zen) Buddism in China: It's History and Method*, "

Philosophy East and West, Vol.3, No.1,1953, p.3.

John Mcdowell. *Two Sorts of Naturalism* [C].//Hursthouse, R., Lawrence, G. and Quinn, W. (eds). *Virtue and Reason*. Oxford: Clarendon Press, 1995:167 - 197, p.185.

Jung C G. *Archetypes of the collective Unconscious*. In: the collected works of Jung CG. Volume 9. Princeton: Princeton University Press, 1980,14(3):286 - 287.

Karl. Jaspers. *Allgemeine Psychopathologie*. Berlin-Göttingen-Heidelberg: Springer Verlag, 1973.

Kirsch TB. *Cultural complexes in the history of Jung, Freud and their followers. Aprimer of Terms and Concepts.* Toronto: Inner City Books, 1991, p.491.

Lacan, Jacques. 1966, *écrits*, Paris: Seuil. p.39.

Lacan, Jacques. *écrits: A Selection* (New York: Norton, 1977), p.287.

M. Bormuth. *Life Conduct in Modern Times: Karl Jaspers and Psychoanalysis.* Dordrecht: Springer, 2006, p.16.

Michalel Ruse. *Evolution ethics and the search for predecessors: Kant, Hume and all the way back to Aristotle? [J]. Social Philosophy and Policy*, 1990(8). pp.65 - 66.

Nigel Mackay, DPhil. *Conscious and Unconscious: Freud's Dynamic Distinction Reconsidered, Psychoanalytic Psychology*. 1992, 9(4), pp.579 - 586.

Philip S. Gorski. *Beyond the fact/value distinction: ethical naturalism and the social science* [J]. Sociology. 2013(50). p.557.

Philippa Foot. *Natural Goodness* [M]. Oxford: Oxford University Press, 2001.

Rissmiller D J, Rissmiller J H. *Open Forum: Evolution of the Anti psychiatry Movement Into Mental Health Consumerism* [J]. Psychiatric Services, 2006,57:863.

Ruth Garret Millikan. *White Queen Psychology and Other Essays for Alice* [M]. Cambridge: MIT Press, 1993:13, p.288.

James Phillips. *Anti-Oedipus: The Ethics of Performance and Misrecognition in Matsumoto Toshio's "Funeral Parade of Roses"*, Vol.45, No.3, Issue 141: Cinematic Thinking: Film and/as Ethics

(2016), pp.33－48.

Stein M. *Jung's Map of the Soul*, Open Court, Chicago and La Salle, Illinois. 1998, p.54.

Thomas Nagel. *Mortal questions* [M]. Cambridge: Cambridge University Press, 1979.

Truth and Eros. *Foucault, Lacan, and the Question of Ethics*, London: Routledge, 1991, p.48.

Télévision. Paris: Éditions du Seuil, 1974, p.16, quoted by Rajchman, p.47.

Thomas Schramme. "*The Significance of the Concept of Disease for Justice in Health Care*", in *Theoretical Medicine and Bioethics*, 2007 (28), p.124.

Singer P. &Plant M. *"when will the pandemic cure be worse the disease?"* Http: //www. project-syndicate. org/commentary/when-will-lock downs-be-worse-than-covid19-by-Peter-Singer-and-Michael-Plant-2020-04.

Nicholas Jewson. "*the Disappearance of the Sick Man from Medical Cosmology*, 1770－1870", Sociology, X(1976), pp.225－244.

NASKAR D, DAS S. *HNS ontology using faceted approach* [J]. Knowledge Organization, 2019,46(3):187－198.

图书在版编目(CIP)数据

伦理自然主义视角下弗洛伊德的精神病本体解译/陈默著. —上海:上海三联书店,2024. 11 -- ISBN 978-7-5426-8685-5

Ⅰ. B84-065

中国国家版本馆 CIP 数据核字第 20245BF998 号

伦理自然主义视角下弗洛伊德的精神病本体解译

著　者 / 陈　默

责任编辑 / 郑秀艳
装帧设计 / 一本好书
监　制 / 姚　军
责任校对 / 王凌霄

出版发行 / 上海三联书店
(200041)中国上海市静安区威海路 755 号 30 楼
邮　箱 / sdxsanlian@sina.com
联系电话 / 编辑部: 021-22895517
发行部: 021-22895559
印　刷 / 上海惠敦印务科技有限公司

版　次 / 2024 年 11 月第 1 版
印　次 / 2024 年 11 月第 1 次印刷
开　本 / 710mm×1000mm　1/16
字　数 / 300 千字
印　张 / 17.75
书　号 / ISBN 978-7-5426-8685-5/B·926
定　价 / 88.00 元

敬启读者,如发现本书有印装质量问题,请与印刷厂联系 13917066329